U0150581

| 光明社科文库 |

城脊
北京中轴线建筑文化研究

秦红岭◎主编

光明日报出版社

图书在版编目（CIP）数据

城脊：北京中轴线建筑文化研究 / 秦红岭主编 . --
北京：光明日报出版社，2023.7
ISBN 978 - 7 - 5194 - 7369 - 3

Ⅰ.①城… Ⅱ.①秦… Ⅲ.①古建筑—建筑艺术—文
化研究—北京 Ⅳ.①TU-092.2

中国国家版本馆 CIP 数据核字（2023）第 136231 号

城脊：北京中轴线建筑文化研究
CHENGJI：BEIJING ZHONGZHOUXIAN JIANZHU WENHUA YANJIU

主　　编：秦红岭

责任编辑：章小可　　　　　　　责任校对：郭玫君　张慧芳
封面设计：中联华文　　　　　　责任印制：曹　净

出版发行：光明日报出版社
地　　址：北京市西城区永安路 106 号，100050
电　　话：010 - 63169890（咨询），010 - 63131930（邮购）
传　　真：010 - 63131930
网　　址：http：//book. gmw. cn
E - mail：gmrbcbs@ gmw. cn
法律顾问：北京市兰台律师事务所龚柳方律师

印　　刷：三河市华东印刷有限公司
装　　订：三河市华东印刷有限公司
本书如有破损、缺页、装订错误，请与本社联系调换，电话：010-63131930

开　　本：170mm×240mm
字　　数：323 千字　　　　　　印　　张：18
版　　次：2023 年 7 月第 1 版　　印　　次：2023 年 7 月第 1 次印刷
书　　号：ISBN 978 - 7 - 5194 - 7369 - 3
定　　价：98.00 元

北京建筑大学文化发展研究院年度系列丛书

主　　编：秦红岭

副主编：陈荟洁　周坤朋　李　伟

2022 年度丛书学术顾问（按姓氏笔画排列）：

　　　　王　军　朱祖希　李先逵　李建平　张宝秀

编　　委：（按姓氏笔画排列）：

　　　　孙冬梅　孙希磊　李　伟　李守玉　陈荟洁

　　　　周坤朋　侯平英　侯妙乐　秦红岭

北京中轴线建筑文化研究（代序）

李建平

北京正在积极推进中轴线申遗工作。北京中轴线纵贯北京老城，北端点为钟楼，南端点为永定门，全长7.8公里，由古代皇家建筑、城市管理设施和居中道路、现代公共建筑和公共空间共同构成，形成集中国古代建筑之大成而又秩序井然、气势恢宏的文化遗产，遗产总面积初步测算为692公顷（6.92平方千米）。北京中轴线突出的特点是城市历史建筑与空间。由北京建筑大学人文学院院长秦红岭教授主编的《城脊：北京中轴线建筑文化研究》就是根据北京中轴线的这一特点，结合北京建筑大学的学科优势，利用北京建筑文化研究基地这个研究平台，汇集了李先逵、沈望舒、朱祖希、王军、戴时焱、袁家方等20多位专家学者的智慧，集中研究和阐释了北京中轴线建筑文化的特点和文化内涵。由此，这本书是值得研究或关注北京中轴线申遗的政府官员、学者、市民，特别是青年学生阅读的一本著作。

北京中轴线建筑与文化特点有诸多方面，本文仅列举想到的一些方面，供阅读者参考。

一、古今建筑，汇聚一线

通过推进北京中轴线申遗，我们了解到北京中轴线是由一系列公共建筑和公共空间组成。从南向北，有永定门、御道及天桥遗址、天坛、先农坛、正阳桥遗址及正阳桥牌楼、正阳门箭楼与城楼、毛主席纪念堂、人民英雄纪念碑、国家博物馆、人民大会堂、天安门及广场、端门、太庙、社稷坛、故宫、景山、地安门遗址、万宁桥、鼓楼、钟楼等。这些建筑和空间可以说集中国古代建筑之大成。这些建筑，不仅有城楼、宫殿、庙堂、楼阁、庭院，还有道路、桥梁、水闸、石雕等。就传统建筑形式而言，不仅有硬山顶、悬山顶，还有歇山顶，歇山重檐顶，歇山重檐三滴水；有庑殿顶、庑殿重檐顶，攒尖顶，方顶、圆顶，盝顶。其中重檐庑殿顶、满铺黄琉璃瓦为最高等级，以故宫太和殿、太庙享殿、午门城楼等为代表；歇山重檐、满铺黄琉璃瓦也是北京中轴线上高等级的建筑，以天安门、端门等为代表；攒尖宝顶也是北京中轴线上建筑的一个特色，有人统计从故宫正门到景山峰顶总计有七个，其中午门有四个重檐攒尖宝顶建筑，中和殿为攒尖宝顶建筑，交泰殿为攒尖宝顶建筑，景山中峰万春亭为攒尖宝顶建筑。这七个攒尖宝顶建筑南北布局，指向正北，象征北斗七星。最神奇的是钦安殿，为盝顶，长方形的屋顶，形似"小天池"，非常独特，适宜殿内供奉北方之神玄武（属水）的建筑。

北京中轴线上的建筑，还包括中西合璧的近现代建筑。例如，人民英雄纪念碑是中华人民共和国成立后的新建筑，碑顶却传承了传统建筑的庑殿顶；国家博物馆和人民大会堂均为罗马式建筑，但在建筑设计、建筑材料的使用上却展示了北京建筑文化特点，屋顶大面积使用琉璃瓦和传统花卉图案，就连立柱也展现出北京传统建筑文化"方与圆"的特点，国家博物馆立柱为方形，人民大会堂立柱为圆形，形成"一方一圆、左右对称"的建筑景观。天安门广场建筑也是一种创新，不仅是当下世界上最大的城市广场，而且突出了"人民至上"的文化特点。每到节假日，这里就会成为人群流动的海洋。由此，郭沫若赋诗"天安门外大广场，坦坦荡荡像汪洋，巨厦煌煌周八面，丰碑岳岳在中央"①。

二、从南向北，深邃有序

2008 年北京举办夏季奥运会，夜晚燃放礼花，沿着北京中轴线从永定门一直到鸟巢（国家体育场），形成了 29 个"大脚印"。这样的设计根据是什么？原来北京的地势北高南低，在行进过程中，有一种从地面接近天边的感觉。北京中轴线上的建筑不仅大气庄重，还借助北京南低北高的地势，有序而又深邃地展示出中国古代都市建筑之美。例如，从南向北，一系列建筑有高有矮、有大有小、颜色不同，却展现出古代社会等级和礼制文化特点。其中，四重城门（永定门、正阳门、天安门、午门）建筑就明显表现出封建社会等级与秩序。永定门是外城正中城门，城楼通高 26 米，歇山重檐三滴水，典型的古代城楼样式；正阳门城楼通高约 43 米，是内城正中的城门，城楼建筑高大雄伟，城楼阁

---

① 树军 . 天安门广场历史档案 [M]. 北京：中共中央党校出版社，1998：24.

从柱础到正脊吻兽高达九丈九，在北京城门楼中独一无二；天安门是皇城正门，颜色不一样了，城台为朱红色，歇山重檐黄琉璃瓦顶，表明是皇家禁地，庄严雄伟；中华人民共和国成立后，在天安门城楼两侧修建了人民观礼台，非常注意红颜色的统一与和谐。午门是宫城正门，正殿重檐庑殿顶，城台红色墙身，建筑造型呈现"凹"字形，四座重檐攒尖宝顶建筑，使整座城门显得更加端庄、雄伟、神秘。

说到建筑颜色，北京建筑大学一些专家就北京历史文化名城保护提出"丹韵银律"这一概念，"丹"为红色；"银"为灰色，这种冷（银灰色）暖（朱红色）颜色的和谐交融构成了北京城的基础色调和古都风貌①。而在推进北京中轴线申遗的过程中，人们惊奇地发现，中轴线上的建筑色彩与金、木、水、火、土五种物质颜色红、黄、蓝、白、黑有着密切联系。红色是北京中轴线上建筑最主要的色调，是以皇城、宫城红色墙体和建筑的墙身为鲜明，代表性的建筑有天安门、午门、太和殿；黄色是以皇城、宫城主体建筑满铺黄色琉璃瓦最为鲜明，代表性建筑有天安门、午门、三大殿、后寝宫殿等；蓝色是最尊贵的颜色，以天坛最为鲜明，代表性建筑为祈年殿；白色也是尊贵的颜色，以石雕建筑最鲜明，代表性建筑有人民英雄纪念碑、华表、金水桥、三大殿"土"字形丹陛、大石雕等；黑色是神秘的色彩，与水有关，在五行相克中能镇火，在北京中轴线上的代表性建筑有钟楼和故宫内文渊阁等。

由南向北穿越北京老城四重城门仅仅是朝圣北京中轴线的开始，越向北行进越让你感到神圣。进了午门是太和门广场，站在广场中间，你会清晰地感觉到个人的渺小，周围环境的宽阔，体验天、地、人三维立体空间。经过太和门，可以看到古代北京城的圣殿——太和殿，这是故宫最大、最雄伟的宫殿，被称为"金銮宝殿"，是古代皇帝举行登基大典、重大国事的殿堂。而皇帝出巡也是从这里开始，大驾卤簿一直经太和门、午门、端门，接着摆到天安门外，然后经过长长的御道，出正阳门城楼、箭楼、正阳桥、正阳桥牌楼，再踏上出巡的线路。

北京中轴线的仪式感到太和殿还不是终点，太和殿后还有中和殿、保和殿，然后是乾清门、乾清宫、交泰殿、坤宁宫，出故宫神武门直接对着北上门、景山万岁门，登上景山万春亭可以饱览北京中轴线，北京老人爱说成看"龙脉"。

---

① 贾亮.让"丹韵银律"成为北京色彩印象［N］.北京晚报，2020-8-14（31）.

站在万春亭前南望，故宫中轴线上建筑均为黄色琉璃瓦，金光灿灿，犹如一条南北走向的金龙俯卧京城。从景山万春亭北看，景观又是另外一番景象。近处是红墙黄琉璃瓦的寿皇殿，远处是灰墙灰瓦的城市民居建筑，高大的鼓楼、钟楼矗立在中间。鼓楼和钟楼也被称为"岁时"建筑，也就是古代社会中的"北京时间"发布地点，但在古代社会，时光被看作天的意识，是由天子（皇帝）颁布的"授时历"来确定的，内容包括一年、十二个月、二十四节气、七十二候。由此有专家认为，钟鼓楼这组建筑是"通天塔"，是北京中轴线上最高大的建筑（鼓楼高46.7米；钟楼高47.9米），是人世间与上天联系的桥梁，人们沿着中轴线朝拜天子后还有与天通话交流的圣地，这是多么神奇的城市建筑与空间设计。当然，这种与天的交流是通过晨钟暮鼓来传递的。

说到晨钟暮鼓，又让人想到北京中轴线上建筑材料、建筑技术的高超。天坛的回音壁（皇穹宇）与钟楼的"大音箱"被称为北京中轴线上古代建筑的奇迹。这种奇迹源于古代工匠对砖石建筑材料的深入了解。天坛回音壁和钟楼修建的砖产于山东临清，选用当地细腻的河泥制作砖坯，用豆秸或棉柴烧制，使烧成的砖呈现豆青色，检验时不仅要整洁光滑，还要敲起来有金属声。钟楼外表看是歇山重檐顶，内部一看却是穹顶，大钟四周是拱形环状廊道，均用磨砖对缝的临清砖垒砌，起到很好的传递声音的效果。一些专家研究后发现，钟楼大钟不仅是永乐年间制作，冶炼水平在当时世界领先，现钟楼的砖石结构完工于清乾隆年间，建筑水平也是领先的，整座砖石楼阁就像一个大音箱，既拢音，又能将悠扬的钟声传递到很远的地方。

三、富于变化，虚实方圆

富于变化是北京中轴线上建筑的一个特色。天坛、先农坛整体布局均采取南方北圆的形状，坛内建筑布局方与圆更得到巧妙利用。建筑案例还有故宫四个城门（午门、神武门、东华门、西华门），门洞都是"外方内圆"的，也就是从外面看是方形门洞，两侧垂直墙体上方有横梁，突出"栋梁之才"，有安邦固本之寓意，是汉唐以来宫城门洞的特征；进入门洞内则发生了变化，变为拱形门洞，从建筑里面向外看，门洞又为圆形。午门更有特点，不仅门洞外方内圆，还呈现"明三暗五"，也就是从午门正面看是三个方形门洞，从午门背后看却是五个圆形门洞（拱券门），这是因为午门除了门洞外方内圆，还利用午门东、西两侧的雁翅楼各开一个门洞，即左掖门、右掖门。左掖门朝西、方形，进门向东再折向北；右掖门朝东、方形，进门向西再折向北，两门出口均为拱券门。由此，在午门背后就能看到五个圆形门洞。

国外有个暴走族的游客来到北京游览，北京给他留下最深刻印象的却是一方一圆的两组建筑，方的建筑是故宫，圆的建筑是天坛。生活在北京的人有同样印象，北京古代建筑最有特点的一个是圆形的天坛，尤其是祈年殿，三重檐蓝色琉璃瓦，是敬天的殿堂；一个是方形的故宫，印象尤其深刻的是午门、太和殿、角楼等，都是方形建筑。这两组建筑都是中轴线上重要建筑景观。这样两组建筑让人们从建筑体量和色彩就感觉到天与地之不同。同时，有着强烈的审美追求。北京大学教授杨辛认为"在构思上，故宫是以虚衬实，一切引向太和殿。殿前三万平方米的开阔庭院是为了太和殿的实体在空间中展现。天坛则是以实衬虚，一切导向虚空。古人称天为'太虚'，虚是天的特点。"① 杨辛还认为，故宫建筑多方形，庄重森严，色彩以红黄为主，富丽堂皇，空间多封闭；天坛建筑则多圆形，祥和可亲，色彩以蓝绿为主，宁静素雅，空间开阔。

方与圆的建筑变化在北京中轴线上非常丰富。例如，在乾清宫前面御道两侧，一左一右的江山社稷金殿（左为"江山"，右为"社稷"）被誉为"紫禁城中最小的宫殿"，也是北京中轴线上最小、最精致的建筑。江山社稷金殿建筑在汉白玉透雕的石台座上，通体鎏金，殿顶上圆下方，庄重大方。建筑造型上圆象征天，为乾；下方象征地，为坤，寓意天地相连相通，天下江山一统。

四、左右对称，追求和谐

北京中轴线建筑布局特点是中心明显，左右对称，追求和谐。对称是人类的重要审美意识。人类社会从新石器时代学会磨制工具、制造陶器开始，就注重对称美。在中国国家博物馆内陈列的陶器、青铜器造型稳重，大多为对称的造型。人类从制作陶器、青铜器，再到营建城池非常注重东、南、西、北四个方位的对称，突出城门的对称与呼应。例如《周礼·考工记》提出"匠人营国，方九里，旁三门。国中九经九纬，经涂九轨，左祖右社，面朝后市，市朝一夫"② 中的左祖（太庙）右社（社稷坛）就是最经典的对称，而且这种布局又推演出左文右武，左仁（孔庙）右义（关帝庙），左春（万春亭）右秋（千秋

① 杨辛. 天坛神韵·北京大学中国传统文化研究中心编·中华文化讲座丛书：第三集 [M]. 北京：北京大学出版社，1998：163.
② 藏尔忠. 古建文萃 [M]. 北京：中国建筑工业出版社，2006：89.

亭），左凸（绛雪轩）右凹（养性斋）等。这一系列的对称现象可以从北京中轴线上的太和殿说起。太和殿居中，左右的环廊是对称的，环廊中间突出的建筑是"文楼"和"武楼"。文楼在左（东侧），名"体仁阁"；武楼在右（西侧），名"弘义阁"。顺着两侧对称的建筑向东南、西南延伸，分别是文华殿、武英殿；再向东南、西南延伸，分别是崇文门、宣武门。作为封建皇权，太平年间上朝的时候，讲究的是左侧文官站列，右侧武将站列，皇帝居中，朝廷充满祥和氛围，由此文在左、武在右，成为一种定式，也就是祥和的定式，只有战乱的时候，这种格局才会被打破。

　　放眼整座北京老城，中轴线两侧左右对称的街市、建筑也很多。例如：东单（"东单牌楼"简称）与西单（"西单牌楼"简称），东四（"东四牌楼"简称）与西四（"西四牌楼"简称），东庙（隆福寺）与西庙（护国寺），文庙（孔庙）与武庙（关岳庙）等。由此，北京中轴线左右对称的建筑或空间布局本身就是中正和谐之美。

　　北京中轴线和谐之美的文化内涵集中表现在故宫的三大殿，三座大殿集中展示了中华"和"文化风采。三大殿为太和殿、中和殿、保和殿。三大殿的名称出自《八卦·乾卦·象辞》中"保和大和，乃利贞"，古字中"大"与"太"通，"大和"即"太和"，指天地、阴阳之和谐，世间万物都能按照其自身规律和谐运转。"中和"是致中和，这是出自 2500 年前孔子的思想，即处理世间事物要做到不偏不倚，恰到好处。"中和"一词的出处是《礼记·中庸》"致中和，天地位焉，万物育焉"，也就是保持中和，天地万物就都能按照客观规律兴旺发展。"保和"是圆满之和，文化内涵是安心休养、保持自身和谐之状态；在太和殿与中和殿之后，引申为保持太和、中和之景象，达到中正、和谐、圆满、吉祥的期望。在故宫三大殿左右还有文华殿和武英殿，在太和殿前广场东西两侧有文楼（体仁阁）、武楼（弘义阁），前者与三大殿形成稳定的等腰三角形；后者与太和殿形成更大的一个等腰三角形，都是国家、江山、社稷稳定、和谐的象征。在三大殿之后是后三宫，前面是乾清宫，中间是交泰殿，后面是乾清宫。在这里乾为天，乃皇帝寝宫，坤为地，乃皇后寝宫，进一步强调天地之和、帝后之和谐，而且这种和谐是息息相通，通则万事兴旺发达。最有特点的是后三宫的院落布局，前为乾清门，后为坤宁门，左为日精门，右为月华门，帝后之和谐是孕育在天地日月之中。这种中正和谐之景象在中轴线上一直延伸，在故宫御花园内得到淋漓尽致的表述。其中，钦安殿是中心，左右对称的建筑比比皆是。例如，万春亭与千秋亭对称，凝香亭与玉翠亭对称，浮碧亭与澄瑞亭对称，还有摛藻堂与位育斋是对应的建筑，延晖阁与堆秀山上的御景亭是遥相呼应的建筑，最奇特的是东侧的绛雪轩与西侧的养性斋不仅相互呼应，而且绛雪轩建筑平面呈现"凸"形，养性斋建筑平面呈现"凹"，一阳一阴，阴阳互补，把中轴线对称与对称中的不对称推向极致。对称中的不对称不仅具有丰富的审美，更是和谐文化中的"和而不同"的生动展现。

走出故宫神武门，登上景山，站在万春亭前向南眺望，可以进一步深刻地感受到北京中轴线上和谐之美景。南端永定门，永远安定；正阳门，圣主当阳、日至中天、万国瞻仰；天安门原为承天门，奉天承运，天下安定；端门为礼仪之门，象征人世间秩序井然；午门为"五凤楼"，是朱雀展翅；然后是太和、中和、保和，中华"和"文化理念在这里升华。紧跟着是天（乾清宫）地（坤宁宫）之和与人之和。天地之和为交泰，人之和在御花园有"人"字形树为象征，来到景山顶上，五座亭式建筑更加凸显得中心明显，左右对称，寓意中正和谐，这样的城市景观万年春。

五、韵律明显　连续不断

北京中轴线由南向北，一系列高低错落的建筑形成一种韵律。这种韵律表现为有起伏，有高潮；有低回，有激昂；有收敛，有豪放；抑扬顿挫，恰到好处。最早发现这一现象的是梁思成先生，他在《北京——都市计划的无比杰作》（"新观察"第二卷第7、8期，1951年4月）中有过论述。根据他的论述，我们可以进一步想象，永定门作为北京中轴线南端点，城楼建在高坡之处，在古代社会城外是郊野，护城河上一座石桥，桥下潺潺流水；站在桥上能看到远处群山、乡间小路和农舍。当人们从远处看到永定门城楼时，就知道是要进城了。但这只是北京中轴线的南端点，还不足以体现北京城的雄伟。进了城门，北京中轴线的乐章就开启了，一条长长的御路由南向北将你的视线引向繁华的北京内城。沿着御道北行，两侧是皇家祭坛的坛墙，青砖绿瓦，很是肃穆庄严；行进中，一座石桥出现了，这就是天桥，高拱的石桥是乐章出现的第一个起伏。天桥被老百姓俗称为北京龙脉的鼻梁，桥下的流水被称为"龙须"，由此有"龙须沟"之名称。过了天桥，仍旧是长长的御道，犹如乐曲中轻快的进行曲，当经过珠市（原"猪市"）这个十字路口后渐入佳境，道路两侧出现了街市，流动的人增多了，一家接一家的店铺密集了，来来往往的人流、车流充斥在街道中，让你目不暇接；猛然间，高大的正阳桥牌楼、正阳门箭楼出现了，这是中轴乐章第一个高潮的到来，也是人世间大都市生活的真实写照，充满了人间烟火气。

过了正阳门，建筑高度有些收敛，建筑与环境出现了明显变化，开放的城市空间变成了封闭的皇家禁地，灰墙灰瓦的民居建筑被红墙黄琉璃瓦建筑代替，这些变化预示着乐章的又一高潮迭起。在古代社会，首先映入眼帘的是皇城大门（明称"大明门"，清称"大清门"，民国后称"中华门"），进入皇城大门后仍是长长的御路和千步廊，这是紧张的进行曲，把你的视线一直引向天安门。今天的天安门广场已经发生了变化，但中轴的乐章、旋律并没有中断，而是得到了传承与升华。当人们穿过正阳门城楼后，在中轴线上相继出现了毛主席纪念堂、人民英雄纪念碑、国旗杆，然后将你的视线一直引向修缮一新的天安门城楼，一种新的气象，人民至上、人民崇尚英雄的新时代风貌出现了，中轴乐章增加了新时代的主旋律。

经过天安门、端门、午门，虽有时光交错，但建筑样式仍然统一协调，充分保留了传统建筑样式和色彩，依然能够感受到中轴乐章的华丽，流光溢彩。进入故宫，中轴乐章高潮不退，抑扬顿挫更加明显，午门到太和门之间是一个宽阔的广场，中间的御道有序而庄重，随后出现的是太和殿、中和殿、保和殿，中轴乐章再次进入高潮，这个高潮点就是太和殿。太和殿、中和殿、保和殿建筑在"土"字形高台上，韵律起伏为"马鞍形"。过了三大殿，华丽的乐章高潮不退，持续延伸，相继出现的建筑是乾清宫、交泰殿、坤宁宫，又是一个"马鞍形"韵律的重复，然后步入御花园，在苍松翠柏中露出钦安殿屋脊，中轴乐章开始低回、探幽，经过神武门、景山南门（万岁门）后，中轴乐章再次迭起，从绮望楼一直升到景山万春亭，使乐章旋律冲向巅峰，这是激昂的旋律，是北京城的制高点，同时也是内城的中心点。

从景山到寿皇殿，中轴乐章明显下降，经过地安门、万宁桥，又是一段平和的乐曲，建筑环境和颜色又回归青砖灰瓦，万宁桥下还有潺潺流水。从地安门到鼓楼是600米长的街市，街市与正阳门外大街比较，少了嘈杂，多了祥和与平静，是市民生活的街市，这里还有什刹海的风光与玉河的流淌，为宝书局的坚守与火神庙的屡屡香火，人世间的生活得到了充分展现，中轴乐章由此接近尾声。乐章的尾声处理十分巧妙，由地安门外的街市直接把人们的视线引向高大的鼓楼、钟楼，这是中轴乐章最后的旋律。这里不仅有晨钟暮鼓，还有绿树掩映的胡同和四合院，在两座高大的"岁时"建筑中间是 100 米的长方形广场，再次把中轴乐章提升到高潮；鼓楼、钟楼建筑作为中轴乐章最后的音符，非常有力，而钟鼓之声又清脆悠长，余音渺渺，飘落进千家万户，回荡在京城上空。

2022 年 7 月 18 日作于朝阳区佳兴园

（作者简介：李建平，北京市哲学社会科学规划办公室原副主任，研究员；北京史研究会名誉会长；北京联合大学特聘教授，北京学研究基地学术委员会主任。）

目 录
CONTENTS

第一部分 01

文化探源与价值阐释

北京中轴线文化内涵与哲理意蕴探秘

李先逵

摘要： 北京古都规划演进发展历史近八百年，中轴线发挥了重要作用，对其形成原因、文化内涵与哲理意蕴要深入地认识与理解。本文探讨了中轴线长度十五里"天机之数"与易经哲理的关系；罗盘磁偏角子午线地极及"孝道文化"；钟鼓楼设置"天人合一""时空合一"的宇宙观；中轴线起始终结与"南面文化"意蕴；钟楼后虚实轴阴阳空间及"太虚幻境"理念；风水轴风水模式与纵横轴交错全局整体观等内容。

众所周知，北京作为世界上著名的历史文化名城，在世界城建史上是唯一一座具有最完整规划建设，而又历史悠久保存较好的古都范例。但为什么不能像捷克的布拉格、俄罗斯的圣彼得堡老城那样成为申报成功的世界遗产呢？重要原因是由于在新中国成立后的历次规划建设中并未贯彻实行整体保护的指导思想，在现代化城市建设改造过程中，原有的城市文化遗产的整体性被破坏，如拆掉了高大的城墙和城楼、牌坊等，大量历史街区受到严重损毁，古都的格局风貌多已失去，基本上被新的现代建筑所代替。因此，在整个北京老城由于没有获得完整保存而无法申报世界文化遗产的背景下，北京中轴线申报世界遗产就是一种很好的选择。

从目前北京中轴线申遗情况看，对中轴线的文化价值和文化内涵的挖掘和认识还远远不够，不少北京中轴线申遗宣传还停留于表面，如宣传中轴线是北京城的主体脊梁，这条线上聚集了包括故宫在内的大量重要古建筑，城市格局围绕中轴线均衡布局，有不少重要文化遗址；等等。当然这些介绍都十分重要，也很有价值。但对这条中轴线本身的文化内涵到底是什么？有什么规划哲理意蕴，为什么要这样设置布局？其依据是什么？与中国传统文化精神，尤其是中国古代哲学精神在营建中的应用有无关联等问题，都缺乏深入的探寻与深问。有鉴于此，本文拟从上述这些方面做一些思考与求索，以期引发更多的关注，助力北京中轴线申遗。

问题一：北京中轴线的长度到底是多少？如何确定的？有什么涵义？

北京老城中轴线呈南北向，几乎贯穿北京老城整个凸字形总体格局，其长度控制着城市的规模。若从入城朝觐而言，以南边永定门算起，至北边钟鼓楼止，在中轴线上排列着以故宫为主的大小 15 座门楼牌坊和 8 座宫殿及景山 5 亭等主要古典建筑，两侧均衡地布局着天坛、先农坛、太庙、社稷坛等国家朝廷礼制建筑。

关于中轴线的长度，说辞不一，有的说是 7.8 公里，有的说是 7.5 公里。这里的问题是，中轴线长度为什么要用"公里"这个国际尺度来表达，而不用中国传统的"里"这个长度数来表达？古人在确定这条中轴线起止的长度时，肯定是采用传统的"里"数来度量表达的，按中国传统的数理哲学，对这个重要的数值，肯定也是会有象征深意的。

例如，北京老城何以称"四九城"，而组合构成内外城、皇城紫禁城的命名以及城门数量的设置，规划上都离不开以数喻理的中国数理哲学为指导。老城分四个层次，从里向外是宫城，又称大内，名紫禁城，接着是皇城，然后是内城、外城。至高无上的皇城含紫禁城位居城中心，其平面为不规则的方形，共设置布控四方的四座城楼，即天安门、地安门、东安门、西安门，称"四向开门"或"四正设门"。内城共设置九座城门楼，即九门，此为老阳之数，故把内城则称为"四九城"。此两数的关系反映了子城与罗城的关系，恰又应对了河图中金方生成数阴阳组合的要义，即"地四生金，天九成之"，充分表达了皇城与内城相互依存的密切深意。

外城共设置七座城门楼，即七门，此为少阳之数。因内主外从，格局秩序严谨分明。而且对于南边城墙的城门，不管内城外城都是设三座城门，如内城的正阳门、崇文门、宣武门，外城的永定门、左安门、右安门，因南为阳，取以奇数。而对于北边城墙的城门，则设两座城门，即安定门、德胜门，因北为阴，取以偶数。紫禁城正门午门，皇城正门天安门，内城正门正阳门，外城正门永定门，所有外围城门加强防守均建有瓮城（参见图 1、2、3、4）。

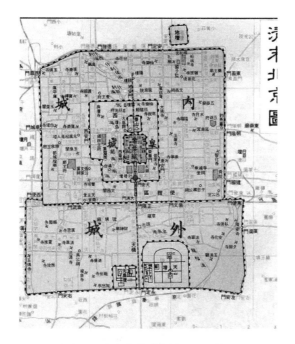

图 1 北京内外城皇城平面示意

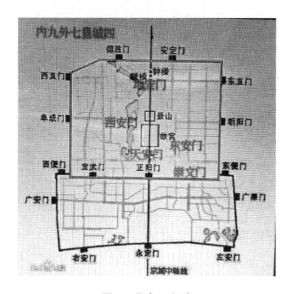

图 2 北京四九城

图3　北京内城正阳门城楼，1860 年

图4　北京皇城正门天安门，1900 年

以此对照，北京中轴线的长度以传统的"里"数来表达，这个数一定不是随意而为的，应当是有其缘由的。根据现有资料从大致的 7.5 公里数推测，这个数应是 15 里。这绝不是偶然的，而是有深刻寓意的。那么，这个"十五"之数，有着怎样的哲理内涵呢？

按古人所言，"十五"这个数，是神秘的"天机之数"。"天机不可泄露，只能意会，不可言传"。也许正是这个原因，此数在关于北京都城规划建设的古籍史料中查不到相关的记载。现在为揭开这个秘密，只有点拨出这个"天机"，让更多的人理解，以现代科学的态度来破解其哲理与文化内涵，才能领悟古人的意愿和智慧。

从中国传统文化精神尤其是阴阳哲学的源头来分析，这与古代的易经八卦、阴阳哲学有着直接而又密切的关系，而易经八卦的产生与蕴含数字哲理的河图洛书又是直接联系在一起的（参见图5、6、7、8）。尤其是河图人居中土为尊，蕴意"十五"为最大天地数之和数，由洛书而产生的九宫格数字，就含有"十五"之数的神秘奇异的秘诀。中国古代产生九宫格也来源于易经河图洛书哲理，并与井田制生产活动有关，是当时理论与实际结合的产物，并非空穴来风。

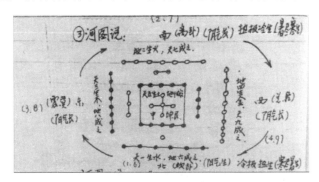

图5 河图

来源：作者手绘

图6 河南姜里河图

来源：作者拍摄

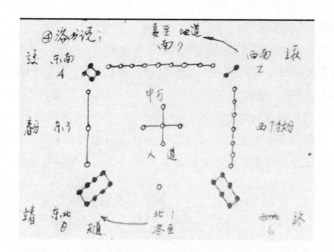

图7　洛书

来源：作者手绘

图8　河南姜里洛书

来源：作者拍摄

在河图中，奇数为阳数，代表天数，偶数为阴数，代表地数。其小衍之数10的数字组合阴阳五行关系，有口诀则是：北方玄武为水，"天一生水，地六成之。"南方朱雀为火，"地二生火，天七成之。"东方青龙为木，"天三生木，地八成之。"西方白虎为金，"地四生金，天九成之。"中央人居为土，"天五生土，地十成之。"传统文化精神对四方四灵而言，是以人居中土为尊，其中土数理的五与十相加为15，恰为最大的天地数之和数，这也是《易经》崇尚的"阴阳合德"最神圣之数。

洛书九宫格的数字排列组合，对基本的十进位数字从一到九的布局也有口诀，即"戴九履一，左三右七，二四为肩，六八为足，五居中央"（参见图9）。这个排列的奇巧之处在于，九宫格的纵向、横向及双斜向的三个数字之和，皆为"十五"，着实令人称奇。而且，此四正四维的八个方向均15之总和又为360，恰是周天之数，其玄机却源于十五。这也是洛书的奇异神秘之处，充分展示了古人的数理智慧和聪明才智。为什么会出现这样的数字排列组合，是什么人最先发现的，实在令人百思不得其解。可能古人认为其中包藏着上天的某种奥秘，故只有名之曰"天机之数"，并赋予了崇高的敬仰。

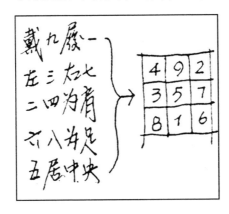

图9　数字九宫格

来源：作者手绘

这个神奇数字的"十五"，在易经阴阳八卦的爻辞等描述中，还有"叁伍错综"的说法，更是意蕴丰富。中国古代基本数理，把从1到10的数分成生数与成数，即1至5为生数，6至10为成数。其中有若干不同的排列组合都与15这个数有着意趣非凡的关联。如：

从1至5这些生数之和就等于15，即1+2+3+4+5＝15。

成数里的9为老阳之数，6为老阴之数，二者相加等于15。而成数里的7为少阳之数，8为少阴之数，二者相加也等于15。

生数之极为5，成数之极为10，二者和亦为15。

又如，从道德经"道生一，一生二，二生三，三生万物"衍化言之，而15这个数可分成3个5，因为1至5代表方位的东南西北中。故有：

3（东方生数）+2（南方生数）＝5

1（北方生数）+4（西方生数）＝5

5（中央生数）

由此产生以五作为基数的三生效应，形成"叁伍错综"的神奇数理组合，万物由此衍生。

再如，因为依据"叁天两地"道理，"叁"代表天，"两"代表地，"伍"代表人，5＝3＋2，故有"人道＝天道＋地道"的三才之象说。为人之道，要按易经阴阳八卦行事。而这个三与五的交错相乘，其积之和恰巧为总卦数，即

$$(3×3) ＋ (3×5) ＋ (5×3) ＋ (5×5) ＝ 64$$

此与复卦六十四卦的卦数完全相符，这也让人不可思议。

这些都反映出"十五"这个数变化演绎的神秘、神奇、神圣的哲理精蕴，形成了中国传统文化博大精深奥妙无穷的数理宇宙观。

这些独特的文化内涵是西方文化中没有的，也是外国人难以理解的。而这一数字精神和数理哲学就体现在北京古城规划的中轴线这一根本的具有脊梁性质的定位上，其重要性与深刻性不言而喻。

问题二：北京中轴线方位南北朝向是如何确定的？为何不采用地理北极而是有磁偏角的磁北极？

对地球地理北极的确定，从古至今都是因为地球在宇宙中运转，总是指向北斗七星之北极星方向，这称为"天极"或地理北极，并以此确定子午线来划分地球南北向与经纬度。

在中国古代星象天文学中，紫微垣或紫微宫是天帝的居所。按"天人合一"的观念，相对于人间，有皇帝的宫殿，在汉代就以此相同命名。而后到明清时期，皇宫则改称紫禁城。因皇帝又称天子，即上天的儿子，应低一个辈分级别，以示对上天的尊重与敬仰。

这种改称还有一个原因便是对方位的认识，由于指南针的发明有了罗盘。中国人最早发现大地南北极有磁偏角。宋代沈括在《梦溪笔谈》中就指出，磁针有"常微偏东，不全南也"的磁偏角现象，比西方纪录的发现早了四百多年。

由于磁场南北极指向与地理南北极有区别，相对于后者称为"天极"，便把前者称为"地极"或"磁北极"。故而始有上天紫微宫用天极，天子紫禁城用地极，但都可视为子午线。此外，在地上不同的地方其磁偏角不同，如我国的海南磁偏角1°左右，到东北的漠北则达到11°左右，相差甚远。北京地区大致在6°左右，磁针方向为北偏西及南偏东。

在中国古代罗盘上，把圆周360°分为二十四山向来定位选址。罗盘上有三盘三针，按天极有"天盘天针"，按磁极有"地盘地针"，二者之间为"人盘人针"，又称"缝针"，供一般人使用。北京城中轴线采用地针而非天针，南偏东

7.5°，即壬丙向，但以此作为实操子午陛线使用（参见图10、11、12）。因此，北京老城从元大都选址到明清北京，在确定中轴线方位子午线南北走向用罗盘加以测定，就选定采用磁偏角的走向，而不采用正宗的天极，即指向北极星的地理南北极走向，从而表示作为天子对天帝的敬重，不能有任何僭越之举。相应地，皇宫命名也改称为"紫禁城"，而非"紫微宫"了。由此也可以看出，这一改变正是中国传统忠孝伦理观在京城皇宫规划中的间接体现。

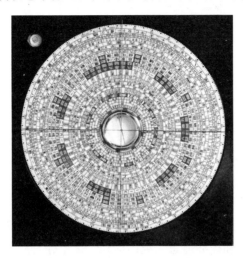

图 10　古代风水罗盘

来源：作者拍摄

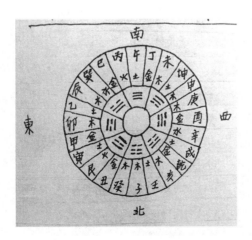

图 11　罗盘二十四山向

来源：作者手绘

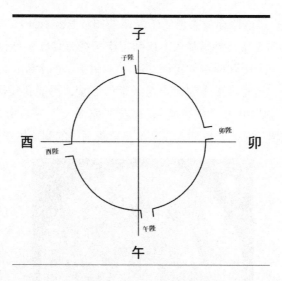

图12　子午陛　磁偏角

来源：作者手绘

　　北京中轴线上还安排了专门祭祖尽孝的处所，这就是位于景山后面的寿皇殿。这是中轴线上仅次于紫禁城的第二处规模较大的古建筑群，主要用于皇家停灵悼念、存放遗像和跪拜追思一类的活动，是十分安静肃穆而祭祀神圣的地方。在我国古代，即使在民间，一般民居都有宗庙祠堂或堂屋神龛，以供奉"天地君亲师"及祖宗牌位，以恪尽人伦孝道（参见图13）。

图13　北京景山寿皇殿

更为重要的礼制建筑是按古制"左祖右社"的要求，在中轴线东西两侧与天安门并排设立的太庙和社稷坛（参见图14、15）。前者表达"慎终追远"寻根祭祖的孝心，后者表达"江山永固"守卫乡土的忠心，充分体现出中华民族这种"忠孝两全"家国情怀的人生价值观，把传统孝道文化提升到一个新的高度。

图14 北京太庙

来源：作者拍摄

图15 北京社稷坛五色土

来源：作者拍摄

与此同时，聚集在中轴线"天心十道"东西向并排设置的天安门、社稷坛、太庙三座建筑，是天、地、人的代表，不仅意味"忠孝"是上天的旨意，而且又符合《易经》中"三才之象"意蕴。这是"天地人三才"说在规划建筑中的具体运用及象征，古今中外绝无仅有。

总之，北京中轴线并非完全的正南北，而是偏南北，具有强大的磁性，以无比的凝聚力在其周围布局如此多的礼制建筑，其中蕴含着多么纯真浓烈的传统文化精神的灵魂，即人性之"孝道文化"本质。中国传统儒家文化"人之初，性本善"的来源就是"百善孝为先"，自古以来这一观念早已深深印刻在中华民族的心灵里，无论贵贱，世代相传，永不磨灭。

问题三：北京中轴线上为何设置钟楼鼓楼，而又同一条线呈前鼓后钟的排列？

按传统习俗"晨钟暮鼓"之说，即古代的日常生活作息时间规范的安排，"日出而作，日落而息"。也就是说，早上天刚亮太阳从东边出来便敲响钟声，人们就起床开始劳作生活，到傍晚太阳西边落山便击鼓传声，人们便可歇息休闲。如此安置钟楼在东边象征日出，鼓楼在西边象征日落。在城市以及寺庙道观等的规划布局中，都是如此，从而形成定制。

例如，宋代的河北正定隆兴寺、辽代的山西大同华严寺以及各地的孔庙和关帝庙等，都是依此在庙门后紧接着布局钟楼和鼓楼。西安古城钟楼虽设置在市中心十字街的街心广场中央，但鼓楼位于横向西侧二百余米处。将钟楼鼓楼前后纵向设置在同一城市的中轴线上，唯一的实例便只有北京这个古都了，因为只有京师国都才具备这样独特高贵的资格和地位。

将钟楼鼓楼前后纵向设置在同一城市中轴线上，这样特殊的做法表达了什么意图，其深层的文化内涵又应该如何理解呢？用一句话概括就是，钟鼓楼集中于此所发出的规范人们生活作息行为的声音要等距均衡地传遍四面八方，代表了皇权至高无上的圣言旨令对天下的昭告。这样，就使这条中轴线不仅体现了"天人合一"的自然观，而且也体现了"时空合一"的宇宙观。

从北京古城溯源至元大都选址，其时从金中都原址向北迁至现今位置，元世祖忽必烈接纳郭守敬的意图，参照《考工记》王城规划思想进行创新，城市总平面几近方形，以大片水面及皇城、宫城为中心布置，在整个城市几何中心设置中心台，并在此建钟鼓楼（参见图16）。

一般认为元大都中心台在现鼓楼西侧积水潭东岸，明清时期北京老城改建成凸字形，其北城墙南缩成为内城，南城墙外扩而成为外城，中心台的位置略微向东平移再重建钟楼和鼓楼，但其展示的城市几何中心意义未变，且对照中轴线更准确。如此，这处城市中心台的意义就在于，让钟声和鼓声能够使整个城市都更均匀地听到来自京师中心的声音，更加凸显出这个"中"字的崇高威望和凝聚力，这也是中华传统文化对大一统含义"中"字的形象理解。

图16 北京钟楼（秦红岭摄）

同时，钟鼓楼地处中心台，在空间意义上还代表了对整个京城地域的统领控制，而"晨钟暮鼓"全天候管制又在时间意义上代表了对整个京城活动的统领控制。这就把原分列东西两侧的钟楼和鼓楼都统一集中于此，同设在中心台处，在中轴线上前后排列在一起，十分明确地表达了对时间和空间的掌控。这就是"时空合一"的宏观理念对所谓整个"天下"宇宙理解的具体展示，不得不说这样的规划思想应是盖世无双的。

无独有偶，对这种规划设计理念的运用与钟鼓楼布局规划有异曲同工的典型范例，还有天坛这一皇家礼制建筑。

天坛位于北京中轴线的南边东侧，总平面呈方形，但南墙为直角边，北墙为弧形边，象征"天圆地方"的宇宙观。北边主体是祈年殿，三重台并三重檐，象征重卦乾卦象，意味三重天至九重天。其内柱4根，象征四季；金柱12根，象征一年十二个月；檐柱12根，象征一天十二时辰；合计24根，象征二十四节气；所有支柱共28根，意指天上星辰二十八宿；再加上8根童柱，总数为36根，即是全天三十六天罡；顶檐中心的雷公柱，标志天下大一统唯中是尊；三重檐之下檐椽计360根，代表一年周天之数。故可以把这座建筑称为"时间建筑"。南边的主体建筑圜丘坛，为一开敞的三层汉白玉敞台，采用老阳之数9，寓意九重天，以此作为阳性数字设计模数，所有栏板及地面石板之数均为九的倍数。祭天时皇帝面对蓝天，在中心太极石与上天对话，并发出共鸣音响，显得空间无限广阔，可以把这座建筑视为"空间建筑"。这两座建筑祈年殿在北，祈祷五谷丰年，圜丘坛在南，祭拜风调雨顺，"天南地北"，和谐呼应。故而这组坛庙建筑实现"时空合一"理念十分顺其自然。而连接南北主体建筑的御道高出四周柏树林之上，成为一道天桥。身临其境的祭祀真有人间天堂之感，又反映出"天人合一"的理念。

在中轴线西侧与天坛对称布局的先农坛，是皇家祭祀农耕文明的坛庙建筑。这样一些纯粹表达自然观和宇宙观的礼制建筑，其意蕴超然脱俗，其内涵博大精深，实质上成为一种表达文化哲理的"哲学建筑"。

这些典型案例是中华民族建筑传统文化精神的代表作，是世界建筑史上的独特类型。在建筑审美上就同中国古典自然式园林一样，以意境美、哲理美至上为建筑之魂，这是其他西方古典建筑体系和伊斯兰建筑体系所没有的。

问题四：北京中轴线起始点终点到底在何处？钟楼鼓楼前后排列为什么钟楼在北，鼓楼在南？

按照多数人的理解，北京中轴线起于南边城墙的永定门，沿子午线一直往北，越过紫禁城、景山而到达鼓楼，止于钟楼。而根据谐音，钟楼的"钟"字就影射着终点的意思。笔者认为，其实这是一种误解。这是站在朝觐者的心理行为角度来看待中轴线的方位终始点，并不是中轴线之产生形成所蕴含的文化本质意义，也是一种没有真正读懂中轴线的表现。

从十三世纪元大都规划开始到明成祖永乐皇帝朱棣定都北京予以改建，再到清保持原状未曾变更，至今历时近八百年，整个京师总体布局都是围绕皇宫西苑和中心台来展开确定中轴线的。尤其是中心台的地位十分重要，虽在明代略加微调东移一小段距离，但更加准确地表达了此处城市中心地位的作用。而位于中心台的钟楼恰恰就是这一规划的坐标点，从风水学上讲，就是明堂之穴位，也就是城市中轴线作为实轴向前的出发点，由此向南延展，直达最南端的永定门，充分表现出"南面文化"的传统精神。也就是说，这条中轴线是由北向南形成京师主脊的。此外，这条中轴线的正规名称应叫"子午线"，也说明了"子"代表北，是起始方位，"午"代表南，是终结方位，这也明确表现了从北到南的方位效应。

这里之所以联系到"南面文化"，是根据风水方位说遵循方位礼制尊贵的角度，来认识中国传统文化精神。自古以来这种方位观念一直根深蒂固。据《周易·说卦传》："圣人南面而听天下，向明而治。"《礼记》："天子负扆南向而立。"所以在方位上，中华文明强调以北方为尊，靠北面南成为礼制惯例。不但皇宫，而且一般房屋民舍都要南北朝向，坐北向南。天子是"面南而治天下"的，其统治术则命以"南面之术"的美誉，并由此衍生出在座北朝南时又有"左东右西"，则以东方为贵。故而，从方位意义论，中华文化又称"南面文化"，这赋予了方位深刻的文化内涵精蕴。这种文化观的形成，不仅与中华大地的气候地形地貌等自然环境有关，而且也与农耕文明及相应产生的易经阴阳哲学有渊源。

如此也就可以理解，为什么北京四合院均以北房为上房，由长辈居住，设堂屋和正房，而南房称为下房、"倒座"，作为客房及佣人所用，两侧的厢房则有"哥东弟西"的规定，充分反映出古代建筑伦理。这也是所谓的"东道主"、"东家"、"做东"等称呼的来由，也是把"找不着北"作为贬义词，对那些方向不明思路混乱的现象加以讽刺的原因。

在规划布局时需要仰观天象、俯察地理，所绘制的总平面及地图，也与今天大不一样，方向也完全相反。古代的地图和表示方位的绘图如河图洛书太极图等，为什么都是下北上南，就是因为在人看图时是背北面南状态，往前俯视则近处在下即为北，远处在上即为南。这同现在的地图方向感习惯全然不同。这个道理也同古书竖行排列方向感一样，我们正对着看是从右到左，而正确的理解是与书同向并排，则竖行排列方向就是从左到右，以左为尊，起始开头。这些都是南面文化的种种表现。

由此，即可理解钟楼和鼓楼前后置于中轴线上的定位安排。虽然它们同处中心台段，但钟楼是司晨作用的"晨钟"，表示人们生活一天的开始，天亮了就象征着城市活力的开启，这就是一切活动行为的起点，必然位于中心台尊贵的北端。鼓楼乃是"暮鼓"，时间到黄昏，阳光被黑暗代替，自然应位于表示中心台结束的南端，从而形成中轴线走向，再不断向南延续以扩展城市。

所以，这条中轴线以钟楼为起点，在明嘉靖年间扩充外城时选定神圣至上的"天机之数"15里作为中轴线长度，向南延伸至整个城市的最南城墙处，然后戛然而止，并确立在此建南大门城楼，即永定门，成为中轴线的终点。"永定门"这个名称具有双重含义，在政治意义的治理上，宣示"天下太平，永保安定"，但在文化寓意的象征上，表示实操中规划的中轴线永远标定，终止于此。从而致使定点安设城市南大门城楼，定格完结京师规划总体布局，这些都是"南面文化"产生的连环实效。虽然有着若干富于戏剧性的举措，但也可以从中体味出传统"南面文化"诗意般的艺术魅力。

西方文化却与之相反。西方古典建筑尤其是教堂，如西欧的天主教教堂，方位上都是以坐西向东，以西为尊。其主要目的是大门向东开，配置上方大玫瑰圆窗，每天迎进朝阳，使光线直接照亮大厅，特别是照亮西端半圆台上供奉的耶稣圣像。这些都是宗教礼拜的实际需要，虽也有迎接太阳向往光明的含义，但并无更深层次的文化内涵。

问题五：钟楼后面的城市空间为什么无中轴线显示，但也没有将其延伸至北城墙？钟楼后的北面城市空间有何意味？

既然中轴线的起始点是钟楼，又处于中心台，中轴线自此往南延伸，那么钟楼北面为什么没有中轴线的延伸表现？而钟楼北面还有相当范围的城市空间，又有何规划布局表意？这也是一个值得探讨的问题。

根据"南面文化"的阴阳观，有"天南地北"的说法，此表明了天在南属阳，地在北属阴。那么，这个南北与阴阳的临界点体现在中轴线上应在何处？这就是钟楼。因为晨钟未响之前，还是黑夜，属阴，有了当天的第一声钟响，迎来朝霞，开启活力，这大白天的到来就是阳的展现。从钟楼朝南迎着阳光延展的中轴线上排列着许多重要的标志性建筑，说明它是一条实轴，这是十分明显的。

钟楼后面的北边，还有一片相当范围的城市空间，无中轴线的北延踪影和显示。当年在元大都规划时，中心台钟楼后北部的一大片新城区也没有多少建设，到明朝为便于防守而缩小城框，将北面 5 里宽的荒凉地放弃，但仍还有一定范围的城市空间，却也并没有把中轴线延抵至北城墙边，更没有在正中设北城门楼，城市规划也没有两侧房屋对称的布局，似乎这条中轴线就此消失了。此时明清北京皇城在几何中心的位置，其纵向南北子午实轴功用不变，而横向西东酉卯虚轴仅为意象，同表一年春分秋分夏至冬至四季之分。虽然钟鼓楼所在的中心台仍未大动，仅向东微调了些许，而不再是元大都时的城市几何中心，但功能未变，反而强化了坐北向南发号施令的作用。钟楼后还有不少空间，因这部分空间仍是阴的属性范围内，让中轴线隐去，成为虚轴，钟楼后面空间就犹如"太虚幻境"一般，可越过城墙，内外交融，冥冥间与城郊连成一片。后部城市空间建设布局也就随意宽泛一些，用不着像实轴那样严谨庄重，对称有序。根据北地属阴的特征，只能仅在北边城墙东西两侧设置对称的两座城门楼，即安定门和德胜门。这就不同于城市的南城墙属阳性，为显示实轴"择中"的功能，中设永定门，两侧设左安门、右安门，共计三座城门楼。这样以钟楼为界北阴南阳，致使南北遥遥相对，阴阳互为呼应。

更有一种说法，钟楼后的北面虚轴不仅意味着空间与时间的延续，而且加以对"太虚幻境"的想象,突破北城墙的限制,穿过小汤山直抵燕山再向前飞越,表示视野的无限扩展,沿北斗七星方向直指遥远苍穹的北极星,与上天的紫微宫冥冥相通,再投射到大地上命名为"子午线",这才是今天中轴线的真名及其来历。这条子午线在实际运用中就直接刻画到观天测地找方位的星象罗盘上,专用于建筑风水选址。

更神奇的是还有一种认识,认为北京中轴线是因磁偏角选定的走向,甚至还通向远在千里之外的内蒙古锡林郭勒盟多伦县西北的元上都遗址。也就是说,作为元大都的北京古城与元上都古城(原开平府)都串联在子午线上,与上天北极星相通,在茫茫宇宙中,三者都在一条线上,互有中轴线文化精神的内在联系。

其中可能有一定的联系。元上都和北京元大都的规划建设,都是元世祖忽必烈的重臣刘秉忠和郭守敬直接参与主谋策划和负责实施的。现在元上都遗址不仅是国家文物保护单位,而且已在 2012 年 6 月 29 日被联合国教科文组织列为世界文化遗产。这种宏大天地观的规划思想和古代城市规划现象在世界城建史上也是绝无仅有的。

当然,北京老城的中轴线在新北京的现代化发展中已突破了钟楼以后的虚轴观念,又呈现出实轴的形象,不断向北突破,直达奥林匹克森林公园,使这条中轴线焕发出更加强大的功能与生命活力。

问题六:北京中轴线可否又称风水轴?它与传统的风水文化有何关系?这条南北中轴与东西长安街有何协调关系?

至今,一提到"风水"二字,都较为谨慎或者干脆回避,似乎成了封建迷信的代名词。诚然,其中是有不少封建迷信的成分和说法。我们现在要以科学、客观和辩证分析的态度对待传统风水文化。风水文化传承至今仍是中华传统文化的重要组成部分,我们应该吸取精华,弃其糟粕,实事求是,古为今用。

风水术作为一种社会现象,古称堪舆术、占卜术、相地术、图宅术等等,涉及诸多知识领域,如星象学、地理学、地质学、气候学、生物学,乃至山水美学,社会心理行为学;等等,可以统称为风水文化。从规划和建筑学科而言,风水学实际上是古人对营建选址的一门学问,即在自然环境中以"天人合一"的观念,选择最适宜居住和生存发展的建筑基地环境,包括聚落、住居、墓穴等,以求风水宝地,趋吉避凶。风水学表现了人工环境与自然环境的有机统一协调,可以称之为古代人居环境学或营建规划学,与营建学、园林学同作为中国古代建筑理论,此三者不可分离,而是互利互补,相得益彰。

在中华五千年文明的进程中,风水文化历史悠久,甚至在史前文明中就有出现。河南濮阳考古发掘发现，至少七千年的"中华第一龙"墓葬，在子午线上连续排列四个堆塑图案地坑，其中前面的主坑就展示出墓主人部落首领硕大骨架，其头朝南，脚踏象征北斗星的双股骨，两侧用蚌壳塑造出的"左青龙，右白虎"形象，是至今为止发现的最早的龙的造型。这至少表明，风水观念的形成可能要追溯到万年前。还有六千年前的西安半坡村原始部落遗址，其背山面水的选址也是最佳风水实例。证明中华文明五千年历史且已列入世界遗产名录的浙江良渚古城遗址，也可清晰地看到风水文化的影响力。所以，风水学实际上是对中华大地上几千年人们生存营建技巧经验与智慧的积累和总结。

著名的英国科技史学家李约瑟博士对中国风水有着极高的评价。他说："风水理论中包含着美学成分和深刻的哲理，中国传统建筑同自然环境完美和谐地有机结合而美不胜收，皆可据此说明……再没有其他什么地方表现得像中国人那样热心体现他们伟大的设想，'人不能离开自然的原则'，……皇宫、庙宇等重大建筑自然不在话下，城市中无论集中的或是分散在田园中的房舍，也都经常地呈现出一种'宇宙图案'的感觉，以及作为方向、节令、风向和星宿的象征主义"。这段话将"风水模式"定义为"宇宙图案"，对"天人合一"理念赋予为"象征主义"的高度评价，的确是对"风水"的深刻理解和本质揭示。

北京古都在规划建设中，在选址和古城营建时，包括皇宫布局设计，同样受到中国古代风水文化的影响，其风水模式具有典型性，蕴藏着风水文化内涵及哲理寓意。

对整个京师都城的地理位置选址来说，绝对是天下第一风水宝地。在古籍《天府广记》中有载："冀都天地间好个大风水，山脉从云中发来，前有黄河环绕，背为燕山，泰山从东为龙，华山以西为虎，嵩山为前案，淮南诸山为第二重案，江南五岭为第三重案，古今建都之地皆莫属于冀郡。"这就是从中华大地的大地理观来看整体风水环境的组合配置，非常形象地描述了北京古都作为神圣的风水宝地，具有唯一的独尊地位。要选择如此风水宝地常依古籍风水书《地理五诀》指定的原则，即"龙砂穴水向"所表示的"风水模式"即"宇宙图案"，其中的"向"就是风水轴的指向引领，这是十分关键的。按此五诀要求，"龙要真、砂要秀、穴要的、水要抱、向要吉"。对此，为方便实际应用，权且作如下概括，可称为"风水口诀"。这就是：

> 前有照，后有靠，
> 青龙白虎层层绕，
> 金水多情来环抱，

朝案对景生巧妙，

明堂宏敞宜营造，

南北主轴定大要，

点穴天心在十道，

藏风聚气好地貌。

按此口诀，其中南北主轴就是指的风水轴。对北京古都来说，南北主轴指的就是这条中轴线，也叫南北子午线风水轴。在这条风水轴上皇宫紫禁城规划设计就必须按上述要诀，呈现出一个典型的风水模式范例。在中轴龙脉上凸显的景山，就是紫禁城的靠山，尽管它是在平原上人工堆砌的一座轮廓起伏优雅的小山，但造型尺度均衡壮观，做紫禁城的背景恰到好处。在皇宫入口天安门前及紫禁城太和门前各有一道金水河呈环抱形从西向东流过，至东南方巽位流出，符合水要"环抱多情"的意境，构图佳美，温馨可亲。之所以命名为金水，除了含富贵之意，主要是为了表达阴阳五行哲学中以西方为金的理念。皇宫所在地正是古城中有"明堂"称谓的最佳之宝地，整个大格局呈坐北朝南，背山面水之形态，气势恢宏壮观。

紫禁城内的风水布局也是前阳后阴，即"前朝后廷"，或"外朝内廷"，故曰"朝廷"，即前为行政公务区，后为生活居住区。又如"宫殿"一词，即"后宫前殿"。可以看出，汉语中有不少类似的名词都有阴阳组合的联系，特别是许多建筑词汇都蕴含着深刻的哲理。东方象征青龙活力，为君王住地，后妃们则居住在象征白虎秋藏的西方。北方象征玄武龟寿，有景山又名万岁山为靠山，山上建万春亭等五亭以显"九五之尊"，这是中轴线上龙脉的制高点。南方象征朱雀飞舞，其紫禁城大门午门采用五凤楼凹形门阙造型，空间威严热烈。风水术的"四正四灵"规制，即东南西北方位分别以青龙、朱雀、白虎、玄武之灵性来表征，建筑布局意境相随相融，实为中国风水独具特色的创意。所有的这些都依照《易经》宗旨"万物负阴而抱阳，冲气以为和"的意念，实现"一阴一阳之谓道"，达到"阴阳合德"的境界。

诸如此类的建筑审美象征主义手法和风水意蕴营建做法，故宫学者多有紫禁城风水的论述。这些都充分证明了风水文化作为古代营造规划学指导思想的巨大作用和影响。所以，从这个角度看，北京中轴线的文化本质就是一条典范的天下第一风水轴。

除了以上所述问题，我们对北京中轴线的理解，还应从古城全局即宏观思维加以认识。它绝不是孤独的纵向轴线，而是同东西方向的横向轴线十字相交，配合呼应而构成京师"天心十道"的总平面大格局。除了前面说的紫禁城风水以太和殿为穴位的酉卯虚轴外，还有一条实轴，就是有东西单牌楼标志的东西横轴长安街。而在新北京的发展中，这条街对北京城市的扩展发挥了更大的作用，甚至成了被誉为"十里长街"的城市主街。这样，以天安门为中心的南北中轴线和东西横轴线交织成了真正的新的更宏大的"天心十道"。

在中国古代，"天心十道"的规划格局模式从京城到各州府县都产生了巨大影响，不少古城无论大小都有十字街的风貌，商务衙署等不少重要建筑都建于此，而且形成了城市中心，繁华热闹非凡，其风貌甚至成了城市地标性特征。

纵向南北中轴虽是城市的主导脊梁，但仍少不了横向东西副轴的烘托、拱卫和映衬，共同展现城市规划的全方位大格局。这是我们对北京中轴线文化精神在内涵的理解上应当值得充分重视探究的。

当然，北京老城在规划建设中遗留给后人的这份宝贵的文化财富，如何更好地保护传承、弘扬发展，需要探寻认识的地方还有诸多方面。尤其中轴线的申遗工作是一个难得的机遇，还需要不断地强化和深化。也就是说，要对文化遗产的价值意义，特别是文化精神内涵与哲理意蕴这些更深刻的东西给予高度关注，通过文化表象看清和吃透文化本质。只有这样，才会让更多的人知晓，中轴线也才能更好地得到保护。一句话，就是要真正读懂北京中轴线。常言道"慧眼识真"，必须把这条气势壮阔而又恢宏的北京中轴线用虔诚心智看准确、搞清楚、弄明白，认真领会，深刻理解，抓住本质，掌握精髓，只有这样才算读懂。与此同时，也才有可能把申遗及保护传承等工作做到位。

作者简介：李先逵，1944 年生，男，汉族，四川达州人，原任建设部科技司司长等职，研究方向中国民居建筑、传统民居与文化等。

鉴中轴线古今文化　识新形态首都文明

沈望舒

摘要：北京中轴线是代表传统中华文明形态精髓、全面荟萃当代中国文明新形态的经典。申遗是事关正确的历史叙事、涉及首都文化导向的美善大局，有无形神兼备、道器合一之学术话语体系实为关键。应遵循原始特征与后继特征兼备的"世界遗产"立场，勾勒出中轴文化"现在与未来"的生命形象。首先，力求让世界认知中轴文化始终演进发展的规律；然后，梳理古中轴道统内涵、以营城带营国的教化意蕴；接着强化"新四史"要义节点，彰显国家文明峰值上的中轴文化贡献；最后倡导中轴文化的引领、代表、示范属性，使记录古今的物质遗产与展示文脉的精神财富相结合，力促文化科技与沉浸传播的运作相得益彰，大力优化首都核心功能。

习近平总书记在庆祝中国共产党成立一百周年大会上提出了"人类文明新形态"的新概念。文明、文明形态、人类文明新形态由此成为理论界的热词。于是，北京中轴线因荟萃古今中华文明经典，标志百余年来神州的伟大复兴风云，也进入了新形态的研究视野。

建城三千余年、建都八百余年、新中国首都七十余年的辉煌，北京巩固提升了全国文化中心的地位。北京中轴线通过连绵的特定建筑，呈现着首都核心功能，构建着民族政治、秩序、礼义诸文脉。它在古代可分宽窄：窄，就建筑说中轴：可细化为一条虚连基线——从永定门至钟鼓楼、南北长近八千米。宽，指由线向面辐射而关联到更多内容的"文化带"——从崇文门至宣武门，东西近四千米。长宽相乘基本覆盖老城——形成包含国家主要经典历史场所、总计近三十平方千米的面积。本文关注的重点是其内容底蕴，因此持文化带之"宽"态说。

2022 年 3 月 25 日，北京市召开推进全国文化中心建设领导小组全体会议，总体要求"把文化建设放在全局工作的突出位置，切实做好首都文化这篇大文章，在建设社会主义文化强国中充分发挥示范带动作用"，并因中轴线的重要性而将"要把中轴线申遗保护紧紧抓在手上"位于会议精神"五个强调"的前列①。

看中轴线文化变迁与文明形态变化，须知精神为旗、内容为王，须悟北京因都而立、因都而兴的首都价值。中轴线申遗一事，重在增益新时代以文化人、以史明理的积极，助推首都代表的国家文明新形态，所以，其过程当讲"道器合一"之佳境。

一、中轴线，发展变化的中华文明生态

有一种思维，惯说静态古代阶段的巅峰时刻，如"原汁原味儿"等，结果造成了传统文化似乎历来如此、生而不变的误解。可惜其有违逻辑，仅是某些人的"认为"，既非北京中轴线的历史，也根本不合科学文化发展的实际。

古代中轴线，倘若以元朝为"原汁原味儿"，其南北长度就要缩水；倘若以明朝为"原汁原味儿"，那么核心的宫、殿、庙等礼制建筑，其规模、格局、数量将与清朝有众多不同。自"丹宸永固——紫禁城建成六百年"②展览的图表中可以看出，明永乐至清宣统的四百六十四年中，仅紫禁城内的建、毁、增、拆、改、修、迁等"大事"，便超过一百二十件。这说明即使古代部分，连宗法社会中最讲规制的部分，也频频在变，区别只在于大变与小变。倘若以1911年之前为"原汁原味儿"，则将归于荒诞：只能请回"天子"、重现金銮殿治朝功能、再来一轮"张勋复辟"的闹剧……

近现代，伴随封建王朝的风雨飘摇与最终崩塌，中轴线变化巨大。最大之变在原来的统治中心，改称"故宫"、变身"博物院"；诸多皇家坛庙园林开始公园化，成为服务国民的公共文化场所。另外，伴随着天安门外衙署群的消失，分属宫城、内城、外城的不少门、楼、路等，被拆、迁、改……

新中国成立后质变仍频繁。中轴线景观在变，自天安门广场的第一次扩建起步，接着天安门楼匾位置挂上国徽，第一座国家级文化新建筑"人民英雄纪

---

① 祁梦竹，范俊生. 推进全国文化中心建设领导小组全体会议召开［N］. 北京日报，2022-3-26（1）.

② 紫禁城建成于明永乐十八年（1420年），为纪念紫禁城建成六百年，2020年故宫博物院推出"丹宸永固——紫禁城建成六百年"展，展览日期为2020年9月10日至11月15日。根据不同时间段紫禁城的特征，此展分为"宫城一体""有容乃大""生生不息"三大主题，涵盖了18个重要的历史节点，以时间为主线介绍了紫禁城的规划、布局、建筑及宫廷生活。

念碑"奠基。以后，1959 年"十大建筑"半数云集于此，开启中轴文化风生水起新纪元……中轴线长度在变，改革开放增添了中轴文化迭代活力：向北延伸的突破，由亚运会、奥运会建筑群实现；再以中国共产党历史展览馆、中国工艺美术馆·中国非物质文化遗产馆等扩展。"南中轴"延长线闪亮登场，大兴国际新机场领军，大规模的、跨省市的主题经济区成阵（图1）……

图 1 北京大兴国际机场

来源：北京大兴国际机场官网，http://www.bdia.com.cn

用变化与发展的眼光历数古今及未来的价值，契合"世界遗产"的价值表述。2017 年版《世界遗产的操作指南》（以下简称《指南》）整体表达了目标愿景：使人们了解到遗产于历史上的作用、对今天的意义、在未来的功能。该《指南》十分看重遗产的后继特征："了解和理解这些信息来源，与文化遗产的原始的和后继的特征有关，以及随着时间推移积累的意义，是评估真实性所有方面的必要基础。"原始特征易懂，系遗产原本的标志性。后继特征，则是指整个历史过程中被不断地添加、赋予，而变得丰富丰满的整体特点。《指南》还说："真实性不局限于原始的形态和结构，也包括了随着时间延续而发生的体现遗产艺术或历史价值的持续的改变和添加。"据此，将文化遗产作为人类文明形态的组成，才"真实"地反映出联合国教科文组织世界遗产大会的意志。它包括古代之"源"、现当代及未来之"流"的全生命过程并重：给予同样的珍视、统筹、部署；包括否定为保护而保护的死板，旨在通过抢救、发掘、整理、研究，从而全面保护遗产的文化生命，通过科学利用、守正创新、多媒介传播，延续并放大遗产价值，更好地服务于文明的进步。

所以，确立北京中轴线代表的中华文明形态和党的领导下百年所创的人类文明新形态的总方向，借宣传传播申遗文本之机，讲述发展变化的古今中轴文化、突出代表中国辉煌的当代中轴文化，是专业团队的历史使命与责任担当。

所以，摒弃多说古而少论今、重静态而轻动态、有意无意淡化"后继特征"的片面，紧扣时代脉搏、反映社会现实、顺应人民的要求，既合中轴文化"应然、必然"，又在改善"实然"——用时代"精华"，永葆"世界遗产之树"常青。

二、古中轴之"神"，集道统之大成

梁思成先生首用北京中轴线概念。他在 1951 年 4 月发表的《北京——都市计划的无比杰作》一文中，介绍"故宫为内城核心，也是全城布局重心，全城就是围绕这个中心而部署的"状况；他指出："贯通这全部署的是一根直线。一根长达八公里，全世界最长，也是最伟大的南北中轴线穿过了全城，北京独有的壮美秩序就由这条中轴的建立而产生。前后起伏，左右对称的体形或空间的分配，都是以这中轴为依据的。"① 梁先生的观点有两点令人印象深刻：一是对故宫为核心、重心、中心的强调——因"心靓"而"线辉"；二是北京独有的壮美秩序因中轴而立而成，持延展辐射思维。所谓壮美，就是表里兼备、由内及外；既说肌理，还论事理。

（一）北京古中轴，求道器合一、形神兼备

北京中轴线发散中华道统神韵，"明暗"教化神州历史的义理。道与神，皆说道统文化——儒家思想为主线的、几千年居社会思想精神统治地位的文化体系。器与形，都述物化表现——因道统义理而线状排列、面状分布的建筑。无道统，中轴线建筑则失"本"，会因少内涵支撑，而贬损及其历史文明与国家文化相连的首都价值；无物化，中轴线文化则失"形"，会因缺特定载体，而难以具象地诠释道统。所以说，道器合一是中轴线要义：道魂器形，相辅相成。

"明"，指故宫为核、辐射全城的中轴线建筑。它崇尚由天文关人世的意识，践行"以中为尊"意识、立都先于建国思维、营城带动营国战略；它贯穿"中和"、和合、和谐的价值观，持"允执其中"、过犹不及的治国方法论。

古代文献之"中国"来自天文，长期指空间方位和地理范围。初意"中央之城"即周天子所居京师，强调居"天下之中"；概念先与"四方"、后与"四夷"相对，后成华夏为中心的天下观、华夷二元对立的国际观，实际反映统治方长期自我中心主义式封闭。对此，1901 年曾引发梁启超对我国"皆朝名"而

---

① 朱祖希. 北京中轴线历史杂谈 [N]. 北京晚报，2022-3-30（25）.

"无国名"的现象痛心疾首。直到 1911 年成立中华民国，缩写"中国"；1949 年中华人民共和国成立，简称"中国"，才以正式国名结束了"中国"含义的模糊。不过，《周礼·考工记》提出的规制。先秦以降"欲近四旁，莫如中央，故王者必居天下之中，礼也"；"古之王者，择天下之中而立国，择国之中而立宫"等观念，一直为宫城一体设计建设的遵循。因此，古都中轴线以宫为中心的对称布局有统摄天下的含义影射：通过"五门三朝"、天子皇权、治国理事施政场所的阵仗威仪，象征统治的至高无上、神圣庄严；借助"左祖右社""左文右武""晨钟暮鼓""祭天拜祖"的尊史之礼，陈述国之四维、人伦五常、励志纲纪等制度机制的安排，昭示国家道德秩序的严明严正和不可亵渎。其"祖"，标志宗法：警帝王不可忘本，告臣民须敬畏祖先；其"社"，代表疆土：督帝王珍重农桑，训百姓视五谷为本；其"礼"，讲求规律：劝帝王守正行正，戒众生效法守制。

"明"还在物化分布的宗教多元、园林工整、市井繁华等景象。如元时勾栏瓦肆，清末茶园戏楼，民初劝业场的时尚与天桥撂摊的民俗：如鼓钟楼地区的商铺林立，前门大街的字号云集……功能化各司一方的京师建筑体系，共绘中轴五彩的文化形象魅力，社会直观、大众喜见的"器术法"八仙过海。

"暗"为建筑物内、各类"容器"中蕴含阐释的道统。弘道、树人是中华文化根深蒂固的传统，人类文明传承的重要形式。北京中轴文化带，自奉"教化"担当，带头"自强不息"，用门类齐全、丰富多彩、醇厚香浓的思想精神积淀，代表中国记载历史。细观其详：额有劝勉，匾鸣志律，宫、殿、楼、堂、亭、轩、庙、坛，使用自甲骨文、秦篆、汉隶、唐楷一路走来的中国文字，构筑起中国文化最系统的载体。既提供了"格、致、诚、正、修、齐、治、平"的人格养成理论，又有圣人、君子、大丈夫、成人等分类的效仿践行标准和实现路径。道统体系通过天高、地博、人瑞的见识、顺天意得民心的作为，讲天人合一、礼乐复合；以治人治事治国的战略思维、有容乃大的文化情怀，潜移默化而又沁人心肺。虽然仍旧是于门楣、梁柱、墙面、典籍中说"守江山延祖业"的老理儿，但话语间往往沁入哲理、有着些许真理，多带有中国、利人类的财富。正因它们在使地标建筑延展价值、在使中轴文化延年益寿，故应把中轴文化带当作塑国家记忆、造首都表达、承民族传统、令世界生辉的文明形态。

（二）北京古中轴，重内容为王、文化"峰值"

强调北京中轴文化带，旨在提示对其的认识理解不可浮浅平铺，传播时要持突出重点的系统论思维，施以顶层设计、顶层统筹、顶层统管，以显历史中轴呈现的首都核心功能——国家文化的代表、引领、示范、带动等诸效力。要以翔实的内容讲好"从孔夫子到孙中山"的道统故事，虚实结合的形象梳理，客观讲述历史的文化统一性、政权合法性、国家稳定性机理，"正解"中华文明形态。

虚，凡古中轴线的标志建筑，要在形式美外，制备内涵向善、精神向美的权威文案，并且分轻重、详略，以示专业。如讲古中轴，分别"点"释紫禁城、"线"述其他建筑。前者要怀有对"核心"的敬重、敬畏，务虚部分要准确到位，整体分量当近其他之和。后者关于标志建筑（群）的寓意，有必要述及。

如为"治朝"和"内朝"各三大殿背后的务虚很重要，传播中当讲相关内容：太和，典出《周易》，指天地万物和谐运行；殿中匾乾隆御笔"建极绥猷"，强调天子有上对皇天下对庶民的双重圣命，须承天奉法和抚民顺道兼备。中和，典出《礼记》，喻万事不偏不倚，恰如其分。殿中匾乾隆御笔："允执厥中"，是说厉行中正之道才能治理好国家。保和，典出《周易》，强调保持万物和谐。殿中匾乾隆御笔"皇建有极"：人君当建立起推行天下的至高准则。乾清、坤宁作为传统意义上的帝后寝宫，首字均用《周易》卦名，乾喻天；"清"引《道德经》，明亮意。坤喻地；"宁"有积聚、贞固意。两词以天清地宁寓意天高明、地博厚。居两殿间的交泰，典出《易经》意"天地交合、康泰美满"。殿中匾说是乾隆摹康熙御笔"无为"，取老子"圣人处无为之事，行不言之教"意，以警君主当体恤民情、与民生息。六主殿这些"虚"，会同东西六宫大量房额、殿匾、柱联、巷牌，集哲思、怀古、抒情、咏赞等，播撒"民胞物与""天下大同""和谐共生""和衷共济"的积极思维。共同代表中国传统文化结晶体，共同汇聚并塑造了"宫中"、京师这类中华文明的思想精神高地形态，古今一脉在变与不变中延续。

实，凡"庙堂"香火之"大神"，指中轴文化带上发生的重大历史事件，代表为中轴线赋值、增值的内容财富，环绕建筑的经典化实物、服务、场景。包括低谷：如"失都"年代令中轴"失神"、京城"失色"的史实，以证北京因都而立而兴之铁律。更多包括高地现象：如密布老城的纪念地和名人故居，使志士、义士、国士彪炳史册。如曾陈于皇史宬的明《永乐大典》、宫内文渊阁的清《四库全书》，藏身养心殿旁、喻义"士希贤，贤希圣，圣希天"的三稀堂书法珍品，凝聚了人类瑰宝、荟萃了中华文化。如紫禁城八百多匾额楹联，与地安门外和前门大街上市井老字号星光交相呼应。至于以城南为主，鼎盛时期房屋多达几万间、覆盖地域涉二十三个省一千七百多个县的上千家会馆①，更

---

① 李瑶．会馆重生［N］．北京日报，2022-4-21（9）．

是文化凝聚、辐射、影响的强力证明。中轴合成抑扬顿挫的京师，共构誉满天下的风物。

景山北侧寿皇殿，可透视中国宗法社会"家天下"之历史。宗法制作为敬畏、效法祖宗的社会思想制度体系，有别于宗教制。自夏商周起渐使分封到各地方的"诸夏"结成整体，有利统一文化的传承。发展到统一帝国皇权制后，最终在中国确立专制主义中央集权模式。夏禹开始"家天下"、秦皇确立"帝制"后香火连绵，祭祖功不可没。《礼记·大传》曰："人道亲亲也，亲亲故尊祖，尊祖故敬宗，敬宗故收族"。收族即收拢族人：揭示一切"尊祖"的目的在团结族人的性质。维系思想情感的纽带关系，是种族认知、文化认领、国家认同之要，是教化之本和强化归属感的前提。作为皇家祭祀场所的寿皇殿，明代始建于景山东北；清乾隆嫌其规模小，又因打算供奉雍正，1749年迁今址重建。从而改居中轴线、仿太庙规制，供奉此后历代清帝后画像。它沿袭乾隆令：清帝在谒陵和巡幸回銮后、均需亲至寿皇殿行礼，故而等级地位极高。乾隆以来七代清帝，在寿皇殿超过一千二百三十五次祭祖；光绪朝三十三年里约为四百二十一次，远高乾隆帝在位六十年的三百零七次。殿前三宝坊乾隆御笔（现为梁启超仿乾隆体）六坊额画龙点睛，分别典出《诗经》《尚书》《国语》，阐释寿皇殿文化内涵的同时，告明天下：乾隆志在承继先祖基业，弘扬历代典章，创立功德政绩，要当励精图治皇帝的"初心"。

太庙及社稷坛、先农坛与天地日月诸坛的大祀……在此不一一赘述。

"世界遗产"讲求突出普遍价值，强调三个关键，即价值标准、真实性与完整性。北京中轴线的价值标准，在以"道器合一"的佳境代表古今中华经典文化；真实性，在准确反映设计景观的国家治理文化战略思想；完整性，在全面妥处文化带"神魂道"与"器术法"、内容与形式、荣与辱、古与今等关系，从而讲出具有国家记忆和首都特色的人类价值故事。

三、现中轴之"道"，彰文明新形态

北京中轴线的文化叙事，百余年其亮点仍在"神魂道"：更重那些争取民族复兴的轰轰烈烈之事。讲好说是中轴线近、现、当代的文化荷载，准确描绘其思想精髓的传承、创新、发展，对真实解说中国如何站起来、怎样强起来有十分重大的意义，自然也当是申遗"文宣"补短板、强弱项的主攻方向。

（一）记录时代，中轴见证国家近现代风云

作为中国近代以来的文化视窗，北京中轴线亲历先抑后扬的新旧两段。

　　"旧"指1949年前——清末民初，民族积贫积弱，国家逐步沉沦。永定门目睹1900年"庚子国变"的八国联军横行，那是半封建半殖民地的巨大国耻。随后，有北洋军阀轮番登场的至暗，有日寇入侵、奴役的悲惨。中轴风起云涌：既遇明初后再次"失都"（1928年）的落魄，又有1945年"光复"由欣喜直坠"接收大员"之灾的跌宕……史界认为有记载的中华文明，始于三千年前萌发的忧患意识；中轴线历史，情系国与都之忧患。那种有盛世、有衰颓，也有"伟大复兴"（图2）。

图2　20世纪20年代初拍摄的永定门，喜龙仁拍摄。

来源：刘阳：《北京中轴百年影像》，北京日报出版社，第1页

　　"新"指1949年后——中华人民共和国奋起于废墟，于激情燃烧岁月创造新生。中轴线浓缩新中国革命建设改革的首都表现。在中国共产党领导下，北京声音、首都场景，带动着神州大地的一轮轮抗争、奋斗、发展大潮。中南海展现的宏图大略，人民大会堂表达的强大意志，天安门城楼及广场奏鸣的黄钟大吕……国民记忆里有文化标志性、风尚指向性的事件，革命精神谱系中的历史性与现实性相统一的大量内容，发生在北京中轴可圈可点的现象级史实中。

　　北京中轴线的高光时刻，是由大写之"人"和他们的精神点亮。1898年9月28日以谭嗣同等为代表的戊戌变法六君子，在菜市口就义；"铁血维新"的直接影响——新文化运动中入狱的学生们高呼"吾为谭嗣同"。1919年5月4日十三校三千多学生集聚天安门前，高举反帝反封建的大旗，使"五四"成为新旧民主主义革命的分水岭。陈独秀、李大钊、毛泽东等在1921年前后于沙滩红楼的激情奔走，写就伟大建党精神的浓重一笔。1935年12月9日，北平中学校爱国学生六千余人涌上街头，目标新华门：共产党领导的"一二·九"抗日救

亡运动波及全国，为此后 1937 年 7 月 7 日卢沟桥全民抗战的爆发，提供社会动员和思想准备，因而成为伟大抗战精神一部分……新中国成立七十多年的无数要务、大事生于中轴：中共七大之后的历届党的全国代表大会，确定国名国旗国歌、宣告定都北京的第一届全国政协及其之后所有全国政协大会，确立《宪法》、制定国家五年计（规）划的所有全国人民代表大会……中国革命精神谱系，或提出或概括或发布于"中轴文化带"者占比众多：如抗震救灾精神、伟大抗疫精神、脱贫攻坚精神；等等。

国家高地、北京阐释、中轴表达，是首都核心功能的重要发散方式。现当代中轴线迥异于古中轴线的表达，属于中国与世界人民熟悉的认知。简约准确定位的这些记忆，就是历史、理论、道路、文化等"四个自信"。

（二）书写辉煌，中轴造就当代神州腾飞景象

央媒近年来屡发结合北京中轴线述国势的重要文章。有一文在开头：城市中轴线上，两座恢宏大气的建筑……遥相呼应。一个历久弥新的民族，诉说着不平凡的历程……2012 年 11 月 29 日，中国国家博物馆。习近平总书记在中国国家博物馆参观"复兴之路"展览，提出并深刻阐释"实现中华民族伟大复兴，就是中华民族近代以来最伟大的梦想"……2021 年 6 月 18 日，带领世界最大政党即将迎来百年华诞的习近平总书记，参观"'不忘初心、牢记使命'中国共产党历史展览"，号召全党向着实现中华民族伟大复兴的中国梦开启新的进军……①

中轴线申遗不应局限于古代、止步于建筑，当以内容价值为要、按历史节点讲文脉为重，讲发展着的中轴线：要讲中国式现代化所创文明新形态。

首先，包括当代职能。其一，中轴符号意义的更新。明清作为北京皇城正门的天安门，进入国徽核心图案，它在五星照耀、红色映衬下象征中国；七十年前城楼挂着"世界人民大团结万岁"标语，如今"人类命运共同体"的理念入联合国文件，中国"天下大同"追求生生不息。天子效祖变为以人民为中心，祭祖拜天改为人民英雄纪念碑前每年国家层面的庄严仪式……其二，中轴线之"核"移位。社会焦点从紫禁城内宫为核的"宫心"迁至天安门广场为核的"场心"；实质政务从"三大殿"到天安门外，表明家天下的封闭全面走向民天下的开放。其三，中南海、人民大会堂等共构党领导人民当家作主的"治朝"。其四，北京故宫博物院、中国国家博物馆、中国共产党历史展览馆等文史叙事话语体系，原国家图书馆（现其善本书部）、国家大剧院、新建的中国工艺美术

---

① 赵承，等. 砥柱人间是此峰 [N]. 人民日报，2021-6-30（3）.

馆·中国非物质文化遗产馆等皆位其列。其五，云集国家级公共服务项目，如鸟巢、水立方、奥林匹克公园、大兴机场等。

其次，还包括主题作为。中轴线历史密集里程碑式节点内容，有前述"五四""一二·九"，之后的北平和平解放入城式、开国大典……有北平和平解放后，天安门前举行的阅兵、仪式、集会、游行，它们均被标记为"时代重大"事件，而跻身世界级传播的中国文化"场景"。还有进入新世纪，北京奥运会、新中国成立七十周年庆典、中国共产党一百周年纪念活动、北京冬奥会；等等。这些发生在北京中轴文化带，并且代表时代进步、鼓舞国民精神、改变世界历史的成就，是首都功能具有"较高水准唯一性"的特殊类型。若将它们纳入申遗文本、并艺术化为后继特征经典，将大大增加中轴线的世界认知、认同，并有助于形成更广泛的共识。

四、守中轴文化根本，赋传播多彩能量

理念是行动的先导，其对错，从根本上制约着实践的成效乃至成败。优秀传统文化为申遗积淀深厚底蕴，灿烂的当代文明让申遗拥有强大底气，二者共力讲好文化故事，方为中轴科学申遗的恰当理念。主要表现在三个方面：一是对叙事、话语体系的顶层设计，不忘根本、守正创新，对"干什么"的具象目标明晰；二是对责任、对命运共同体资源力量的顶级统筹，同心同德、协调共力，对"怎样干"的细化机制到位；三是对价值链各要素环节的顶级统管，人物领军、团队得力，对"能干成"的实施路径坚定。归根结底：高举价值观铸魂树人大旗，借助申遗过程，强调经典内容教化传播，通过作品、服务、项目魅力"物化"中轴。

（一）培根固本，以显形化努力凸现中轴神魂文脉

通过申遗，使人们对北京中轴线所荷载的精神思想——即代表文化之根的核心价值有深刻的认知。中国历史存续浓浓的守根归源情结。《道德经》的"夫物芸芸，各复归其根"，《荀子·儒效》的"千举万变，其道一也"，《说苑》的"万物得其本者生，百事得其道者成"，《淮南子·原道训》的"万物有所生，而独知守其根"，均讲世间万物在遵循规律、有独特秉性，都知于纷繁变化之中守根基、保本源。故而讲中轴线，也须重其根：

第一，亟需统一认识于梁思成"环境思想"之旗下。梁先生1943年《中国建筑史》绪论，提出有明确内容指向的"环境思想"。他认为：治建筑史者唯有对其"先事把握，加以理解，始不至淆乱一系列建筑自身之准绳，不惑于他时

他族建筑与我之异同"；唯有"对此着意，对中国建筑物始能有正确之观点，不做偏激之毁誉"。其"环境思想"，强调"古之政治尚典章制度，至儒教兴盛，尤众礼仪"，将中国历史礼法功能于道统、政统、文统中的意义内涵在古建筑研究中"置顶"；提示"先秦西汉传记所载建筑，率重其名称方位，部署位置，鲜涉殿堂之结构"，证明"政治、宗法、风俗、礼仪、佛道、风水等中国思想精神之寄托于建筑平面之……分布上者"的事实，作出"环境思想"对于中国古建"固尤深于其他单位构成之因素也"的判断①。王军先生的研究成果，有同样的结论："'结构技术+环境思想'研究体系是中国建筑史研究必须遵循的基本框架。"② 据此，亟须加强北京中轴"环境思想"的建设，令其价值因可知易达而"显形化"。

第二，动员组织专业力量，开展《北京中轴文化带知识词典》《北京中轴线古今大事录》《中轴线的国家记忆与首都功能考》等研究编写活动。通过"记事本末体"的格式，按照点、线、面统筹的体系格局，匹配学术真、文化善、话语美的表述格调，既为申遗工程加持更为翔实精准的理论后援，也为更好地传播中轴线文化经典、进一步发挥全国文化中心的首都功能，增添优质储备。

第三，开发融汇古今内容体系的《中轴文化数据库》。以思想价值体系统领北京中轴文化带的叙事、话语、学术，安排不同类型历史文化建筑的内容介绍，按照时空定位、礼治功能、典章制度、沿革演进、当代文化等，结合具体建筑功能运作的文化服务，做精准全面的精彩表述。为社会各界了解、学习、使用，提供信得过、靠得住、用得上的国家思想枢纽和首都主题文化平台。

第四，建设"北京中轴文化传习馆"。物化并结晶原本虚拟的"中轴线"，以从战略上助人们概观所代表的国家民族精神思想，京师以"营城"而"营国"的核心功能。从战术上细读不同建筑的分类功能，其形制于特定方面与国、市、民文化的关系。该馆亦在"建首善自京师始"的古今文明主题上，多有建树；在全面展示历史与当代的首都文化魅力上，展现精彩。

第五，学习中外留住记忆、强化历史的有效做法，以标记留痕社会、于要津固定岁月。优化择选《北京中轴文化带知识词典》精华，采用"名称+年代+内容与功能简介+与中轴线位置关系"的话语模式，制作富有科技含量的地牌与标牌两套系统：地牌钉到了已然消失或改变功能的建筑原址，令其"内容复

---

① 王军. 尧风舜雨：元大都规划思想与古代中国［M］. 北京：生活·读书·新知三联书店，2022：288.
② 同上.

活"；标牌主要设在沿线墙面或公交站亭，以使中轴文化贴近社会、走进生活。

第六，以故宫修缮补齐匾额工程和前门大街店家普遍挂匾为范，重现有"门楣上家国，梁柱间文脉"之称的社会盛景。在传统中轴的风貌区域，用庄重、深邃、雅致的匾额楹联的形式装点街巷，是"点睛"核心价值体系的良策。其既可通过"文以载道"的典故、格言、警句，表述古今之良善、美意、期盼，又可让市民与访者沐浴情思、情怀雨露，体验千百年来悠悠国风国潮的韵味。

中轴线历经一代代人实践、完善，其文化功能日见昌达。将已然认知并被提炼的内容，系统创新并用来诠释中国所创造的"人类文明新形态"，是首都文化的责任。且正当其时，应大有作为。

（二）寓情入境，以沉浸式项目塑造中轴的精神魅力

入境，一方面事关道路、站位。梁思成讲："建筑显著特征之所以形成，有两因素：有属于实物结构技术上之取法及发展者，有源于环境思想之趋向者。"[①] 单讲前者、与两者皆重视者，在古中轴研究时身处两"境"；"厚古薄今，重微观轻宏观"者与同讲古今史者，而今中轴研究中也身处两"境"。当然，"厚古薄今"目前尚为城市史研究领域的通病。据四川大学何一民教授研究成果表明：有关新中国城市史研究论著占比甚低：他对 2016 年 1 月至 2020 年 4 月期间中国知网所载统计显示，查阅到相关论文七百四十五篇，涉及新中国城市史研究的文章仅七十九篇，约占总量 10.6%……很多研究领域甚至还处于无人问津的状态。连 2020 年国家社科基金项目《中国城市通史》（七卷本），下限仍为 1949 年。[②] 对历史上空前发展阶段研究的领域性缺失，语境未涉及中国贡献极大的增长年代，从任何角度来看都颇为不妥。

入境，另一方面事关入耳、入脑。"新打开方式"，现为优秀文化创造性转化、创新性发展的着力点。社会形态的更替伴随着文明形态的更替，如影随形的还有价值实现路径和内容传播模式的变化。北京中轴文化带荷载的国家与首都思想经典，也应以互联网普及为标志的信息时代消费趋势，向提供更多沉浸式供给侧的公共产品与服务转型。这时的"入境"，更讲求"寓情"：2010 年上海世博会期间，国际展览局关于风貌区"复原式陈列，情景式再现，角色式扮演"的点化，对北京中轴文化的今后弘扬传播颇具启示。

"好故事"是前提。包括学术价值故事，王军先生为古中轴线北端鼓楼讲前

---

① 王军. 尧风舜雨：元大都规划思想与古代中国 [M]. 北京：生活·读书·新知三联书店，2022：288.

② 何一民. 新中国城市史研究的意义 [N]. 光明日报，2022-4-27（11）.

世——元代齐政楼：名自《尚书·尧典》"璇玑玉衡，以齐七政"；寓据中国古代观象授时，在子位节律元大内全城；意指元帝所获的天命上承尧舜，同为中国古代王朝的"继道统而新治统"，表明忽必烈的文化认同——蒙古王朝是中华道统不可分割的重要组成部分。还包括古今在中轴线大事小情焕发的"精气神"的故事。

能够"讲好故事"的人，团队是基础。电视剧《觉醒年代》，激发全社会对伟大建党精神和党之先驱人物的高度热情；河南综艺节目在传统文化创造性转化上屡屡"出圈"，引爆文化消费的同时又牵动各地文博业争芳斗艳；北京故宫博物院瞄准当代青年守正创新，用生动拟态的数字文化服务和充满时尚感的衍生品日进斗金……好故事加会讲的能力，足以带来高质量的可持续发展。

"复合空间"的沉浸服务是主线。视中轴文化带为大风貌区，走沿线"容器"由博物向博览的"复合化"新路，创运营模式活力迸发的积极局面。前门天乐园模式可复制：游客可自固定展洞悉京剧的前生今世、唱念做打，可在公共空间近观演员化装、着剧装留影、共学京剧，再有兴趣的可进剧场看场真戏。于酒吧、餐厅等各类文化业态空间，"邂逅"丰富生动的中轴文化，燃情又接地气。

数字化设计的深度场景是"大牌"。拍摄 XR 场景影视片，拟态中轴文化场景、人物丰采，有助"神魂道"的好故事代入。其创造的 360 度沉浸式全新文旅体验，无论置于《传习馆》还是游走于海外，都将迎来美誉。数字化渲染添翼的案例，如沉浸式演艺"张灯结彩——故宫博物院藏宫廷灯具珍品展"，观众以参观和参与者的双重身份对话古今；走红的古风沉浸式戏剧《青麓幽鸣·青木篇》，戴面纱的观众们就是村民，作为探索者与推动者共同演绎麓隐村的故事……

密室剧本杀等娱乐新业态是渗透。美团《2021 实体剧本杀消费洞察报告》估测，2021 年中国实体剧本杀市场规模达一百五十四点二亿元，消费者九百四十一万人（三十岁以下用户占比达 75%）①。好剧本稀缺、运营中泥沙俱下的此类沉浸式娱乐，因曲径通幽的业态新奇，吸引了大批 95 后玩家。若用古今汇聚的中轴文化主题，寻实力派专家"降维"制作好本子，从而引领产业、主导市场，共有双赢之效。

总之，中轴线不仅因城市的物化"脊梁"安身，而且更以国家文化与民族的精神"脊梁"立命。故而，当以高度的文化自信自觉、强烈的历史主动精神，

① 陈慧娟. 快速生长后的剧本杀需补上一节法治课［N］. 光明日报，2022-3-19（5）.

坚持守正创新的原则。故而，要全面梳理其所代表的中华文明形态、所创造的人类文明新形态。尤要强调彰显中轴文化带纲领历史、标识当代、意指未来的符号意义，发挥那种"以中国为观照、以时代为观照，立足中国实际，解决中国问题"① 的首都功能；强调弘扬与申遗结合、教化与传播共力，促使北京中轴线的古今辉煌叙事体系，成为实现文化强都与建成文化强国路上的"名兵利器"。

参考文献

[1] 冯天瑜，聂长顺. 三十个关键词的文化史 [M]. 北京：中国社会科学出版社，2021.

[2] 王军. 尧风舜雨：元大都规划思想与古代中国 [M]. 北京：生活·读书·新知三联书店，2022.

[3] 赵承等. 砥柱人间是此峰 [N]. 人民日报，2021-6-30 (3).

[4] 陈慧娟. 快速生长后　剧本杀需补上一节法治课 [N]. 光明日报，2022-3-19 (5).

[5] 祁梦竹，范俊生. 推进全国文化中心建设领导小组全体会议召开 [N]. 北京日报，2022-3-26 (1).

[6] 朱祖希. 北京中轴线历史杂谈 [N]. 北京晚报，2022-3-30 (25).

[7] 李瑶. 会馆重生 [N]. 北京日报，2022-4-21 (9).

[8] 新华社. 习近平在中国人民大学考察 [N]. 光明日报，2022-4-26 (1).

[9] 何一民. 新中国城市史研究的意义 [N]. 光明日报，2022-4-27 (11).

作者简介：沈望舒，1954年生，男，汉族，浙江宁波镇海人，北京市社会科学院首都文化发展研究中心副主任，研究方向文化、文化产业、首都文化。

---

① 新华社. 习近平在中国人民大学考察 [N]. 光明日报，2022-4-26 (1).

向世人宣示：天人协和理万邦

——论北京中轴线的文化本真

朱祖希

摘要：本文从"中轴线"一名的出现开始，追寻中国历代都城规划建设遵循"天人合一，象天设都"的理念、"中轴线"的出现及其历史演进的轨迹；阐明北京"中轴突出，两翼对称"和由紫禁城、皇城、内城、外城呈"回"字形层层拱卫的平面布局，是向世人宣示"天人协和理万邦"的文化理念。

北京中轴线的申遗工作，以及由"申遗"推进北京老城的整体保护工作，正在有条不紊地进行着。北京中轴线之所以要申报世界文化遗产，不仅是要让世界人民进一步认识中国文化遗产的丰富多彩和独特价值，更要由此引导和加强对中轴线进一步的关注和保护。

北京老城是中国历代都城规划建设的集大成者，也是中国古代都城的最后结晶。北京老城的最大特色是，以城墙为标志，由紫禁城、皇城、内城、外城，呈"回"字形层层拱卫的平面结构和一条贯通京城南北的中轴线，犹如人的"脊梁"统领着全城，形成"中轴突出，两翼对称"的整体布局。这是一条当今世界上历史最悠久、长度最长、最伟大的城市中轴线，它向世人宣示着中国古代的治国理念——天人协和理万邦。

一、源远流长的文化理念

明永乐初年，朱棣决定将都城从南京迁至北平，并沿袭南京明宫的规制：象征封建帝王统治的前三大殿名奉天、华盖、谨身。"奉天"即是奉天之命行使皇帝的权力。明嘉靖年间改为皇极、中极、建极。清初重建三殿之后改称太和、中和、保和。"太"是大的极义。在天、地、人三者之间，阴阳交错、矛盾至极，又能融合于一个相对稳定的整体之中。这就是最大的"和"，即"太和"。诚如《中庸》说的，"中也者，天下之大来也；和也者，天下之道也。致中和，天地位焉，万物育焉。"人若能承天之大道，就能达到"无为而治"的理想境界。

在我们的远古时代，"天"似乎一直是一个摸不着、说不清、道不明，但又充满着神秘色彩的东西。由于天的变幻莫测，人世间的祸福、命运完全受大自然主宰。也正是因为这样，人们完全慑服于自然界的威力，进而敬畏自然，并将大自然降于人间，产生祸福，归结为某种神力的作用。而在宇宙的"众神"之中，又有一位至高无上的主宰者，那就是"上帝"。这个驾驭宇宙、领袖群论的超自然的"天帝"，也就成了早期中国文化寄寓的精神象征。正由于此，无论是从人的主观角度，抑或是从大自然的客观角度而论，作为以农耕文明为显著特点的华夏大地，从它的原始形态文明开始，便与天结下了不解之缘。农业生产必须不违农时，这在客观上就离不开对天体运行的观测，乃至对时令推移规律的掌握。面对巍巍苍穹无比强大而又神秘的力量的体悟、敬畏乃至崇拜，产生了华夏民族文化上某些亘古不变的原型。

我们的古人总是把天象的变化与人间的祸福联系起来，并认为天象变化预示着人事的吉凶，乃至国家的兴衰。从而就产生了"天人感应"的神秘观念。不仅如此，我们的祖先从对天穹的观测中还形成了这样一种理念：天界是一个以帝星——北极星为中心，以"四象"（即东方苍龙、南方朱雀、西方白虎、北方玄武）、"五宫"、（即东、西、南、北、中五宫）和"二十八宿"为主干构成的庞大体系。天帝所居的"紫微垣"，位居五宫中央，因此又称"中宫"。满天的星斗都环绕着帝星（北极星），犹如臣下面君，形成拱卫之势。

《中庸》载："天道恒象，人事或遵。北极足以比圣，众星足以喻臣。紫宸（紫微宫）岂惟大邦是控，临朝御众而已。实将先天稽极，后极立经，然后为政同乎北极，来方类乎众星。"孔子也说："为政以德，譬如北辰，居其所而众星共之"（《论语·为政》）。"帝天之义，莫大于承天。"（《后汉书·祭祀志》）"天，至尊也""君，至尊也"（《仪礼》）这也就是帝王都自诩是"受命于天"，代天君临万民的"天之元子"。

人们从天上找到了至尊的象征、本源的所在，自然也就昭示了尊与卑、本与末的关系，昭示了人间的道德和永恒的秩序，从而也就形成了流传始终的政治原则。作为中国文化的一个观念原型，它制约并影响着政治和哲学观念，塑造着天人合一、君权神授的文化特色，并仿照北辰独尊的格局，建成了一个大一统的国家体制。

人君（封建帝王）与上天的这种"血缘关系"，大抵算得上是中国传统政治的一根最为强大的精神支柱。"天子"这个人间至高无上的称谓，正是在"君权神授""天命血缘"这一文化"沃土"上诞生的。"人王乃天帝之替代",这是我国古代神权统治思想的核心。"天人合一,象天设都",效法上天,建宫城于地之中心,也就成了封建帝都规划建设的基石,建筑设计思想的根源。

二、古都中轴线的演进

"轴"原本是指车轴,也指其它部件围绕某一根立柱(轴)转动;也有人把平面(或立面)分成互相对称的两个部分。据北京古籍出版社编辑赵洛回忆,在他数十年来所从事的有关古籍的编辑出版工作中,还真没有见到过有学者用"中轴线"这个词来叙事的……经过查证,我们初步认为,就目前掌握的有关书籍而言,"中轴线"这个词最早见之于梁思成于 1950 年和陈占祥先生共同撰写的"梁陈方案"——《关于中央人民政府行政中心区位置的建议》中提到:"北京城的有秩序部署,有许多方面是过去政治制度所促成的。它特别强调皇城的中心性,将主要的建筑组群集中在南北中轴线上……"这就是说,"梁陈方案"是最早用"中轴线"这个词来阐述古都北京规划建设的。

既然北京老城是中国历代都城的最后结晶,那么这条统领北京老城的中轴线,又是怎么来的呢?

考古发掘业已证明,在我国古代, "城"与"国"往往是一体的——一"城"即一"国"。公元前 21 世纪,即距今 4000 多年前,中国历史上的第一个朝代——夏朝的建立,标志着奴隶制国家的诞生。商初的都城——亳,建于今河南偃师。其城周长 5330 米,内有宫城,宫城正门与郭城南遥相呼应,成为统领全城的轴线,此乃迄今所知的中国古代最早的都城中轴线的实例。商朝的都城曾数次迁徙,在最后的 273 年间,定都于殷,即今河南安阳小屯村一带的"殷墟"。考古发掘得知,其宫室是陆续兴建的,并且是以单体建筑沿着与子午线大体一致的纵轴线,有主有从地组成较大的建筑群的。我们也可以这样说,在我国封建社会时期宫室建筑常是采用前殿、后寝,并沿着南北向的中轴线呈对称布局的方法,在奴隶制的商朝后期就已经略见雏形了。

成书于春秋时期的《周礼·考工记》记载周王城的营建制度:"匠人营国,方九里,旁三门。国中九经九纬,经涂九轨,左祖右社,面朝后市。"虽没有在文字中明确说"中轴线",但从现存的春秋战国时期古城遗址如晋侯马、燕下都、赵邯郸等来看,实际上都已有了在中轴线上筑以宫室为主体的建筑群,左右两侧再布以象征国家政权的"左祖右社"和规划整齐的街道,与《周礼·考工记》所载大体相符。汉初所传的《周礼》中,还记述了周宫室的外部建有为防御和揭示政令的阙,且设有五门(皋门、应门、路门、库门、雉门)和处理政务的三朝（大朝、外朝、内朝），即所谓的"五门三朝"制。

长安城是西汉的首府，是当时中国的政治、文化和商业中心，也是商周以来规模最大的城市。城的东南西北各开三座门，每门有三个门洞，各宽9米。这与《周礼·考工记》所载的以车轨为标准来定道路的宽度基本相符。其间贯通全城南北的安门内的大街宽约50米，长5500米，中央还有宽20米的驰道，两侧开有排水沟。这是专门供皇帝出巡用的。

东汉洛阳城和曹魏的邺城（安阳东，漳水之阳）都继承了战国时的传统。建康城（今南京）建在长江的东南岸，北接玄武湖，东北依偎在钟山之阳。公元317年东晋奠都于此。实际上是三国时代吴国建业的旧址。自此，历宋、齐、梁三代，至公元589年陈亡，建康一直是中国南方各朝的都城所在。

建康城周长8900米，南北长，东西略窄，南面设三门，东、西、北各开二门。宫城在城的北部略偏东，正中的太极殿即是朝会的正殿。前有大道向南正延伸至朱雀门，进而跨过秦淮河直抵南部，从而形成以宫城为中心的南北轴线。

隋唐长安城的规划建设，总结了汉末邺城、北魏洛阳城的经验（参见图1），将太极宫（皇帝听政、居住的所在）和皇城置于全城的北端，并以承天门、朱雀门与全城的正南门——明德门所形成的宽约150米的中央大道（朱雀大道）即是统领全城的中轴线。尔后，再以纵横交错的棋盘式道路，将全城划为108个里坊。其中心部分的布局，依据左右对称的原则，并附会《周礼》的三朝制度，即以宫城的正南门（承天门）为大朝，太极殿、两仪殿为日朝和常朝，沿轴线建门、建殿等。整座城建于龙首原高地，恢宏壮丽，而地形上的居高临下，又使王宫更显出"皇权至上"的磅礴气势、政治主题突出鲜明，也使整座长安城的建筑更显得高低错落有致（参见图2）。

公元979年，北宋结束了"五代十国"的分裂局面，建立了统一的中央集权制国家。首都开封即东京，呈不规则的矩形，南北较长，东西略短。由内到外有三套城垣和护城河。这三套城垣、护城河逐渐扩大，是相继建成的，而这种层层拱卫王城的整体布局形式则为后世所效仿。自大内正南门——宣德门，过周桥直奔里城正南门——朱雀门、外城正南门——南薰门。这条宽300米的御道即是统领全城的中轴线。

公元12世纪，源自东北白山黑水的女真族政权——金，占领了辽南京城之后，在天德五年（1153）正式迁都于南京。其后在将其东南西三面外扩之后建成了金中都城。整座中都城的规划建设，完全是依据北宋汴梁（开封）的制度，将辽南京城扩建而成的。一条南起外廓城正南门——丰宜门，北上经龙津桥进皇城南门宣阳门、千步廊，进宫城南门应天门，大安门，仁政殿，出拱宸门，直通城北端的通玄门。我们从金中都城的复原图上，可以清楚地看到，其整体布局在贯通金中都城南北的中轴线两侧并不对称，但仍是遵循"中轴突出，两翼对称"的原则进行部署的。

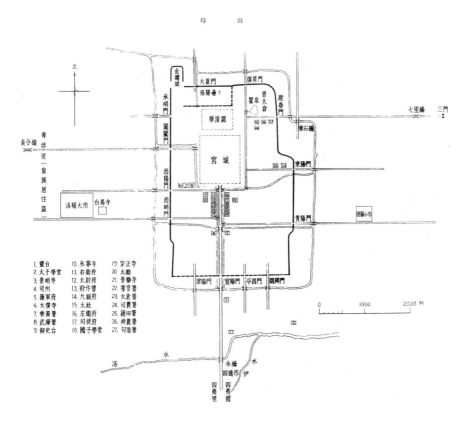

图1　北魏洛阳城平面想象图

来源：刘敦桢主编：《中国古代建筑史》，第85页

元至元元年（1264），成吉思汗的孙子忽必烈称"汗"，即元世祖。元代初年都开平（今内蒙古多伦附近），但随着政治重心的南移，原燕京（今广安门内外一带）的地位日趋上升。特别是元世祖忽必烈胸怀灭亡南宋、统一中国的雄才大略，南迁都城的愿望也日益强烈，并于元至元三年（1266）派其心腹谋臣刘秉忠来燕京相地。后决定放弃中都旧城，在东北以原金代离宫——大宁宫（琼华岛）为中心兴建新都——元大都。

当时，遵循元世祖的旨意，把琼华岛周围的天然水域（白莲潭）全部揽入城内，以其出水口的最远端（今万宁桥）为基点，形成南北延伸的规划建设基准线，即后来从元大都城南大门——丽正门到北端的中心阁的轴线，并把大内

（宫城）等重大建筑建于其上。再在这条轴线的北端往西 129 米处（今旧鼓楼大街南口）即元大都城的几何中心点（中心台）往北直抵北城墙，上建以钟、鼓（齐政楼）二楼，形成北半城的中轴线。

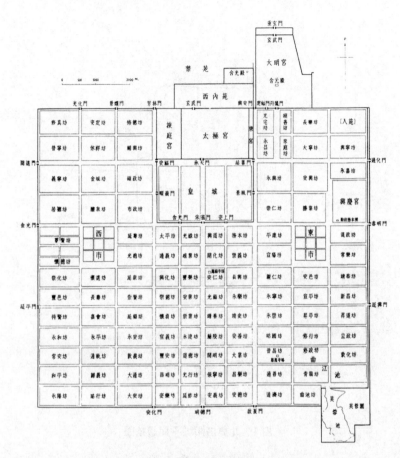

图 2　唐长安城复原图

来源：刘敦桢主编：《中国古代建筑史》，第 118 页

明永乐元年（1403）朱棣夺取政权之后，决定迁都于北平。其间拆毁了元故宫，却继承了元代建设宫城的中轴线，建设了明北京城。在拆毁元朝后宫主殿延春阁的基础上堆起了万岁山（今景山），在轴线的北端建起了钟楼、鼓楼二楼。明嘉靖年间增扩外城，不仅使北京城形成了历史上独一无二的呈"凸"字形的城郭外形，也使纵贯南北的城市中轴线从丽正门南延到了永定门。从而形成了南起永定门，北抵钟鼓楼，全长 7.8 公里的北京中轴线，并为清代所继承。而这也正是我们今天要申报列入世界文化遗产名录的北京中轴线。

三、北京中轴线为何要"申遗"

保护世界文化遗产和自然遗产，开始于 1972 年 11 月 16 日联合国教科文组织在巴黎通过的《保护世界文化和自然遗产公约》。这个公约以一种崭新的概念为基础，开辟了遗产保护的新领域，肯定和确认了属于全人类的世界文化和自然遗产的存在。不仅如此，还为此建立了"世界遗产基金"，其职能是要求国际社会为保护列入名录的文化和自然遗产提供资助。基金将用于各种方式的援助和技术合作，其中包括为消除恶化的原因以及保护措施而进行的专家研究、就地培训保护或修复技术方面的专业人员、提供设备以保护自然公园或修复古迹；等等。该公约自 1975 年 12 月 17 日生效以来，日渐受到世界各国政府和公众的普遍关注和重视。

"申遗"就是将本国具有突出的普遍价值的文化和自然遗产，包括纪念物、建筑群、古遗址、地质、自然地理结构、天然名胜和奇观或明确划定的自然区域，向联合国教文科组织的"世界遗产委员会"申请加入《保护世界文化和自然遗产公约》。其宗旨是建立一个依据现代科学方法制定的永久有效的制度，共同保护具有突出的普遍价值的文化和自然遗产，并由《世界遗产委员会》确认缔约国申报的文化和自然遗产项目，列入《世界遗产名录》。目前我国列入世界遗产名录的总数达 56 项，居世界第二。

目前正在进行的北京中轴线"申遗"工作，有利于突出展示北京老城和中华文明的历史文化价值。呈"凸"字形的北京城，贯通全城的便是一条长达7.8 公里的中轴线，北京独有的壮美秩序、前后起伏、左右对称的体形或空间分配都是以它为依据的（参见图 3，图 4）。这是当今世界上最长、历史最悠久，也是最伟大的城市中轴线。

从实践上说，北京中轴线是全城规划建设的基本线。北京城以此为基准，形成了"中轴突出，两翼对称"的城市格局。因此，有人又形象地把它说成是"城市脊梁"。从政治上讲，北京中轴线是封建社会"皇权至上，唯我独尊"的集中体现，是百官朝觐、百姓朝贡的通天之路；在新中国，则是"人民至上""江山就是人民，人民就是江山"的集中体现。从文化上讲，北京中轴线是"北宸崇拜，象天设都"的载体，上有天帝，有紫微垣；下有天子，有紫禁城。从建筑艺术上说，北京中轴线是中国都城建筑艺术的集大成者，是中国历代都城最后的结晶。

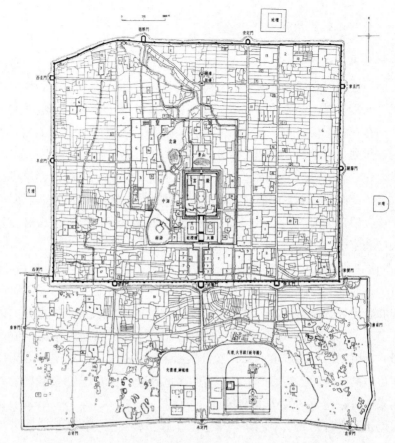

1—亲王府；2—佛寺；3—道观；4—清真寺；5—天主教堂；6—仓库；7—衙署；8—历代帝王庙；9—满洲堂子；
10—官手工业局及作坊；11—贡院；12—八旗营房；13—文庙、学校；14—皇史宬（档案库）；15—马圈；16—牛
圈；17—驯象所；18—义地、养育堂

图 3　清代北京城平面图（乾隆时期）

来源：刘敦桢主编：《中国古代建筑史》，第 290 页

　　太和殿内悬挂着一块清乾隆帝御笔的"建极绥猷"匾，语出十三经《尚书》所记"建用皇极""克绥厥猷惟后"：皇，大；极，中也。凡立事，当用大中之道。"建极"即是要建立中正的治国安邦的方略；"绥"是安抚、顺应之意；"猷"为道、法则之意。"建极绥猷"是说作为君王，要上体天道，下顺民意，依据中正安和的法则治理国家。而"龙德正中天，四海雍熙符广运；凤城回北斗，万邦和协颂平章"的楹联更进一步说明：君王若能树立起博大的胸怀、高尚的道德，就会像北极星那样处于天的中心，为天下人所拥戴，四海才能共披圣德的光明，为万邦所共仰。

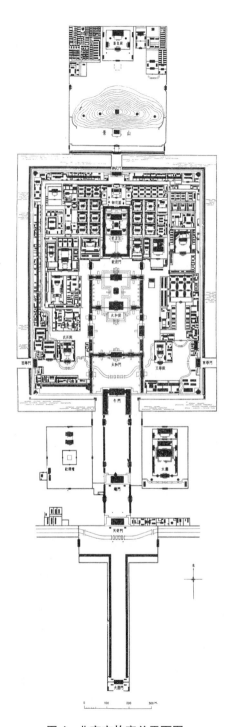

图 4　北京市故宫总平面图

来源：刘敦桢主编：《中国古代建筑史》，第 292 页

它向世人表明：太和殿即是取象于天，犹如北辰，体现的是天帝"居其所，而众星共之"。

参考文献

[1] 梁思成. 梁思成文集（四）[M]. 北京：中国建筑工业出版社，1991.

[2] 侯仁之. 历史地理的理论与实践 [M]. 上海：上海人民出版社，1979.

[3] 侯仁之. 北京历史地图集 [M]. 北京：北京出版社，1988.

[4] 刘敦桢. 中国古代建筑史 [M]. 北京：中国建筑工业出版社，1980.

[5] 杨宽. 中国古代都城制度研究 [M]. 上海：上海古籍出版社，1993.

[6] 陈江风. 天文崇拜与文化交融 [M]. 郑州：河南人民出版社，1994.

[7] 王子林. 紫禁城风水 [M]. 北京：紫禁城出版社，2005.

[8] 朱祖希. 营国匠意——古都北京的规划建设及其文化渊源 [M]. 北京：中华书局，2007.

[9] 朱祖希. 北京城——中国历代都城的最后结晶 [M]. 北京：北京联合出版公司，2018.

[10] 朱祖希. 象天设都　法天而治——试论北京中轴线的文化渊源 [J]. 北京历史文化名城保护论坛资料汇编 2011 年（下册），2011：51-58.

作者简介：朱祖希，1938 年生，男，汉族，浙江浦江人，1961 年毕业于北京大学地质地理系（今城市规划与环境学院）。毕业后长期从事城市规划和环境问题研究，曾任北京地理学会副理事长兼旅游专业委员会主任，西北大学、山西大学兼职教授，北京联大文理学院城市系客座教授、北京研究所特邀研究员等；现任中国文物学会特聘专家。

附表：

1. 中国历代都城一览表
2. 北京历代沿革表
3. 北京中轴线建筑一览表

附表 1　中国历代都城一览表

朝代	公元	都城名	现址	所在流域	历史文献依据
夏	约前2070—前1600年	阳城斟鄩	河南登封告城镇 河南偃师二里头村	伊、洛河谷平原	《史记·周本纪》:"自洛汭延于伊汭,居易毋固,其有夏之居。"1959年考古发掘。
商	前1600—前1046年	亳	河南郑州	黄河中游河谷	《汉书·地理志》:"(河南郡偃师)尸乡,殷汤所都。"1983年考古发掘报告。
		殷(墟)	河南安阳	黄河下游平原 安阳河畔	《古本竹书纪年》"自盘庚徙殷至纣之灭,二百七十三年,更不徙都。"
周	前1046—前256年	丰镐	陕西西安西南	沣水河畔(关中平原)	《毛诗》郑笺:"丰邑在沣水之西,镐京在沣水之东。"
		雒邑	河南洛阳	洛水河畔(洛阳盆地)	《史记·周本纪》
秦	前221—前206年	咸阳	陕西咸阳	渭水河畔(关中平原)	《史记·秦始皇本纪》:"咸阳故城亦名渭城……秦孝公已并都此城。"
西汉	前206—公元25年	栎阳 长安	陕西西安	渭水河畔(关中平原)	《汉书·高帝纪》:"七年(前200年)二月,自栎阳徙都长安。"
东汉	25—220年	洛阳	河南洛阳	洛水河畔(洛阳盆地)	《后汉书·光武帝纪》:"建武元年十月,车驾入洛阳,幸南宫却非殿,遂定都焉。"
西晋	265—317年	洛阳	河南洛阳	洛水河畔(洛阳盆地)	《晋书·地理志》:"晋仍居魏都(指魏都洛阳)。"
		长安	陕西西安	渭水河畔(关中平原)	《晋书·愍帝纪》:愍帝诏书,初封秦王。永嘉六年(公元312年)为皇太子,登坛告类,建宗庙社稷于长安。建兴元年(公元313年)三月即皇帝位,称长安为京师。
东晋	317—420年	建康	江苏南京	长江下游平原	《晋书·元帝纪》:建武元年(公元317年)三月晋王位,建武元年(公元318年)三月丁丑,即皇帝位,改元,立宗庙社稷于京师。大兴元年(公元318年)三月丁未,诏尚书令杨素,建建康为京城。
隋	581—618年	洛阳(东京)(东都)	河南洛阳	洛水河畔(洛阳盆地)	《隋书·炀帝纪》:"大业元年(公元605年)三月丁未,诏杨达、宇文恺营建东京……徙天下富商大贾数万家于东京,改东京为东都。"

续表

朝代	都城名	公元	现址	所在流域	历史文献依据
唐	长安	618—907年	陕西西安	渭水河畔（关中平原）	《新唐书·高祖纪》："武德元年（公元618年）五月甲子，即皇帝位于太极殿。"
	洛阳		河南洛阳	洛水河畔（洛阳盆地）	《旧唐书·则天皇后纪》
北宋	汴梁（汴京）（东京）	960—1127年	河南开封	黄河中游平原	《宋史·地理志》："东京，汴之开封也。梁为东都，后唐罢，宋因周之旧为都。"
南宋	临安	1127—1279年	浙江杭州	钱塘江下游平原（杭嘉湖平原）	《南宋古迹考》：宋行在十三门，《咸淳志》载绍兴二年（公元1132年）两城坏。二十八年（公元1158年）增筑内城及东南之外城，附于旧城。
	福州		福建福州	闽江下游平原	《宋史·瀛公记》：德佑二年五月立是于福州。
元	大都	1206—1368年	和林	蒙古鄂尔浑河东	《元史·地理志》："太祖十五年，定河北诸郡，建都于此。"
			北京	永定河洪积平原	《元史·世祖纪》：至元四年（公元1267年）正月"城大都"。至元九年（公元1272年）二月，改中都为大都。
明	北京	1368—1644年	北京	永定河洪积平原	《明史·成祖纪》：永乐元年（公元1403年）正月，"以北平为北京"。永乐十八年（公元1420年）九月，诏自明年改北京为京师。
清	北京	1644—1911年	北京	永定河洪积平原	《清史稿·世祖本纪》：顺治元年（公元1644年）六月，"定议建都燕京"。七月，"以迁都祭告上帝，陵庙"。
中华民国	南京	1912—1949年	江苏南京	长江下游平原	
中华人民共和国	北京	1949—至今	北京	永定河洪积平原	

附表 2　北京历代延革简表

时期	年代	所属行政单位	历史名称	所在地
商西周	前 1600—前 771 年	蓟、燕（匽），后期属燕	蓟、燕（匽）	今北京市西南广安门一带、琉璃河董家林
春秋	前 770—前 476 年	前期属蓟，后期属燕	蓟	今北京市西南广安门一带
战国	前 475—前 221 年	燕	蓟	今北京市西南广安门一带
秦	前 221—前 206 年	燕	蓟	今北京市西南广安门一带
西汉	前 205—公元 25 年	燕国，幽州，广阳郡（国）	蓟	今北京市西南广安门一带
东汉	25—220 年	幽州，广阳郡（国）	蓟	今北京市西南广安门一带
三国	220—265 年	幽州，燕国	蓟	今北京市西南广安门一带
晋	265—386 年	幽州，燕国	蓟	今北京市西南广安门一带
北魏、北齐、北周	386—581 年	幽州，燕郡	蓟	今北京市西南广安门一带
隋	581—618 年	涿郡	蓟	今北京市西南广安门一带
唐	618—907 年	幽州范阳郡	蓟	今北京市西南广安门一带
五代（后梁、后唐）	907—936 年	幽州范阳郡	蓟	今北京市西南广安门一带
辽	936—1122 年	南京道，幽都府燕京道、新津府	南京或燕京城内附幽都县（后改析津县）、宛平县	今北京市西南广安门一带

续表

时期	年代	所属行政单位	历史名称	所在地
宋	1122—1125年	燕山府	燕山府附近津县、宛平县	今北京市西南广安门一带
金	1125—1125年	中都大兴府	中都城内附大兴县、宛平县	今北京市西南广安门一带
元	1125—1368年	前期称燕京，1264年改为中都大兴府，1271年改为大都	大都（前称燕京，大兴府或中都大兴府，城内附大兴县、宛平县	安贞门，健德门至今东西长安街南侧一线
明	1368—1644年	1368年至1462年北平府，1463年至1644年北京顺天府，城内附有宛平县和大兴县	北平府或北京顺天府，城内附大兴县、宛平县	1371年将元城北墙内缩5里，1553年再南南城外增筑外城，扩至金永定门一线
清	1644—1911年	京师顺天府	京师、顺天府、城内附大兴县、宛平县	
中华民国	1912—1949年	京兆 (1912—1927) 北平 (1928—1949)	京兆或北平，城内附：宛平县、大兴县	
中华人民共和国	1949年—	北京		

附表 3　北京中轴线建筑一览表

建筑名称	建成年月	建筑型制	建筑尺寸	建筑物名称的文化涵义
永定门	始建于明嘉靖三十二年（1553），清乾隆年间修筑箭楼。	由城楼、瓮城、箭楼组成。城楼为重檐歇山顶，三滴水楼阁式。（宽24米，深10米）	城楼通高26米，面阔7间（24米），进深3间（10.5米），灰筒瓦绿剪边，箭楼为单檐歇山顶，正面宽12.8米，箭窗四层，每层7孔。	取"天下安定"之意。1950年为通北京环城铁路，将瓮城拆除；1957年为扩宽永外交通，城墙被拆除。2004年开始重建城门楼（瓮城、箭楼未建）。
天桥	建于明嘉靖年间	原有一座单孔白石拱桥。现为近年重建。		为封建帝王去天坛、先农坛、祭祀的重要通道，故名"天桥"。清光绪三十二年（1906）为适应南北交通，遂降低桥身；1929年为通有轨电车，遂又降为平桥；1934年展宽正阳门至永定门马路时拆除埋于地下。
正阳门（前门）	始建于明永乐十九年（1421）正统元年（1436）重建。	由五牌楼、正阳桥、瓮城、城楼组成。城楼为重檐歇山顶，三滴水楼阁式。任北与大清门（大明门、中华门）之间为大清街。曾于清乾隆四十年（1775）为棋盘街，中铺井加石栏，修建井西向路。	城楼通高42米，面阔7间，箭楼通高36米，灰筒瓦绿剪边，南面开箭窗，箭楼四层每层13孔，东西两侧各四层，每层4孔连北夏二孔共86孔（13×4=52，4×4×2=32，1+1=2）	正阳门位于内城南面的正中，称"丽正门"，取《周易》："日月丽于天，百谷、草木丽乎土，重明丽乎正，乃化成天下"。正统元年（1436）重建，更名"正阳门"。因而有"国门"之誉，所以较内城其他八门之规格都高大很多。瓮城在1915年（民国四年）拆除，并由德国人罗斯格·凯尔改建正阳门道路和箭楼，增加了西洋色调和建筑风格。瓮城内原有观音庙（东）、关帝庙（西），于1967年拆除。
大清门（大明门、中华门）、千步廊	始建于明永乐十五年（1417），清乾隆年间重建。	单檐歇山顶，上覆黄琉璃瓦、脊兽，门前置石狮、下马石碑，下马石各一对，后敬拆除。	门五间，中辟三券门，高度约为16.57米。	为皇城正阳门，两侧有传说明朝进土谢缙提写"日月光天德，山河壮帝居"。千步廊长545米，宽62米，共144间（110+34）。

续表

建筑名称	建成年月	建筑型制	建筑尺寸	建筑物名称的文化涵义
天安门	始建于明永乐十五年（1417），清顺治八年（1651）重建	重檐歇山顶，上覆黄琉璃瓦，脊兽，门前置石狮、华表各一对	面阔9间，通高33.7米，中辟五券门，进深5间，寓意"九五之尊"。	为皇城南垣正中门。门外有外金水桥（五道），意为"承天启运，受命于天"。明嘉靖年间曾称"承天门"。清顺治年间改建后改称"天安门"。（"金凤颁诏"，即向全国颁诏）在大清门与天安门之间原有长达545米的"千步廊"（于1915年被拆除）。千步廊外，东侧是"宗人府，吏部，户部，礼部，工部和鸿胪寺、钦天监"等；西侧是"中军都督府，左军都督府，右军都督府，前军都督府，后军都督府，锦衣卫"等，即所谓"五部六府"。
端门	始建于明永乐十八年（1420）。	重檐歇山顶，上覆黄琉璃瓦，形制与天安门同。	建筑结构及风格与天安门相同。	端门是皇帝至尊的象征，礼仪之门，其中门只有皇帝出行时才开。
紫禁城	始建于永乐四年（1406），永乐十八年（1420）基本建成。	占地72万多平方米，屋宇9千余间，建筑面积15万余平方米。墙外有宽52米的护城河（俗称筒子河）。		整座宫城之称"紫禁城"乃与填上的"紫微宫"相对应。分外朝（太和殿、中和殿、保和殿）和内朝（乾清宫、交泰殿、坤宁宫）两大部分，其后则是御花园。
午门	始建于永乐十八年（1420），清顺治四年（1647）重修。	重檐庑殿顶，覆黄琉璃瓦。	面阔9间，进深5间，以示"九五之尊"，城台呈"凹"字型，台高38米。坡台13米，开三个外方内圆的券洞门，东西两侧还有小门。	午门即古时的"雉"。北京紫禁城沿袭了南京故宫午门为宫门正门的建制。"凹"字形城台使之显得更加深邃、森严。明清时常在午门前举行"献俘"仪式或对待忤旨大臣进行廷杖。
太和殿	俗称金銮殿，始建于永乐十八年（1420），康熙时重建。为中和殿、保和殿。	重檐庑殿顶，覆黄琉璃瓦，面积2377平方米。	面阔11间，进深5间，高35米（若加上8米高的三层露台，高43米）	初名奉天殿，嘉靖时曾改皇极殿，清顺治改太和殿。它与中和殿、保和殿一起建在高约8米的三层汉白玉、呈"土"字的台基上，以示"土中"。太和殿垂脊兽多达11个，乃中国古代宫殿建筑中的孤例，是皇帝登基，庆典，向全国发布政令的地方。

续表

建筑名称	建成年月	建筑型制	建筑尺寸	建筑物名称的文化涵义
中和殿	明初称华盖殿，嘉靖时改中极殿，清顺治年改称今名，乾隆年重修。	单檐四角攒尖，顶平呈四方形，上覆黄琉璃瓦，中置鎏金宝顶。	面阔、进深各为3间，高19米。	中和殿是一处为大和殿正式活动做准备的场所，或在去大和殿前在此小憩，接受内阁、礼部及侍卫执事人员等的朝拜，每逢加冕皇大后徽号和各种朝贺大礼前一天，皇帝也在此阅览走奏章和祝辞。
保和殿	始建于明永乐十八年（1420），初名谨身殿，明嘉靖年重建改称建极殿，清顺治年改称今名，乾隆年重修。	重檐歇山顶，上覆黄琉璃瓦。	面阔9间，进深5间，保和殿后的大石雕，重300吨，雕九龙戏珠。	其功能和中和殿类似，明时举行册立皇后、太子典礼之前，皇帝要在此穿戴朝服以示隆重。清代每年除夕在此设宴，招待进京贺年的蒙古王公。
乾清宫	建于明永乐十八年（1420），清嘉庆三年（1798年）重修。	重檐庑殿顶，上覆黄琉璃瓦。	面阔9间，进深5间，高24米。是寝宫中最高最大的宫殿。	殿中设金漆宝座，上悬"正大光明"匾。是明永乐帝到康熙帝的寝宫。
交泰殿	建于明代，清嘉庆三年重修。	四角攒尖顶，平面呈方形，但小于中和殿，上覆黄琉璃瓦。	面阔、进深各3间	明代是皇后的寝宫之一，清代把它改成举行礼仪、凡册皇后、授皇贵妃"册""宝"等仪式，和皇后诞辰礼都在此举行，清乾隆十三年（1748年）代表封建皇权的二十五方"宝玺"收藏于此。
坤宁宫	建于永乐十八年，清顺治十二年（1655年）重建。		面阔9间，进深5间，通高20.54米。	明代这里是皇后的正寝。清代改为祭神场所，东暖阁为皇帝大婚的洞房，同治、光绪三帝均在此举行婚礼。
神武门（明称玄武门）	始建于明永乐十八年（1420），清康熙年重修而有。	重檐歇山顶，覆黄琉璃瓦。	面阔7间，进深3间，通高31.6米。	玄武为古代北方的太阴之神，此方象水，又称"水神"，是明皇宫灭火灾的保护神。
景山	始建于明永乐十八年（1420）。	人工堆积的土山，清乾隆时建有富览、万春、辑芳、观妙、周赏五亭。	山高45.7米，万春亭高17.4米，总高63.1米。	原名万岁山，堆土延春阁之上，意为"镇山"，清改名景山。
寿皇殿	始建于清乾隆十五年（1750年）。	重檐庑殿顶，上覆黄琉璃瓦。	面阔9间，进深3间，通高23.92米。	殿仿太庙型制，专供皇家先祖影像之地。
地安门（明称北安门）	始建于明永乐十八年（1420），清顺治九年（1652）重修。	单檐歇山顶，中开三道门为方形洞。	面阔7间，通高11.8米，左右两侧有雁翅楼（二层），民国年间拆除。	它与南边的天安门相对应，左为东安门，右为西安门。

续表

建筑名称	建成年月	建筑型制	建筑尺寸	建筑物名称的文化涵义
万宁桥（俗称后门桥）	始建于元代，位居大天寿万宁寺之前（南）。	单孔汉白玉石拱桥。		位于大天寿万宁寺和中心阁之南，所以称"万宁桥"。2000年在候仁先生的建议下进行了全面重修。
鼓楼	明永乐十八年建，清嘉庆五年（1800）重修。	重檐歇山顶，面阔5间，灰筒瓦。	木结构拱券式楼阁（外观两层，实为三层），通高46.7米。	为明清两代击鼓报时的中心。（旧址为元朝万宁寺中心阁。）
钟楼	明永乐十八年间（1420）建，清乾隆九年（1745）重建。	灰筒瓦绿剪边，重檐歇山顶，四面开券门。	通高47.9米，无梁拱券式。	

北京中轴线朝向考

王　军

摘要： 中国古代城市与建筑的轴线制度，既是观象授时时空体系之投影，又是阴阳哲学、敬天信仰、环境地理、宇宙观念、礼仪规范之塑造。北京元明清城市中轴线与正子午线不相重合，逆时针微旋两度有余，是先人在具备了精确测量能力的情况下作出的选择，与明堂制度、敬天信仰、顺山因势的择地观念存在着深刻的联系，包含了丰富的环境思想因素。

1972 年，中国科学院考古研究所、北京市文物管理处元大都考古队发表《元大都的勘查和发掘》一文指出，元大都全城的中轴线也就是明清北京城的中轴线。经过钻探，在景山以北发现的一段南北向的道路遗迹，宽达 28 米，即是元大都中轴线上大道的一部分。[①]

报告基于考古钻探得出的结论，证实了赵正之《元大都平面规划复原的研究》关于元明两代都城轴线相沿未变的论断，[②] 纠正了元大都中轴线位于明清北京城中轴线以西旧鼓楼大街南北一线的说法，表明今存北京明清城市中轴线，实为元明清城市中轴线，其轴线制度肇始于元大都的城市规划。

中国古代城市与建筑对中轴线的重视与观象授时存在深刻联系。正南正北的正子午线，是先人测定太阳年周期最重要的观测轴，立表测日中之影须以此线为准，初昏观南中天星象须以此线为坐标，"圣人南面而听天下，向明而治"[③] 的人文观念由此衍生，这对中国古代城市与建筑以轴线对称的"中"字

---

① 中国科学院考古研究所，北京市文物管理处元大都考古队. 元大都的勘查和发掘 [J]. 考古，1972，1：21.

② 赵正之. 元大都平面规划复原的研究 [M]. 科技史文集第 2 册，1979.

③ ［魏］王弼，［晋］韩康伯注，［唐］孔颖达疏. 周易正义，卷九. 说卦. ［清］阮元校刻. 十三经注疏 [M]. 北京：中华书局，2009：197.

型平面布局产生了深刻影响。①

　　作为观象授时的空间基础，正子午线必须精确测定。《周礼·考工记》所记"昼参诸日中之影，夜考之极星，以正朝夕"② 辨方正位之法，显示了先人规划此种空间的卓越能力。

　　可是，元明清北京城市中轴线与正子午线并不重合，而是略向东偏，逆时针微旋两度有余（图1，图2）。学者推测，这是朝向元上都之故，其与元上都中轴线不能相接，存在一定偏差，或是测量微差所致。③ 可惜无史料可证。

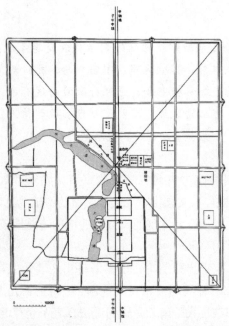

　　图1　元大都中轴线东偏微旋示意图。王军绘。（底图摹自侯仁之主编，《北京历史地图集》，北京：北京出版社，**1988** 年，第 27~28 页。笔者对齐政楼、钟楼、万宁寺中心阁

①　王军. 建极绥猷——北京历史文化价值与名城保护 [M]. 上海：同济大学出版社，2019：28.

②　[汉] 郑玄注，[唐] 贾公彦疏. 周礼注疏，卷四十一，匠人，[清] 阮元校刻. 十三经注疏 [M]. 北京：中华书局，2009：2005.

③　夔中羽. 北京中轴线偏离子午线的分析 [J]. 地球信息科学，2005，7（1）：25，27.
　　夔中羽在《北京中轴线偏离子午线的分析》一文中指出，经量测和计算，北京中轴线与子午线的夹角为2度多。在地形图上测得，北京中轴线的延伸线，在上都南北中轴线以东6.3公里处掠过，距上都东城墙5.6公里，这说明北京城中轴线向北延伸线，经过270多公里的长途跋涉，很靠近上都城，由上都东关厢旁通过。就好像由北京（大都）发出一支神箭，飞向上都，未中10环。"未中10环，也许因为当初元朝时测量的微小误差所造成。北京南北中轴线的北端点应是元上都。"

的位置作了调整，标注了中心台的位置；① 又据《南村辍耕录》的记载，以 **9/7** 的比例对
宫城平面作了调整。）

图 2　元大都中轴线朝向分析图。王军绘

---

① 关于齐政楼、钟楼、万宁寺中心阁、中心台的方位，笔者在《尧风舜雨——元大都规
划思想与古代中国》一书中有详细考证，北京：生活·读书·新知三联书店，2022.

事实上，中国古代城市与建筑的南北轴线与正子午线存在不同程度的角度差，这是一个普遍现象，这是先人在具备了精确测量能力的情况下作出的选择，包含了深刻的环境思想因素。

一、丙午之位

关于元大内规划，《析津志》有这样的一条记载：

世皇建都之时，问于刘太保秉忠定大内方向。秉忠以今丽正门外第三桥南一树为向以对，上制可，遂封为独树将军，赐以金牌。①

大内方向即都城轴线方向。刘秉忠奉命规划元大都，以拟建中的丽正门以南的一棵树确定大内方向，忽必烈予以批准，并封此树为"独树将军"，赐以金牌，元大都的中轴线由此确定。

刘秉忠为什么选定了这棵树？《析津志》未予说明，但接下来的记载给出了一条解读线索：

每元会、圣节及元宵三夕，于树身悬挂诸色花灯于上，高低照耀，远望若火龙下降。②

在元会（元旦大朝会）、圣节（皇帝生日）、元宵节这三天晚上，"独树将军"被各色花灯扮成火龙，这一形象与其出现的时间、"独树将军"所居方位，阴阳意义完全一致。

先看时间。元会、元宵时在正月，正值立春前后，阳气生发。皇帝又是阳的化身，其生日（圣节）同样具有阳气生发的意义。

在易经所记时代，立春之后的标准星象是乾卦九二爻辞所记"见龙在田"③ ——初昏时东宫苍龙的角宿从东方地平线上升起，即"二月二，龙抬头"，春回大地，龙也就成为阳的象征。

元会、圣节、元宵节这三天晚上，"独树将军"被装扮成火龙，火与龙皆为

---

① ［元］熊梦祥. 北京图书馆善本组辑，析津志辑佚·岁纪 ［M］. 北京：北京古籍出版社，1983：213.
② ［元］熊梦祥. 北京图书馆善本组辑，析津志辑佚·岁纪 ［M］. 北京：北京古籍出版社，1983：213.
③ 冯时. 周易乾坤卦爻辞研究 ［J］. 中国文化，2010，2：72.

阳，火龙即阳中之阳，这既是对立春之后龙星昏见的表现，又允合元会、圣节、元宵节的阴阳意义。

再看方位。中国古代以天干、地支与方位相配，十天干方位是，东方甲乙木，南方丙丁火，中央戊己土，西方庚辛金，北方壬癸水；十二地支则以北方为起点周行相配；再以四维经卦相配，就形成了二十四山方位体系。（见图3）

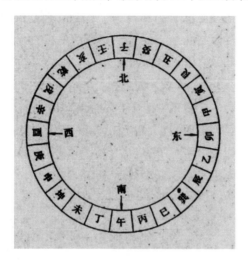

图3　二十四山地平方位图

来源：中国天文学史整理研究小组，《中国天文学史》，北京：科学出版社，1981年

在这一方位体系中，元大都中轴线逆时针微旋，形成子午兼壬丙之向（图2），"独树将军"执其南端，略居丙午之位。丙位在午位之东属阳，午位在正南属阳；在十天干中，丙排第三位，序位为奇数属阳。丙与午皆为阳，丙午之位即阳中之阳，这与"独树将军"的火龙形象与出现时间的阴阳意义完全吻合。今北京工匠沿用传统说法，仍形象地称南偏东的丙午朝向为"抢阳"。

此外，"独树将军"五行属木，其居丙午火位，又体现了木生火与万物竞相生长。

丙午是天子明堂之位。宇文恺《明堂议表》："臣闻在天成象，房心为布政之宫，在地成形，丙午居正阳之位。"① 《孝经》邢昺《疏》引郑玄云："明堂居国之南，南是明阳之地，故曰'明堂'。"② 《逸周书·作雒解》孔晁《注》：

---

①　[唐]魏征.隋书.卷六十八.列传第三十三·宇文恺[M].北京：中华书局.1973：1588.

②　[唐]李隆基注，[宋]邢昺疏.孝经注疏，卷五.圣治章第九.[清]阮元校刻.十三经注疏[M].北京：中华书局.2009；5552.

"明堂，在国南者也。"① 即记明堂居都城之南丙午之位，取向明而治之义。

《尚书璇玑钤》："房为明堂，主布政。"②《春秋文曜钩》："房、心为天帝之明堂，布政之所出。"《周礼·春官·大司乐》郑玄《注》："房心为大辰，天帝之明堂。"③《史记·天官书》："东宫苍龙，房、心。心为明堂"。④

东宫苍龙的房、心二宿具有重要的授时意义。房宿旦中天时为立春，⑤ 心宿昏见时为季春，⑥ 心宿昏中天时为夏至，⑦ 皆古代文献记录的早期星象。观测房、心二宿昏旦之时的运行位置，便可获得春耕夏耘大概的指导时间，顺时施政，所以称房、心为布政之宫，亦即明堂。

太微垣有明堂三星，《步天歌》记之曰："宫外明堂布政宫。"⑧ 明堂三星位于太微垣南偏西，与丙午之位镜像对应。（见图4）

天帝有明堂，天子亦有明堂。《孝经·圣治章》："昔者周公郊祀后稷以配天，宗祀文王于明堂以配上帝。"李隆基《注》："明堂，天子布政之宫也。"⑨

周人明堂的建筑制度见载于《周礼·考工记》：

周人明堂，度九尺之筵，东西九筵，南北七筵，堂崇一筵，五室，凡室二筵。

---

① ［晋］孔晁注，逸周书，作雒解．元本汲冢周书［M］．北京：国家图书馆出版社，2017：105.

② （日）安居香山、中村璋八辑．纬书集成［M］．石家庄：河北人民出版社，1994. 663.

③ ［汉］郑玄注，［唐］贾公彦疏．周礼注疏，卷二十二．大司乐．［清］阮元校刻．十三经注疏［M］．北京：中华书局，2009：1705.

④ ［汉］司马迁．史记．卷二十七．天官书第五［M］．北京：中华书局，1959：1295.

⑤ 《国语·周语》："农祥晨正，日月底于天庙，土乃脉发。"韦昭《注》："农祥，房星也。晨正，谓立春之日，晨中于午也。农事之候，故曰农祥。"［三国吴］韦昭注．国语·周语上第一．宋本国语第1册［M］．北京：国家图书馆出版社，2017：17.

⑥ 心宿又称"大火"。《礼记·郊特牲》："季春出火为焚也。"郑玄《注》："谓焚莱也。凡出火，以火出。建辰之月，火始出。"（《十三经注疏》，第3140页）即言在季春之月（夏历三月，即建辰之月）初昏时大火星（心宿二）从东方地平线上升起，见此天象即可烧荒。

⑦ 《尚书·尧典》："日永星火以正仲夏。"［清］阮元校刻．十三经注疏［M］．北京：中华书局，2009：251.

⑧ ［宋］郑樵撰．通志（卷三十九）天文略第二·太微宫［M］．杭州：浙江古籍出版社，2000：535.

⑨ ［唐］李隆基注，［宋］邢昺疏．孝经注疏，卷五．圣治章第九．［清］阮元校刻．十三经注疏［M］．北京：中华书局，2009：5551.

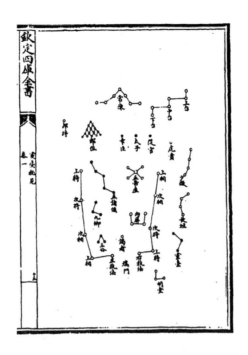

图 4 北周庚季才原撰、宋王安礼等重修《灵台秘苑》刊印之太微垣图

来源：《影印文渊阁四库全书》第 807 册，台北：台湾商务印书馆，1986 年

《大戴礼记·明堂》亦记：

堂高三尺，东西九筵，南北七筵，上圆下方。

皆记明堂平面为"东西九筵，南北七筵"的 9/7 比例，《考工记》又记"堂崇一筵"，这"九"、"七"、"一"三个数字，是《周易乾凿度》描述宇宙生化、元气生成的五行方位数，有谓：

昔者圣人因阴阳定消息，立乾坤以统天地也。夫有形生于无形，乾坤安从生？故曰：有太易，有太初，有太始，有太素也。太易者，未见气也；太初者，气之始也；太始者，形之始也；太素者，质之始也。气形质具而未离，故曰浑沦。浑沦者，言万物相浑成而未相离。视之不见，听之不闻，循之不得，故曰易也。易无形畔。易变而为一，一变而为七，七变而为九。九者，气变之究也，乃复变而为一。一者，形变之始，清轻者上为天，浊重者下为地。

郑玄注"易变而为一"：

一主北方，气渐生之始，此则太初气之所生也。

又注"一变而为七"：

七主南方，阳气壮盛之始也，万物皆形见焉，此则太始气之所生者也。

又注"七变而为九"：

西方阳气所终，究之始也，此则太素气之所生也。

又注"九者，气变之究也，乃复变而为一"：

此一，则元气形见而未分者。夫阳气内动，周流终始，然后化生一之形气也。

记易周行由一、七、九标示的北、南、西三个方位，经过太易、太初、太始、太素的生化过程，最后形成了混沌元气，进而造福天地。

在北斗系统中，北、南、西分别是冬、夏、秋的授时方位，易周行这三个方位，即由冬而夏，由夏而秋，往复于冬，从太易的"未见气"演化为太初的"气之始"，再演化为太始的"形之始"、太素的"质之始"，最后"复变而为一"，完成了"道生一"的过程。

以一、七、九表示北、南、西，见载于《尚书·洪范》、《礼记·月令》。《洪范》记："五行：一曰水，二曰火，三曰木，四曰金，五曰土"[①]，即以一、二、三、四、五配北、南、东、西、中；《月令》记春月"其数八"、夏月"其数七"、中央土"其数五"、秋月"其数九"、冬月"其数六"[②]，即以六、七、八、九、五配北、南、东、西、中。

《礼记·月令》孔颖达《疏》引郑玄注《易系辞》：

---

① ［唐］孔颖达疏．尚书正义（卷十二）洪范．［清］阮元校刻．十三经注疏［M］．北京：中华书局，2009：399．
② ［汉］郑玄注，［唐］孔颖达疏．礼记正义（卷十四至卷十七）月令第六．［清］阮元校刻．十三经注疏［M］．北京：中华书局，2009，2927；2998．

天一生水于北，地二生火于南，天三生木于东，地四生金于西，天五生土于中。阳无耦，阴无配，未得相成。地六成水于北，与天一并；天七成火于南，与地二并；地八成木于东，与天三并；天九成金于西，与地四并；地十成土于中，与天五并也。

这就形成了以生数一、二、三、四、五和成数六、七、八、九、十标识四方五位的方位体系。其中，一、六配北方为水，二、七配南方为火，三、八配东方为木，四、九配西方为金，五、十配中央为土。每个方位皆以生成数、阴阳数相配。（见图5）

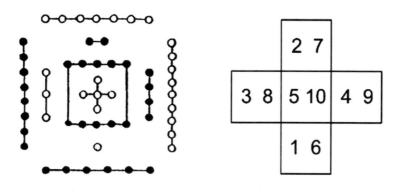

图 5　五行方位图

左图来源：朱熹，《周易本义》，北京：中华书局，2009 年；右图来源：笔者自绘

《周易乾凿度》基于这一方位体系，描述了"道生一"的过程。与"道生一"建立联系，也就与"去无入有"[1] 的北极璇玑对应了，也就沟通了天地。所以，周人明堂以上圆下方的建筑造型表现通天统地，以"东西九筵，南北七筵"的9/7平面比例寓意元气化生。

9/7的明堂比例在元大都宫城的设计中得到了运用。《南村辍耕录·宫阙制度》记元大内"东西四百八十步，南北六百十五步"，[2] 深广比为615 步：480 步≈1.281，约合整数比 9：7（≈1.286），与明堂比例高度一致（吻合度99.6%）。

元帝布政之宫称大明殿，居大内南区；元大内在都城南部偏东，适"居国

---

① ［魏］王弼，［晋］韩康伯注，［唐］孔颖达疏．周易正义（卷八）系辞下．［清］阮元校刻．十三经注疏［M］．北京：中华书局，2009：184.

② ［元］陶宗仪．南村辍耕录（卷二十一）宫阙制度［M］．北京：中华书局，1959：250.

之南"、丙午之位；元大内、都城轴线以"独树将军"为准，略成丙午之向，皆符合明堂制度。

二、四正之忌

风水术有"忌四正"之说，认为建筑朝向不宜正南北或正东西。对此，刘维国在《试论桓仁八卦城的易学思想》一文中介绍道："中国的建筑传统上都是避开正子午的。子午向只适合祭祀建筑，子是天帝（北极星）所向，只有庙宇和碑堂可见。"①

古代建筑布局方正，建筑朝向避开正子午，也就是避开了正卯酉。子午为正，则卯酉为正，反之亦然，这就有四正之忌。

此种观念极为古老，东汉王充《论衡》有记：

《移徙法》曰："徙抵太岁，凶；负太岁，亦凶。"抵太岁名曰岁下，负太岁名曰岁破，故皆凶也。假令太岁在甲子，天下之人皆不得南北徙，起宅嫁娶亦皆避之。其移东西，若徙四维，相之如者皆吉。何者？不与太岁相触，亦不抵太岁之冲也。

也就是说，移徙的方向不能冲着太岁，也不能背着太岁；起宅嫁娶不能与太岁相冲；太岁在甲子，就不能与子位相直，往两边调整一下方向才是吉利的。

何为太岁？《广雅》："青龙、天一、太阴，太岁也。"② 《五行大义·论诸神》："又别有青龙，行十二辰，即太岁之名也。古者名岁曰青龙。"③ 王引之《太岁考》："太岁、太阴、岁阴、天一、青龙，名异而实同也。"④《史记索隐》："《乐汁征图》曰：'天宫，紫微。北极，天一、太一。'宋均云：'天一、太一，北极神之别名。'"⑤《淮南子·天文训》："紫宫者，太一之居也。"⑥《史记·

① 刘维国. 试论桓仁八卦城的易学思想［C］. 鞍山：鞍山利迪太平洋印务印刷，2005：115.
② ［三国魏］张揖. 广雅（卷九）释天［M］. 上海：商务印书馆，1936：112.
③ ［隋］萧吉撰. 五行大义（卷五）第二十论诸神. 第4页.（日）中村璋八. 五行大义校注［M］. 东京：汲古书院，1984：171.
④ ［清］王引之. 经义述闻（卷二十九）第一论太岁之名有六名异而实同［M］. 南京：凤凰出版社，2000：684.
⑤ ［汉］司马迁. 史记（卷二十八）封禅书［M］. 北京：中华书局，1959：1386.
⑥ ［汉］刘安撰，［汉］高诱注. 淮南子（卷三）天文训.［清］浙江书局辑刊. 二十二子［M］. 上海：上海古籍出版社，1986：1216.

天官书》："中宫天极星，其一明者，太一常居也。"①《史记正义》："泰一，天帝之别名也。刘伯庄云：'泰一，天神之最尊贵者也。'"②

太岁本是古人虚拟之星体，又称岁阴或太阴，其与木星反向而行，顺行一辰即一岁，以此纪年。太岁纪年如同天帝、青龙巡天，太岁又称天一，天一即太一（泰一），乃天帝（北极神）的别名。所以，太岁又指天帝。天帝常居北极，与子位相直，就与北极相冲，这就触犯了天帝。

王充以为迂腐，驳之曰："太岁之气，天地之气也，何憎於人，触而为害？""工伎之人，见今人之死，则归祸于往时之徙。俗心险危，死者不绝，故太岁之言，传世不灭"。③

可是，此种观念导源于敬天信仰，只要文化上的天帝存在，对北极的敬畏之心就不会消失。

及至元代，这一观念依然根深蒂固。《元史·祭祀志》记天坛制度：

神位：昊天上帝位天坛之中，少北，皇地祇位次东，少却，皆南向。

又记：

凡从祀位皆内向，十二次微左旋，子居子陛东，午居午陛西，卯居卯陛南，酉居酉陛北。④

天地神位皆南向，即与子位相直，与天帝对应，这是为了沟通天地。而供人升降的四陛则有四正之忌。

所谓"子居子陛东，午居午陛西，卯居卯陛南，酉居酉陛北"，是指子陛在子午中线之西，午陛在子午中线之东，卯陛在卯酉中线之北，酉陛在卯酉中线之南。

十二次是古人将天赤道等分为十二份而建立的天文观测坐标体系。古人以左行为顺，右行为逆，逆行为忌，便以"十二次微左旋"代指四陛微右旋。经

① [汉] 司马迁. 史记（卷二十七）天官书第五 [M]. 北京：中华书局，1959：1289.
② [汉] 司马迁. 史记（卷二十七）天官书第五 [M]. 北京：中华书局，1959：1290.
③ [汉] 王充. 论衡（卷二十四）难岁篇. 宋本论衡. 第5册 [M]. 北京：国家图书馆出版社，2017：184，185.
④ [明] 宋濂等撰. 元史（卷七十二）志第二十三·祭祀一 [M]. 北京：中华书局，1976：1797.

此调整，四陛就避开了四正朝向，子陛与午陛就不与天帝相冲。（见图6）

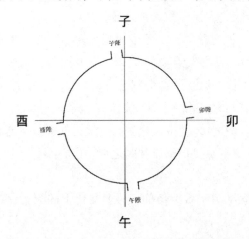

图6　元大都天坛子午中线、卯酉中线与四陛方位示意图。王军绘

元大都的中轴线逆时针微旋，连接崇仁门和义门的都城卯酉线顺时针微旋，也是因为四正之忌。

这两条轴线的微旋之态，表现了阴阳。其中，中轴线逆时针微旋，呈子午兼壬丙之向。在十天干中，壬、丙的序位为奇数属阳（壬序九、丙序三），中轴线即为阳轴；都城卯酉线顺时针微旋，呈卯酉兼乙辛之向。在十天干中，乙、辛的序位为偶数属阴（乙序二、辛序八），都城卯酉线即为阴轴。

此阴阳二轴交会于今鼓楼位置的齐政楼前，① 即如《文子》所记："阴阳交接，乃能成和。"② 亦如《荀子》所云："天地合而万物生，阴阳接而变化起。"③ 齐政楼又与北极璇玑对应，表现了"去无入有"，《老子》所记"道生一，一生二，二生三，三生万物"④ 就得以诠释。（见图7、图8）

---

① 关于齐政楼的方位，《析津志》有明确记载，即"齐政楼，都城之丽谯也。东，中心阁。大街东去即都府治所。南，海子桥、澄清闸。西，斜街过凤池坊。北，钟楼。此楼正居都城之中"（熊梦祥．析津志辑佚［M］．北京：北京古籍出版社，1983：108.）。海子桥今存（即地安门桥又称后门桥），与今鼓楼南北相对，均位于北京城中轴线上，与《析津志》关于齐政楼与海子桥方位的记载完全相合，表明今鼓楼位置即齐政楼所在。

② ［宋］杜道坚撰．文子缵义（卷十）上仁．［清］浙江书局辑刊．二十二子［M］．上海：上海古籍出版社，1986：867.

③ ［周］荀况撰，［唐］杨倞注．荀子（卷十三）礼论篇第十九．［清］浙江书局辑刊．二十二子［M］．上海：上海古籍出版社，1986：336.

④ ［晋］王弼注．老子道德经，四十二章．［清］浙江书局辑刊．二十二子［M］．上海：上海古籍出版社，1986：5.

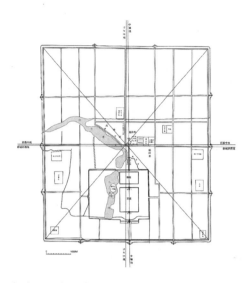

图 7 元大都子午中线、卯酉中线与都城中轴线、卯酉线分析图一。王军绘。

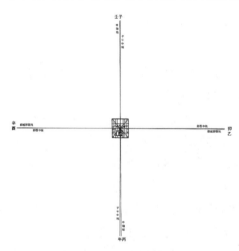

图 8 元大都子午中线、卯酉中线与都城中轴线、卯酉线分析图二。王军绘

这样的时空法式在明清北京城的平面布局中也有经典呈现。明清北京城的中轴线继承了元大都的中轴线，为子午兼壬丙的阳轴；明清北京城的卯酉线是日坛与月坛的连接线，① 顺时针微旋，为卯酉兼乙辛的阴轴。此阴阳二轴交会于紫禁城太和殿庭院，同样体现了"阴阳交接，乃能成和"的理念，并赋予太和殿庭院"道生一"的哲学意义。（见图9）

---

① 王军.建极绥猷——北京历史文化价值与名城保护［M］.上海：同济大学出版社，2019：28.

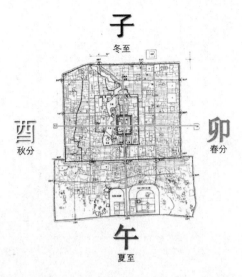

图9　明清北京城子午卯酉时空格局。王军绘。

来源：王军，《建极绥猷——北京历史文化价值与名城保护》，上海：同济大学出版社，2019 年

值得注意的是，今旧鼓楼大街及北延长线皆元大都旧街，与元大都子午中线相贴，顺时针微旋，呈子午兼癸丁之向。在十天干中，癸、丁的序位为偶数属阴（癸序十、丁序四），该线即为阴轴。元大都中轴线与之交错于都城平面几何中心的东西两侧，同样演绎了阴阳交接，并体现了都城平面几何中心与北极对应所具有的"道生一"、分化阴阳的哲学意义。

出于对天帝的敬畏，元大都的建筑规划对象征北极的都城平面几何中心予以避让。齐政楼、中轴线东偏，旧鼓楼大街顺时针微旋，都城卯酉线南偏，皆避让了该中心点，以表示不与天帝相冲的想法。

同样的情形在明清北京紫禁城的平面布局中也能看到。紫禁城平面几何中心位于保和殿与中和殿之间的丹陛露台，未加盖任何房屋。这是因为紫禁城是天子之宫，天子是天帝之臣，须行避让之礼。（见图 10）

相比之下，与紫禁城同期建成的永乐天地坛则将大祀殿（今祈年殿位置）建于坛区（天坛内坛西墙以东、斋宫南墙东西线以北）的平面几何中心；① 明嘉靖皇帝扩建天坛，则将圜丘建于斋宫北墙东西线以南、天坛内坛西墙以东区域的平面几何中心，将皇穹宇（初称泰神殿）建于大享殿（原大祀殿，今祈年

---

① 傅熹年. 中国古代城市规划、建筑群布局及建筑设计方法研究：上册［M］. 北京：中国建筑工业出版社，2001：50.

殿位置）以南、内坛西墙以东区域的平面几何中心。这是因为大祀殿、圜丘是祭昊天上帝的场所，皇穹宇是昊天上帝牌位存放处，须与北极对应，与天帝相通。（图11）

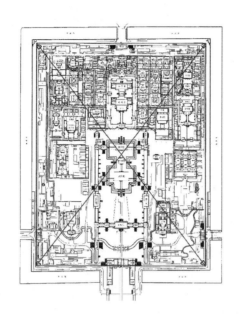

图10　紫禁城平面几何中心位于中和殿、保和殿之间的丹陛露台

来源：故宫博物院古建部

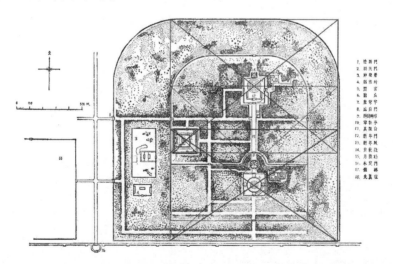

图11　明永乐天地坛大祀殿（今祈年殿位置），明嘉靖天坛圜丘、皇穹宇位置分析

来源：刘敦桢主编，《中国古代建筑史》，北京：中国建筑工业出版社，1980 年

三、格龙之道

古代堪舆家为建筑选址必先考察山脉走势，此即"格龙"，亦称"寻龙"。称山为龙，主要是因为山脉蜿蜒起伏似龙。选定的建筑基址称"龙穴"或"真龙入首之地"。此种堪舆法，包含了古人对地理环境的朴素认识，是决定城市与建筑朝向的重要因素。

旧题刘秉忠述《平砂玉尺经》记：

水交砂会之方，乃见真龙入首之地。水交于局前，砂会于左右，此见龙势歇泊之处。而寻龙必须先看其局前后左右之势何如，然后详其体制之美恶方可，以得其情状吉凶休咎之迹也。

"真龙入首之地"是山体没入平原处，其前有水，其后有山，左右环山，才是理想的建设地点。其中要义，见郭璞《葬书》：

地贵平夷，土贵有支。支龙贵平坦夷旷，为得支之正体，而土中复有支之纹理，平缓恬软，不急不躁，则表里相应。①

支即支龙，山之余脉也，其隐入平原延伸为"龙脉"，城郭舍室筑于其上才固若金汤，所以，"土贵有支"。建筑轴线与山梁相顺，才能最充分利用此种地质条件。因此，轴线方向循山脉而定，是营城筑室的重要原则。

明南京宫城南北轴线呈北偏东方向，即为顺应北山之势；明十三陵诸陵朝向皆不相同，即因诸陵靠山来势不同，清承德外八庙诸庙亦然。（见图12至图14）

此种规划法极为古老。距今五千年前的辽宁建平牛河梁红山文化"女神庙"遗址的南北轴线，南偏西20度，即与牛河梁山脊走向一致（见图15）。考古报告指出："这应是'女神庙'和山台在选择方向时采取了与山梁走向一致的方向。"②

---

① [晋] 郭璞. 葬书·内篇·四库术数类丛书：第6册 [M]. 上海：上海古籍出版社，1991：18.

② 辽宁省文物考古研究所. 牛河梁——红山文化遗址发掘报告（1983—2003年度）：中册 [M]. 北京：文物出版社，2012：479.

图 12　南京明故宫轴线与紫金山走势分析图

来源：潘谷西主编，《中国古代建筑史》第 4 卷，第 2 版，北京：中国建筑工业出版社，2009 年

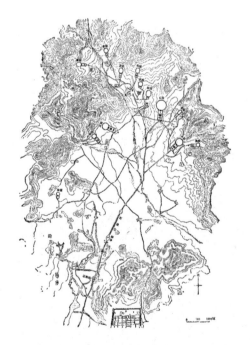

图 13　北京明十三陵分布图，可见诸陵朝向与山势相顺

来源：刘敦桢主编，《中国古代建筑史》，北京：中国建筑工业出版社，1980 年

图 14　河北承德避暑山庄和外八庙总平面，可见诸寺朝向与山势相顺

来源：刘敦桢，《中国古代建筑史》，北京：中国建筑工业出版社，1980 年

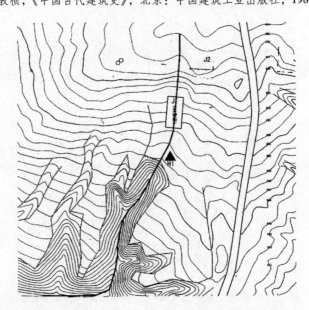

图 15　辽宁牛河梁"女神庙"轴线与山脉走势分析图

来源：辽宁省文物考古研究所，《牛河梁——红山文化遗址发掘报告（1983—2003 年度）》上册，北京：文物出版社，2012 年

同样是距今五千年前的大地湾仰韶文化建筑遗址，南北轴线亦与山势相顺。考古报告指出："由于山体面向东北，此中轴线大约北偏东 25 度。"①

在仰韶文化中晚期的陕西凤翔水沟遗址，亦清晰可见聚落文化遗迹沿山脊走向分布的情况。②

明清北京城中轴线暨元大都中轴线北越小汤山，抵燕山山脉，亦与山梁相顺，且左右环山，负阴抱阳；中轴线向南伸延，便是河道纵横的开阔地带。这正是《平砂玉尺经》所记"水交于局前，砂会于左右"的理想形势。

此种择地之法包含了丰富的哲学理念。古人勘察九州形势，认为万山一贯，起于西北之昆仑，昆仑通天，乃元气所出，顺山因势，方可顺天行气。

对此，《平砂玉尺经》记云：

凡山脉，起自昆仑，为山之首。而气脉之行，因山而见，犹人有体骨之格；气络流行，分布而散漫为土皮，犹人之肌肉；土不离山，犹肉不离骨也。

《葬书》有谓：

丘垄之骨，冈阜之支，气之所随。……夫气行乎地中。其行也，因地之势；其聚也，因势之止。

皆视山脉为气脉，与山脉相顺，便是与元气相通。

在中国古代创世纪观念中，昆仑被视为大地生成之始。《春秋命历序》："天地开辟，万物浑浑，无知无识，阴阳所凭。天体始于北极之野，地形起于昆仑之墟。"宋均《注》："北极，为天之枢。昆仑，为地之柄。"③《河图括地象》："昆仑山为天柱，气上通天。"④

天地开辟之时，万物混沌，北极为天生之始，昆仑为地生之始，北极与昆仑对应，为天旋地转之轴。

---

① 甘肃省文物考古研究所. 秦安大地湾——新石器时代遗址发掘报告：上册［M］. 北京：文物出版社，2006：649.

② 张天恩. 渭河流域仰韶文化聚落状况观察. 中国社会科学院考古研究所、郑州市文物考古研究院编. 中国聚落考古的理论与实践（第一辑）：纪念新砦遗址发掘30周年学术研讨会论文集［M］. 北京：科学出版社.2010：108.

③ （日）安居香山，中村璋八辑. 纬书集成［M］. 石家庄：河北人民出版社，1994：885.

④ （日）安居香山，中村璋八辑. 纬书集成［M］. 石家庄：河北人民出版社，1994：1091.

关于天地的开辟，前引《周易乾凿度》："一者，形变之始，清轻者上为天，浊重者下为地。"《文子·十守》："老子曰，天地未形，窈窈冥冥，浑而为一，寂然清澄，重浊为地，精微为天，离而为四时，分而为阴阳。"①

天地由混沌为一的元气所生，此气一分为二，清轻者生天，浊重者生地，四时、阴阳亦随之而生。

如上所述，北极为元气之清轻者最先生出的天，昆仑为元气之浊重者最先生出的地，元气造分天地、生养万物，城郭舍室依山而建，就是与昆仑相连，与元气相通，就具有了沟通天地、化育生命的意义。

元大都与北部燕山相距 30 余公里，实难想象经此距离，北山余脉还在地下延伸直贯而来。尽管如此，元大都中轴线仍以小汤山为准，与北山山梁相顺，直取"龙脉"南延、元气畅达之义。显然，规划这条轴线的时候，观念重于实际。

四、朝天之礼

古代城市还有以轴线方向朝敬天子的情况，《晏子春秋》记录了这样的一则故事：

景公新成柏寝之台，使师开鼓琴，师开左抚宫，右弹商，曰："室夕。"公曰："何以知之？"师开对曰："东方之声薄，西方之声扬。"公召大匠曰："室何为夕？"大匠曰："立室以宫矩为之。"于是召司空曰："立宫何为夕？"司空曰："立宫以城矩为之。"明日，晏子朝公，公曰："先君太公以营丘之封立城，曷为夕？"晏子对曰："古之立国者，南望南斗，北戴枢星，彼安有朝夕哉！然而以今之夕者，周之建国，国之西方，以尊周也。"公蹴然曰："古之臣乎！"②

晏子认为，古时建国城，南望南斗，北仰极星，测方向是十分准确的。如今宫室城池朝向偏西，是因为周朝王邑在西方，是为了尊周。

今考曲阜鲁故城、临淄齐故城，确实存在城市朝向偏西的情况（见图16，图17），其原因或如晏子所言，是为了尊周。当然，这就是周朝的诸侯国制度。

① ［宋］杜道坚. 文子缵义（卷三）十守. ［清］浙江书局辑刊. 二十二子 ［M］. 上海：上海古籍出版社，1986：836.
② ［周］晏婴. ［清］孙星衍校并撰音义. 晏子春秋（卷六）杂下. ［清］浙江书局辑刊. 二十二子 ［M］. 上海：上海古籍出版社，1986：575.

元大都已是天子之都，其轴线微旋不属于此种情况。

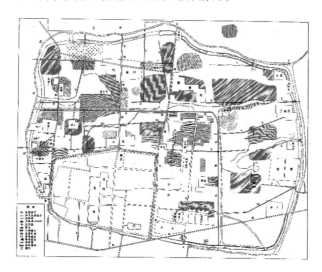

图 16　山东曲阜周代鲁国故城图

来源：山东省文物考古研究所、山东博物馆、济宁地区文物组、曲阜文管会编，《曲阜鲁国故城》，济南：齐鲁书社，1982 年

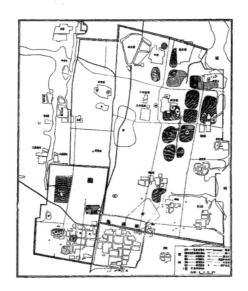

图 17　山东临淄周代齐故城图

来源：群力，《临淄齐国故城勘探纪要》，《文物》1972 年第 5 期

五、结论

中国古代城市与建筑的轴线制度，既是观象授时时空体系之投影，又是阴阳哲学、敬天信仰、环境地理、宇宙观念、礼仪规范之塑造。北京城中轴线东偏微旋，是天文、地理、人文因素叠加影响的结果。

北京城的中轴线制度，起始于元大都规划，与正子午线不相重合，逆时针微旋两度有余，与以下因素相关：

一、取义明堂。元大都的中轴线以城南"独树将军"为准，形成子午兼壬丙之向，元大内居都城南部，平面比例为9/7，皆符合明堂制度。

二、敬畏天帝。元大都规划避让正子午朝向，避让都城平面几何中心，皆是不与北极相冲、敬畏天帝的体现。

三、顺山因势。元大都中轴线越小汤山与北部山梁相顺，体现了建筑轴线据山势定向以获得稳定地质条件的规划理念，以及依托山脉与昆仑相通、顺天行气的文化观念。

中国古代城市与建筑的中轴线制度，承载了与农耕文化密切相关的知识与思想体系。明清时期北京城继承了元大都的中轴线制度，也就延续了城市的文脉，彰显了文化的传承。

元朝与清朝皆为北方少数民族建立的统一王朝，其对中国固有之文化的传承，推动了中国古代统一多民族国家的发展壮大。北京城中轴线见证了这一宏大的历史叙事，为古代中国"从文化多元一体到国家一统多元"① 的发展历程，立下了一座丰碑。

参考文献

[1] 中国科学院考古研究所，北京市文物管理处元大都考古队．元大都的勘查和发掘 [J]．考古，1972：1．

[2] [清] 阮元校刻．十三经注疏 [M]．北京：中华书局，2009．

[3] 王军．建极绥猷——北京历史文化价值与名城保护 [M]．上海：同济大学出版社，2019．

[4] [清] 阮元校刻．十三经注疏 [M]．北京：中华书局，2009．

[5] [元] 熊梦祥．北京图书馆善本组辑，析津志辑佚·岁纪 [M]．北京：

---

① 张忠培．我认识的环渤海考古——在中国考古学会第十五次年会上的讲话 [J]．考古．2013.9：103．

北京古籍出版社，1983.

［6］冯时. 周易乾坤卦爻辞研究［J］. 中国文化，2010：2.

［7］［明］赖从谦发挥. 新刻石函平砂玉尺经［M］. 海口：海南出版社，2003.

［8］［晋］郭璞. 葬书. 四库术数类丛书. 第6册［M］. 上海：上海古籍出版社，1991.

［9］［日］安居香山，中村璋八辑. 纬书集成［M］. 石家庄：河北人民出版社，1994.

［10］［宋］杜道坚撰. 文子缵义，卷三. 十守.［清］浙江书局辑刊. 二十二子［M］. 上海：上海古籍出版社，1986.

作者简介：王军，1969年生，男，苗族，籍贯贵州省开阳县，故宫博物院研究馆员、故宫学研究所副所长，研究方向北京城市史、梁思成学术思想、城市规划与文化遗产保护。

文化景观视角下北京中轴线申遗保护

秦红岭

摘要：北京中轴线是一种特殊形态的文化遗产和城市景观，对其保护和历史文化价值的阐释和评估可借鉴"历史性城镇景观"的"景观传记"方法，全面梳理中轴线文化特征。"历史性城镇景观"方法启示从历史层积性、文化关联性以及平衡保护与发展等方面推进中轴线的整体保护工作，"景观传记"方法作为一种跨学科历史景观管理、阐释与评估工具，在构建北京中轴线景观叙事、揭示中轴线景观演变的历史层累、强化中轴线文化史与空间规划和风貌整治的勾连方面，对北京中轴线申遗保护有重要借鉴价值。

北京中轴线是中国古代城市中轴线设计的顶峰，在城市空间布局的整体策略、空间序列的节奏变化、礼制秩序的空间表达、中和审美模式的运用等方面，都达到了极高的水准，对其整体保护早已成为社会共识。2012 年北京中轴线被列入中国申报世界遗产预备清单，目前北京中轴线申遗工作正在全面推进。然而，经历了历史巨变和快速城市发展洗礼的北京中轴线，历史遗存呈现节点缺失、一些空间节点变形重构、新旧建筑并置等问题。在此背景下，正确认识中轴线历史环境的当代变化，应对城市变迁中整体保护中轴线的难题，需要突破传统保护模式，探索适应新时代要求的保护理念和有效路径，并尽可能地吸收和借鉴文化遗产保护新的理念和保护方法。有鉴于此，本文将基于近年来兴起的遗产保护文化景观视角，以"历史性城镇景观"和"景观传记"两种方法为切入点，探讨北京中轴线申遗保护新理念和新路径。

一、"历史性城镇景观"对北京中轴线申遗保护的启示

"历史性城镇景观"（Historic Urban Landscape，也译为"历史性城市景观"，以下提及时简称为 HUL）是一种获得广泛认同与实践的整体保护框架，对北京中轴线申遗保护有重要的借鉴价值。

（一）历史性城镇景观：一种在不断变化的城市环境中管理遗产资源的方法

对"历史性城镇景观"方法的认识有一个逐步发展的过程（参见图1）。2005年5月，联合国教科文组织主办的"世界遗产与当代建筑"国际会议在维也纳召开，会议成果《维也纳备忘录》初步提出了HUL概念："指自然和生态环境内任何建筑群、结构和开放空间的整体组合，其中包括考古遗址和古生物遗址。"[①] 2005年10月，在西安召开的国际古迹遗址理事会第15届大会通过的《西安宣言——保护历史建筑、古遗址和历史地区的环境》，作为第一部有关遗产周边环境（setting）的国际法规，其所重视的周边环境理念所倡导的保护范围远远超出了遗产本体，同样是对遗产保护对象的又一次重要扩展。2007年1月，联合国教科文组织世界遗产中心召开的"世界遗产名录中的历史名城管理与保护"圣彼得堡会议，是维也纳会议的直接后续行动，会议的首要目的是讨论HUL概念。会议总结报告认为，HUL概念并不新鲜。这一概念借鉴了城市保护和文化景观的经验，并试图包含与自然元素、非物质文化遗产、真实性和完整性以及场所精神（Genius loci）相关的价值。

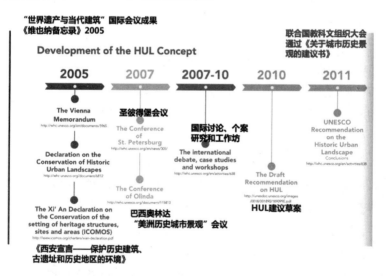

图1　"历史性城镇景观"（Historic Urban Landscape）概念发展过程示意图

来源：作者绘

---

① ［意］弗朗切斯科·班德林（Francesco Bandarin），［荷］吴瑞梵（Ron van Oers）. 城市时代的遗产管理——历史性城镇景观及其方法［M］. 裴洁婷，译. 上海：同济大学出版社，2017：243.

　　2011 年 11 月 10 日，联合国教科文组织大会通过的《关于城市历史景观的建议书》中，将 HUL 定义为："文化和自然价值及属性在历史上层层积淀而产生的城市区域，其超越了'历史中心'或'整体'的概念，包括更广泛的城市背景及地理环境。上述更广泛的背景主要包括遗址的地形、地貌、水文和自然特征；其建成环境，不论是历史上的还是当代的，其地上地下的基础设施，其空地和花园、其土地使用模式和空间安排，感觉和视觉联系，以及城市结构的所有其他要素。背景还包括社会和文化方面的做法及价值观、经济进程以及与多样性和特性有关的遗产的无形方面。"① 这一定义揭示了 HUL 不同于传统城市遗产保护的理念与方法。《在动态和不断变化的城市环境中管理遗产：联合国教科文组织关于历史城镇景观建议的实用指南》（2016）指出：历史城市景观（HUL）方法是一种整体的、跨学科的方法。它处理在动态和不断变化的环境中对遗产资源的包容性管理，旨在指导历史城市的变化。它是基于对任何城市中存在的自然的和文化的、有形的和无形的、国际和地方价值的层积性和相互联系的认识和确认而产生的。根据 HUL 方法，这些价值观应作为历史城市整体管理和发展的出发点。

　　作为一种在不断变化的城市环境中管理文化遗产资源的方法，HUL 在文化遗产整体保护方面的创新，突出表现在以下三个方面：

　　第一，HUL 从理念层面将城市历史区域理解为一种动态发展的遗产，强调遗产价值的层积性（layering），即将城市历史区域理解为具有文化价值和自然价值及特性的历史层积的结果，它既具有历史的过程属性又具有当前的现实属性。"层积"是对不断变迁的城市文化遗产的一种层叠累积的描述，处于城市发展洪流中的每一片历史区域几乎都留下每个时代的风貌印迹，甚至单体建筑遗产都可能体现不同时期多次修复演变的痕迹，它们如同一个个"时间切片"，将层次丰富的历史景观拼贴并展现给世人。因此，对文化遗产价值的认知、评估，需要从静态片段性视角走向历史层积性视角，从主要强调建筑遗产初始价值向联系更广泛的社会、文化和经济进程中的价值转变，同时应注重研究、诠释和展示城市的历史性层积，全面认识文化遗产的多重价值。

　　第二，HUL 方法提出了一种在综合性系统视角下思考文化遗产保护的方式，超越了作为一种"建筑集合体"的遗产概念，包含更广泛的城市文脉和建成环境，尤其重视保护文化遗存、历史场所与空间环境（包括人文环境与地理环境）

---

① ［意］弗朗切斯科·班德林（Francesco Bandarin），［荷］吴瑞梵（Ron van Oers）. 城市时代的遗产管理——历史性城镇景观及其方法［M］. 裴洁婷，译. 上海：同济大学出版社，2017：251.

的有机关联性。对此，张兵指出："从'历史性城市景观'的途径来认识历史城镇，是另外一种语境下的整体保护，'关联性'的发掘和'系统保护'的方法是根本。"① 这种有机关联性，不仅指个体遗产之间基于文化线索的关联或视觉环境关联，还强调历史区域的文化与自然、物质与精神、有形与无形之间的关联，尤其是维护与遗产资源关联的城镇独特性和场所精神。通过"关联性"维度，HUL 扩展了受保护遗产资源的要素和范围，尤其考虑了为以往文化遗产保护所忽视的自然地理环境和无形文化遗产要素。HUL 方法还强调保证历史空间特征的连续性很重要，干预需要尊重一个特定场所的设计特征的完整性和连续性，这是干预历史环境的基本规则。

第三，HUL 对城市遗产保护范式的重要修正体现在处理保护与变化、保护与发展的矛盾关系时，强调保护与发展之间的共生关系，它超越了以往对特定建筑群或历史区域静态、孤立保护的方法，将历史城镇和历史区域视为层积变化的有机体，保护的本质不是防止变化，而是管理变化。因此，HUL 作为一种对历史城镇进行变化管理的工具，主张将城市文化遗产保护融入可持续城市发展得更广泛的目标之中，强调深层的社会保护，正如《关于城市历史景观的建议书》所指出，该方法将城市遗产保护目标与社会和经济发展目标相结合，它提供了一种手段，用于管理自然和社会两方面的转变，确保当代干预行动与历史背景下的遗产和谐地结合在一起。需要强调的是，HUL 的核心目标是文化遗产保护与城市当代发展的相互平衡与一体化发展，但将其理念与方法转化为可实施的地方遗产政策与管理机制并不容易，需要基于当地城市文脉及遗产管理文化的本土化探索。

总之，HUL 既是一种整体保护理念，也是落实城市保护理念的方法，它并不试图取代现有的城市遗产保护方法，而是提供了一种遗产管理工具，确保文化遗产政策和管理能够与可持续城市发展的广泛目标结合，有助于我们在城市文脉动态传承的视角下，实现基于价值的综合景观方法来管理文化遗产。

（二）"历史性城镇景观"对北京中轴线申遗保护的启示

依据 HUL 的基本理念及方法，北京中轴线申遗保护应重视从历史层积性、文化关联性以及通过管理变化平衡保护与发展几个方面推进整体保护工作。

基于 HUL 理念，整体保护北京老城中轴线，要从动态的历史层积性视角全面认识中轴线文化遗产的整体价值，梳理中轴线层积性发展轨迹，将中轴线空

① 张兵. 历史城镇整体保护中的"关联性"与"系统方法"——对"历史性城市景观"概念的观察和思考［J］. 城市规划，2014，38（S2）：44.

间演变的历史层积逐一辨识、诠释和展示。

北京中轴线是不断进化的有机体，是不同历史时期生命印记"层叠"的产物。整体保护中轴线，既需要保护其代表性文物建筑以及传统空间形态和景观格局，延续其均衡对称、井然有序、跌宕起伏、水系穿插的特色，也需要保护不同时期的历史痕迹，展现北京中轴线变迁的每个典型片段，体现对不同历史时期城市文化多样性的尊重，促进历史风貌的延续和当代特色塑造相得益彰，强化保护与发展之间的创造性整合。

北京中轴线是自元大都、明清北京城以来，北京城东西对称布局建筑的对称轴，覆盖北京老城约65%的面积。正是这条发挥着统领作用的空间轴线，使城市格局秩序严谨，空间层次主次分明。元代以来，无论北京的城市形态如何变迁，一条贯通南北的城市轴线始终"傲然屹立"，其主导的空间布局成就了北京老城的独特风貌。基于历史层积性审视其价值，它的基本轮廓及节点上的一些主要建筑遗产，如天坛、故宫建筑群、太庙、钟楼、鼓楼，经历了岁月风霜，从明清一直延续到今天，成为体现北京古都风貌的重要标识。

然而，认识和阐释中轴线的整体价值，不能忽视中轴线历史环境的当代变化。2012年北京中轴线申遗文本指出，北京中轴线蕴含着元、明、清封建都城及新中国首都在城市规划方面的独特匠心。2017年北京市文物部门明确了中轴线构成要素包括永定门、先农坛、天坛、正阳门及箭楼、毛主席纪念堂、人民英雄纪念碑、天安门广场、天安门、社稷坛、太庙、故宫、景山、万宁桥、鼓楼及钟楼等14处遗产点。其中，1900年正阳门箭楼被八国联军用火炮击毁，城楼则被击损。当年9月，八国联军中英军的印度兵在正阳门城楼内烧火取暖，导致城楼被焚毁。1915年朱启钤委托德国建筑师罗克格（Curt Rothkegel）改建正阳门箭楼，在其城墙断面增加了西洋纹饰，并给部分箭窗上加设颇为醒目的西式白色拱形装饰——半弧形遮阳华盖（参见图2、图3）。永定门城楼为2004年复建；人民英雄纪念碑（1958）、毛主席纪念堂（1976）两处遗产点为当代纪念建筑；天安门广场则无论形态还是功能都发生了巨大变化，已从明清狭长的T字形宫廷禁地演变为恢宏的长方形人民广场。对此，历史地理学家侯仁之在《试论北京城市规划建设中的三个里程碑》一文中提出，新中国建立之后对天安门广场的改造，"赋予具有悠久传统的全城中轴线以崭新的意义，显示出在城市建设上'古为今用，推陈出新'的时代特征，在文化传统上有着承先启后的特殊含义。"①

---

① 侯仁之. 北京城的生命印记 [M]. 北京：生活. 读书. 新知三联书店，2009：261.

图2　1900年的正阳门箭楼

图3　当今的正阳门箭楼

来源：作者拍摄

　　可见，北京中轴线是具有历史层积性的动态遗产，它应作为一种不断焕发新的生命力的"过程"而非静止不变的"对象"来加以保护。全面深入挖掘中轴线的历史内涵和文化价值，显然不能只挑选某一历史节点考察，如仅以明代北京中轴线的形制和建筑来论其文化象征价值，容易过多地强调其体现的皇权至上、礼制等级森严的政治伦理意义，而忽略其体现的贵和尚中、追求天地人和谐的中华传统文化观念，以及中轴线文化价值的当代发展。

从具体保护策略上看，应当辨识、阐释并全面展示中轴线自元、明、清到新中国成立以来的历史性层积，建立中轴线景观遗产档案库，全面描述北京中轴线景观的起源和发展演变历程，识别中轴线动态变化中的文化特征。此外，也可以探索利用三维激光扫描等数字化技术对中轴线的重要节点进行可视化展示，完整地呈现中轴线各类遗产的发展演变过程。

第二，HUL 方法提出了一种综合性系统视角下思考北京中轴线保护的方式，重视整体挖掘中轴线历史遗存同历史场所、空间环境、历史事件之间以及历史遗存相互之间的关联性。

"关联性"视角是对中轴线遗产价值的一种整体认识观，体现在保护路径层面就是要通过城市设计和文化规划手段，把相互关联的历史文化要素和自然景观要素，不论是历史上的还是当代的，不论是有形的还是无形的，用系统性、连续性或主题性方法加以整合，确保中轴线历史景观完整呈现。具体而言，对北京老城中轴线的整体保护，不仅要保护中轴线建筑遗存（实轴），而且还包括连接中轴线遗产点的历史道路（虚轴）以及轴线两侧 549 公顷遗产区和 4538 公顷缓冲区。这就是说，在遗产区和缓冲区内的文化遗存、自然景观，都因与中轴线有空间关联和文化主题关联，而纳入中轴线保护区域之中。

在空间关联方面，应通过合理控制轴线景观视廊和总体建筑高度，保护缓冲区内的传统格局和尺度，尤其应处理好从元代而来的玉河、积水潭、后海、前海、北海及中南海等水系轴线与宫殿轴线的布局关系。《北京城市总体规划（2016 年—2035 年）》提出恢复银锭观山景观视廊，保护景山万春亭、北海白塔、正阳门城楼和箭楼、钟鼓楼、德胜门箭楼、天坛祈年殿、永定门等地标建筑之间的景观视廊，都与中轴线整体保护有关，体现了 HUL 的关联性保护理念。

在文化主题关联方面，可通过公共文化空间模式，完善与强化"文化之脊：北京老城中轴线建筑遗产"主题线路的城市文化标识价值，以中轴线现存各节点建筑（包括消失的节点建筑的历史记忆展示）以及紧邻中轴两侧的古迹和优秀的近现代建筑为主要依据，构建北京老城中轴线公共文化空间的系统框架。《首都功能核心区控制性详细规划（街区层面）（2018 年—2035 年）》提出精心打造的 10 条文化探访路，首先就是中轴线文化探访路。还有其他有 4 条线路都直接与中轴线关联，即（2）玉河—什刹海—护国寺—新街口文化探访路；（6）皇城文化探访路；（7）环天安门广场—前门大栅栏文化探访路；（9）天坛—先农坛—天桥文化探访路（参考图 3、图 4）。

在价值关联方面，需要挖掘中轴线景观的文化内涵，通过历史资料考证、编写中轴线景观传记和叙事性的文本、讲述、展示和空间事件，建立中轴线遗产形态表征与价值内涵之间的关联，传递中轴线遗产的事实信息、文化信息和共同记忆，强化中轴线遗产的可读性，即它传达意义的能力，解决中轴线遗产资源"有历史缺故事、有建筑缺内容"的问题，提升公众对中轴线价值的理解和认同度。

第三，HUL 作为一种管理历史城市保护与发展的方法，旨在平衡遗产保护与经济社会的可持续发展，是一种融合城市多维度发展目标的整合性保护模式，它启示中轴线申遗保护不仅要恢复历史风貌，而且还要考虑以此为契机，从历史文化遗产保护中找到保护与产业功能定位、保护与人居环境改善和街区更新、保护与现代生活融合互动的结合点，通过综合的治理性保护，完善中轴线周边公共空间、公共服务设施的功能，提高城市宜居性，发挥中轴线历史资源的当代活力。

张松等学者论及基于 HUL 理念的名城保护时指出："城市遗产保护，既要保护历史景观的视觉环境特征，更要维护与之关联的历史文脉和场所精神。要实现这一目标，改善和提升居住环境质量以保持历史地区的活力，通过环境改善和功能引导维护社会网络结构的稳定性等政策措施不可或缺。"①

实际上，近几年来北京中轴线申遗保护取得的成就，一方面表现在文物腾退修缮、历史风貌和中轴线文物建筑完整性恢复所取得的进展，例如，中轴线上除故宫之外的第二大建筑群景山寿皇殿腾退修缮后免费对公众开放（参考图 4、图 5）；2019 年 9 月，东城段南中轴御道正式贯通。至此，连接正阳门和永定门、为皇帝去天坛和先农坛出行方便而专门修的石砌御道，全线基本恢复。复原后的御道位于马路中央，两侧通过绿化隔离带与柏油马路区隔（参考图 6）；另一方面则表现在沿线环境品质提升、高品质绿色公共空间打造以及街区人居环境综合整治与更新，较好地将中轴线保护融入北京城市整体发展战略之中，使北京中轴线既成为历史轴线，也成为发展轴线。

---

① 张松，镇雪锋. 从历史风貌保护到城市景观管理——基于城市历史景观（HUL）理念的思考 [J]. 风景园林，2017（6）：14-21：18.

图4　中轴线上除故宫之外的第二大建筑群景山寿皇殿腾
退修缮后免费对公众开放

来源：作者拍摄

图5　景山万春亭上回望北京中轴线上第二大建筑群景山寿皇殿

来源：作者拍摄

图6　2019年9月，北京东城段南中轴御道正式贯通，
将永定门到正阳门连成一条较为完整的遗产景观

来源：作者摄于2020年8月

总之，"历史性城镇景观"方法将北京中轴线申遗保护带入到了一个新的愿景，即以动态的历史层积性、文化关联性以及平衡保护与发展的视角，将北京的过去、现在与未来通过这条"文化之脊"有机联系在一起。

二、基于景观传记方法的北京中轴线申遗保护

在北京中轴线申报世界遗产工作全面推进的背景下，如何完整地阐释中轴线历史文化价值、展示和传播中轴线文化魅力，将其有效纳入文化遗产活态保护和空间规划，需要探索新的管理和阐释方法，让北京中轴线更好地向世界讲述"一根中轴线，一座北京城"的故事。"景观传记"（Landscape biography）作为一种跨学科历史景观管理、阐释与评估工具，对北京中轴线申遗保护工作有重要的借鉴价值。

（一）景观传记：一种跨学科历史景观管理与阐释工具

北京中轴线是一种特殊的历史文化遗产实体，其核心构成是明清北京南北中心轴线带上的建筑遗产及其两侧历史建筑群组，同时还包括起烘托、强化作用的历史区域和城市水系，而其名称"中轴线"，本义是一种非物质形态的虚轴，指城市平面布局设计的主轴，以此为城市规划的基准线和两翼对称的依据，

统领城市空间形态构成，组织城市空间序列，如梁思成所言："一根长达八公里，全世界最长，也是最伟大的南北中轴线穿过了全城。北京独有的壮美秩序就由这条中轴的建立而产生。前后起伏左右对称的体形或空间分配都是以这中轴为依据的。"① "北京中轴线"是围绕轴线形成的北京核心区域文化遗产，"当我们把北京中轴线当作一种城市景观来看待，而不再简单地把它当作一条由若干建筑、广场、街道构成的线性对象的时候，对这种景观所反映的文化内涵就具有了重要的意义。"② 依据"历史性城镇景观"涵盖人文与自然特征、有形与无形遗产、历时性与共时性建成环境以及土地使用模式和空间安排等城市规划方法的内涵特征，北京中轴线是一种较为典型的"历史性城镇景观"，对其历史文化价值的诠释可借鉴"景观传记"方法，更好地表述其动态变迁的文化特征。

20世纪90年代以来，欧美国家出现了以"景观传记"为主题的景观研究新方法，并逐渐被文化遗产保护领域重视。"景观传记"作为一个术语，最早由美国人文主义地理学家马文·赛明思（Marwyn Samuels）提出。在1979年由唐纳德·迈尼希（Donald Meinig）主编的《普通景观的阐释》一书中，收录了赛明思"景观传记：原因与归责"（The biography of landscape：Cause and Culpability）一文。赛明思认为，景观的历史首先是人类行为的结果，使用"传记"一词有类比的意味，主要指无数个人在景观塑造中的特殊作用，他们将景观塑造成一个有意义的、充满活力的重写本，如果不考虑那些几个世纪以来塑造景观之人的生活史，就无法正确理解景观。③

20世纪90年代中期，受伊果·科普托夫（Igor Kopytoff）和阿帕杜莱（Arjun Appadurai）等学者对物质文化时间维度的研究所启发，"景观传记"概念被荷兰考古学家引入历史景观研究领域。伊果·科普托夫在《物的文化传记：作为过程的商品化》一文中，提出了"物的文化传记"（cultural biography of things）的人类学概念，使用传记方法描述、记录物的生命史，把物视为一个被文化建构的实体，被赋予了特定的文化意义，尤其是物在隐喻意义上可被视为有自身的生命历程，其具体功能和意义在不同的阶段会发生变化。④ 1999年，

① 梁思成. 建筑文萃 [M]. 北京：生活·读书·新知三联书店，2006：35.
② 吕舟. 基于世界遗产价值体系的北京中轴线价值再认识 [J]. 北京规划建设，2012（6）：21-23.
③ MEINIG D W. The interpretation of ordinary landscapes：Geographical essays [M]. Oxford University Press, USA, 1979：51-88.
④ ARJUN APPADURAI（Ed.）. The social life of things：Commodities in cultural perspective [M]. Cambridge University Press, 1988：65-68.

荷兰教育、文化与科学部及住房、城市规划和环境部等部门共同出台了《贝尔维德尔备忘录》(The Belvedere Memorandum),这是阐述文化史与空间规划之间关系的政策性文件。该备忘录最重要的目标是确保历史景观的文化历史价值对空间规划有更大影响,强调文化历史认同被视为荷兰未来空间设计的决定性因素,以防止历史景观在变迁中丧失多样性和基本特征。① 《贝尔维德尔备忘录》促进了荷兰景观文化史与空间规划的融合研究。2000 年,荷兰科学研究组织(NOW)的大型研究项目"荷兰考古历史景观的保护和发展"将景观传记作为研究工作的核心概念。

荷兰学者使用的"景观传记"概念,其含义摆脱了人文主义地理学的语境,发展成为替代历史文化传统评估方法的一种遗产价值评估和选择工具,主要用于研究物质文化景观的变迁史。"传记"一词含有隐喻的意味,以此描述一种特定的综合性文化景观的起源和变迁历程。乔克斯·詹森(Joks Janssen)等学者认为,"景观传记"有助于揭示历史景观物质价值和非物质价值之间复杂的相互作用。传记不仅记录历史数据和历史事件,还体现了时间的连贯性,它需要遗产管理和相关学科之间、学术知识和非学术知识来源之间的跨际合作。它也可以作为一种有用的社区规划工具,阐释文化景观的历史层累,激发当地居民积极参与建构与历史景观相关的生活史。② 海琳·范·隆登(Heleen van Londen)认为,景观传记的主要目标是保护历史景观,梳理区域历史特征,供遗产管理决策者在景观规划中使用,以重塑区域特征。景观传记作为跨学科研究框架使用的中心概念之一,有望成为一种遗产管理工具,使考古学、历史学、地理学和历史建筑的数据资料被整合为景观的历史。③ 尼科·罗曼斯(Nico Roymans)等学者认为,荷兰景观传记研究作为一种新的历史研究策略,主要目标是探索从史前到现代景观转变的历史维度,将每一个时间节点的景观视为精神和价值观、制度和政府变革、社会和经济发展以及生态动力学之间长期而复杂的相互作用之结果;强调景观具有层累感,景观转变涉及对过去的重新排序、再利用

① FEDDES F. The Belvedere Memorandum:A policy document examining the relationship between cultural history and spatial planning [M]. Ministry of education, culture and science, 1999.

② JANSSEN J, LUITEN E, RENES H, ET AL. Heritage as sector, factor and vector:conceptualizing the shifting relationship between heritage management and spatial planning [J]. European Planning Studies, 2017, 25 (9):1664.

③ VAN DER KNAAP W, VAN DER VALK A. Multiple Landscape:Merging Past and Present [M]. NWO/WUR-Land Use Planning Group/ISOMUL, 2006:171-181.

和再现，因而景观变迁具有非线性特征。① 简·科伦（Jan Kolen）等学者认为，从学术角度来看，景观传记是景观研究中不断增长的还原主义（reductionism）的一种反映，也是客观主义与建构主义景观方法日益分化的反映。从社会角度来看，景观传记旨在更好地将历史景观研究与城市规划、景观设计以及公众参与地方和区域发展结合起来。② 简·科伦还具体分析了20世纪90年代以来荷兰学界三种景观传记研究视角：第一种是地理学研究线（geographical line），旨在整合文化地理学、人类学和景观考古学的相关思想与方法，对历史景观和区域空间形态从古至今的变迁进行跨学科研究；第二种是民族学研究线（ethnological line），旨在整合民族志、文化史、人类学和博物馆学的相关研究与方法，主要针对特定的历史文化项目和博物馆项目；第三种视角是将景观遗产文化价值纳入空间规划中，旨在更好地将历史景观文化史的研究与城市规划、景观设计结合起来。③

　　总体上看，荷兰遗产管理中使用的景观传记概念与方法，不同于北美地理学和英国景观考古学偏重现象学路径的景观传记方法。荷兰景观传记研究，一方面重视从跨学科视角整合景观长期演变的文化历程，另一方面又注重探索如何将景观文化史纳入空间规划，使景观历史与景观建筑和空间规划有机结合成为可能，其在景观遗产管理与阐释方面的创新，主要表现在以下三方面：

　　第一，将景观传记视为一种"长时段"时间框架下的景观叙事。"长时段"（longue durée）概念由法国年鉴学派代表布罗代尔（Fernand Braudel）提出，他将历史划分为短时段、中时段及长时段，并以此三种时间观来观察分析历史现象。"长时段"就是将整个历史过程从一个长期的、绵延数世纪的视角来考察，注重研究历史变迁中持续性和不变性的因素、条件与结构。荷兰景观传记法研究的是特定历史景观的"长时段"生命历程，且不把时间周期视为封闭的时间框架，关注景观从过去到现在的连续性、中断和快速变化。例如，由阿姆斯特丹自由大学主持的"沙地景观传记：荷兰南部的文化史、遗产管理和空间规划"项目，基于"景观传记"这一历史研究策略，诠释了该地区从青铜器时代一直

① ROYMANS N, GERRITSEN F, VAN DER HEIJDEN C, ET AL. Landscape biography as research strategy：The case of the South Netherlands project [J]. Landscape research, 2009, 34（3）：338-340.

② HERMANS R, KOLEN J, RENES H. Landscape Biographies [M]. Amsterdam University Press, 2014：21.

③ VAN DER KNAAP W, VAN DER VALK A. Multiple Landscape；Merging Past and Present [M]. NWO/WUR-Land Use Planning Group/ISOMUL, 2006：125-147.

到现当代的"长时段"文化史。①

荷兰景观传记法不仅采用了"长时段"时间视角，而且还将景观传记视为跨学科的多重叙事，它对景观的认识，不仅是对物理现象的观察，而且还是一种精神建构，注重景观与人的生活史之间的关系，并吸收从人类学和史学传统中发展出来的叙事方法。如从叙事材料的来源和运用上看，收集了基于科学的专业知识和非正式及本土知识的一整套历史叙事素材，既有来自考古专家的考古材料和历史学家的档案文献，又注重个人记忆、宗谱联系与地方知识在建构景观叙事中的独特作用，它们往往有助于展现景观与人的生活史之间的关系，可以还原历史景观的真实细节，可以呈现景观价值的丰富内涵。在 2000 年至 2010 年十年间，荷兰几个跨学科研究小组结合考古、历史地理、语言和人类学方法，在荷兰几个地区编写区域景观传记时特别重视科学知识和地方知识之间的互动，"地方知识包括历史事实、历史故事（轶事、传说、民间故事）、图像和与特定个人或群体相关的涵义。这也反映在景观传记中，它不仅揭示了专家们连续的传记时间轴，也揭示了居民以场所为导向的、独特的个人叙事及其意义。"②

第二，景观传记方法旨在揭示历史景观的"层累性"特征，或者说它是一种对景观的层累叙事。尼科·罗伊曼斯（Nico Roymans）等学者认为，景观传记旨在建立对过去和现在景观的历史层累性理解，这种层累性是人类活动痕迹不断增加和消除的结果。③"层累性"（layeredness）概念形象表征了历史文化景观的过程属性，是景观动态演变及层叠累积的结果，揭示了历史景观如同重复刻写的"重写本"（palimpsest），层叠了无数代人类"作者"的多层次印记，恰如唐纳德·迈尼希所说："任何历史观都清楚地暗示这样一种信念，即过去具有根本性的意义，而其中有一方面是如此普遍以至容易被忽视：即必须生活在以前创造的事物中这一有力事实。每一处景观都是一种累积。"④"层累性"概念

---

① KOLEN J C A, ROYMANS N, GERRITSEN F A, ET AL. The biography of a sandy landscape. Cultural history, heritage management and spatial planning in the Southern Netherlands and neighbouring regions [M] //Protection and Development of the Dutch Archaeological-historical Landscape and its European Dimension. Amsterdam University Press, 2010: 337-359.

② PALANG H, SPEK T, STENSEKE M. Digging in the past: New conceptual models in landscape history and their relevance in peri-urban landscapes [J]. Landscape and urban planning, 2011, 100 (4): 344-346.

③ BLOEMERS J H F. The cultural landscape & heritage paradox: protection and development of the Dutch archaeological-historical landscape and its European dimension [M]. Amsterdam University Press, 2010: 389.

④ MEINIG D W. The interpretation of ordinary landscapes: Geographical essays [M]. Oxford University Press, USA, 1979: 44.

所体现的"时间性"既具有历时性维度，又具有共时性维度。在任何时候，景观的早期变迁都可以通过其对当代景观环境的持续影响，以及在这一进程中产生的物质和结构的"复写本"来解读。① 景观传记的核心理念是强调景观是一种连续的现象，每一代人都在景观中加入了自己的元素，景观传记试图要将来自不同时间段或不同时期的有形和无形的景观元素整合在一起，不仅将层次丰富的历史景观拼贴并展现给世人，同时作为社会文化意义的物化表现，也将多元文化价值呈现出来。

第三，通过景观传记策略强化历史知识、景观文化史和空间规划之间的关系，探索其在遗产管理、景观设计和空间规划方面的可能应用。景观传记方法的跨学科优势，有利于鼓励遗产保护与设计实践之间建立更紧密的联系，可以作为遗产管理和空间规划实践的起点和指导原则，其"研究成果是空间政策和空间设计的灵感来源，或是一种引导意象（Leitbild）。"② 《贝尔维德尔备忘录》出台后，荷兰景观传记研究的突出特征就是重视传记研究在文化遗产管理、空间规划和文化旅游等方面的应用价值，核心策略是空间规划过程尽早地让遗产专家参与进来，为建筑师、规划师及管理者提供可理解和可操作性的历史文化信息，促进空间发展对文化和历史价值的尊重。例如，荷兰乌得勒支省宾尼克市的一项城市历史景观保护项目，开发了一种名为"景观传记集合"（landscape biographical ensembles）的方法，强调通过多学科的文化历史元素和模式的组合，完整呈现景观的文化历史信息，便于空间设计者和决策者将其有效运用于空间规划之中。③

（二）景观传记对北京中轴线申遗保护的借鉴价值

"景观传记"提供了一种富有成效的遗产保护视角，它重视景观遗产的动态变化，叙事史料的多元采集以及文化历史和价值特征的跨学科梳理，这种以传记路径阐释景观文化史及其在遗产管理与空间规划中的应用价值，是遗产保护研究视野和方法上的有益尝试，对北京中轴线申遗保护与文化阐释有重要借鉴价值。

---

① ROYMANS N, GERRITSEN F, VAN DER HEIJDEN C, ET AL. Landscape biography as research strategy: The case of the South Netherlands project [J]. Landscape research, 2009, 34 (3): 356.

② VAN DER KNAAP W, VAN DER VALK A. Multiple Landscape: Merging Past and Present [M]. NWO/WUR-Land Use Planning Group/ISOMUL, 2006: 29.

③ VAN DER KNAAP W, VAN DER VALK A. Multiple Landscape: Merging Past and Present [M]. NWO/WUR-Land Use Planning Group/ISOMUL, 2006: 213-225.

1. 运用景观传记构建北京中轴线景观历史叙事

"景观传记"这一方法的首要任务是收集、梳理和整合来自专业知识和非专业知识的一整套景观历史叙事。传记视角下的景观叙事融合了两维度,一个是历时性维度,即景观变迁的时间顺序或者说它在时间中的进化过程;另一个是共时性维度,即同一历史阶段内景观各要素之间的关系,景观通过其表意元素和句法组织所呈现的空间叙事结构。跨越历史长河、统领北京城市空间的中轴线景观,无论从其历史变迁中的时间顺序看,还是从其空间元素的排列顺序看,总体上都是一种线性叙事,景观传记的方法有助于从历时性和共时性维度为中轴线提供更加完整的历史图景。

首先,构建北京中轴线景观历史叙事应当基于"长时段"的时间框架,以传记方式阐释中轴线之前世今生。

从北京中轴线自身变迁历程审视,学界一般认为,现在北京中轴线的位置自元代开始营建大都时确定,经由明代拓展外城后基本格局定型,清代延续和局部完善,民国时期至新中国建立以来逐渐突破其封闭状态,同时对北京中轴线进行了继承与改造。作为一种动态变迁的历史景观,尽管在传统与现代之间存在种种变异,但就其整体格局和文化意义而言,中轴线保持了历时而不衰的连续性和稳定性。基于申遗文本对北京中轴线的价值表述,具体应阐释13世纪到21世纪初中轴线文化史,重点梳理历史变迁中持续性和稳定性的文化特质。

"长时段"历史框架下的中轴线景观传记还需要从中国传统都城中轴线的形成与变迁,考察北京中轴线文化史。清末民初学者乐嘉藻指出:"中国建筑在世界上的特殊之处,即为中干之严立与左右之对称也",此种空间格局不仅运用于宫室,"周公经营洛邑,规划全局,亦以此式为主干。"① 乐嘉藻所论"中枢严立、左右相称"之式,大体相当于中轴格局,在他看来这是自周代就确立的中国建筑和城市规划的特殊精神。许宏将整个中国古代都城史依城郭形态不同划分为两个大的阶段,即实用性城郭阶段和礼仪性城郭阶段。从曹魏邺城开始到明清北京城为代表,是带有贯穿全城大中轴线的礼仪性城郭时代。② 刘庆柱指出:"从新中国70年来的考古发现与研究来看,夏商周三代都城,至秦汉、魏晋南北朝、隋唐宋与辽金元明清都城,其选址、布局形制等规划理念一脉相承,并被视为国家统治者政治'合法性'的'指示物'与中华文明核心政治理念

---

① 乐嘉藻. 中国建筑史 [M]. 南昌:江西教育出版社,2018:132-134.
② 许宏. 解读中期中国—大都无城 中国古都的动态解读 [M]. 北京:生活·读书·新知三联书店,2016:15-18.

'中和'的'物化载体'。这在古代世界历史上是极为罕见的，它凸显了中华五千年不断裂文明的特点。"①

因此，理解和阐释北京中轴线的文化特征，不囿于从元大都开始，需从其浓缩周代以来中国都城规划的特殊精神，或者作为礼仪性城郭阶段中国古代都城最辉煌的结晶考察其突出价值，从其具有强大文化延续性的空间格局及其内蕴的营国思想提炼文化母题，作为中轴线景观历史文化价值的阐释依据。

其次，建构北京中轴线景观叙事，需要阐释中轴线空间叙事结构及其象征意义，梳理各空间节点要素在整体格局中承担的功能和表达的秩序关系。

虽然构成中轴线景观的单体建筑或建筑群本身具有独立的文化价值，但当这些建筑依照主轴对称的空间序列而相互连接起来时，这种由轴线引道的线性空间排列将单体建筑、群体建筑、城市景观串于一体，各个空间节点作为叙事元素相互衬托，构成极具节奏感的空间序列，为结构化的人类活动定义了连续的礼制性仪式空间，成为一种流动的城市空间文化叙事，其整体生成的文化价值和象征意义是强有力的，展现的不仅仅是建筑或建筑群本身的价值，更重要的是体现了中国古代城市文明在城市规划、城市设计方面不同于西方城市文明的独特价值和杰出成就。对此，梁思成在《北京——都市计划中的无比杰作》一文中早有经典表述。

侯仁之在评述美国历史地理学家卫德礼（Paul Wheatley）论中国城市轴线与欧洲巴洛克式城市轴线不同时，肯定其观点并进一步分析了北京中轴线的独特性，即主导方向上必定是自北而南的南北向轴线，且轴线设计的主旨不是基于视觉引导，而是特殊的文化象征意义。② 朱剑飞从具体的空间策略视角对比了北京中轴线与欧洲文艺复兴时期城市轴线的不同，提出了北京中轴线空间叙事结构的四个特征，即如卷轴风景画般可卷拢、可展开；通过时间展开的空间序列构建了一个复杂的中心构造，既肯定帝王中心地位，又把中心展开（或不围绕单一中心来组织空间）；空间片段化形成数以千计的微小空间；微小空间通过轴线被组织起来获得一个更宏大且具有象征意义的布局，"北京在天地之间水平地展开，获得了一种宇宙的胸怀和品质。在最权威主义的政治权力的支持下，北京谦卑地展开一幅蓝图，它充满雄心、想象，具有内在和思想上的宏大

---

① 刘庆柱. 中华文明五千年不断裂特点的考古学阐释 [J]. 中国社会科学, 2019（12）：4-27, 15-16.
② 侯仁之. 北京城的生命印记 [M]. 生活·读书·新知三联书店, 2009：272-273.

辽阔。"①

最后，从中轴线景观传记的"作者"来看，首先需要突出考古学、历史学、地理学和城市规划学等领域专家的主体作用。"景观传记是一种叙事，在这种叙事中，考古和历史景观要素被专家们描述和评估。"② 跨学科专家的作用主要是建构确凿的中轴线历史演进档案，提炼和评估中轴线在信息层面的基础性文化价值，如科学价值、历史价值、艺术（审美）价值、精神价值、城市规划价值、时代价值，等等，在此基础上深入挖掘和论证中轴线的杰出性和普遍价值。

其次，中轴线景观传记应是由多种叙事主体共同构建起来的，不同的叙事是对中轴线文化景观多样性和复杂性的不同呈现。中轴线景观叙事除了专家的权威性历史叙事，还应注重非权威性民间叙事与地方知识的作用，将居民或其他非专业人员围绕中轴线景观的集体记忆作为传记的独特视角和辅助信息源，促进中轴线文化记忆及社会历史意义获得多元表述。美国学者柏右铭（Yomi Braester）基于城市景观与历史记忆视角探讨老舍先生创作的话剧《龙须沟》时提出，北京的都市规划景观需要鸟瞰才能欣赏到它的布局逻辑，坐落于中轴线上的万春亭和钟鼓楼提供了鸟瞰的观景点。龙须沟的龙须形也都只能在地图上，或者想象的鸟瞰视野中才能看到。体现宇宙秩序、被系统安排的空间无法以行人漫步街巷间描述见闻的方式来感知。老舍先生包括《龙须沟》在内的有关北京的创作，并没有对城市作大全景式的展现，而是对日常情境的具体描绘，强调要一街一巷地来描画城市。③

表1以北京东城区委宣传部与《北京晚报》主办的"我与中轴线"征文活动为例，列举了民间对中轴线文化根脉的"在地化"叙事，它们鲜活地呈现了与中轴线景观相关的生活史片段。

① 朱剑飞，诸葛净译. 中国空间策略 帝都北京1420—1911 [M]. 北京：生活·读书·新知三联书店，2017：341.
② VAN DER KNAAP W, VAN DER VALK A. Multiple Landscape；Merging Past and Present [M]. NWO/WUR-Land Use Planning Group/ISOMUL, 2006；177.
③ 陈平原，王德威编. 北京都市想像与文化记忆 [M]. 北京：北京大学出版社，2005：418.

表1　北京中轴线景观民间叙事举隅

类型	样例
与民俗和日常生活相关的景观元素	我的长卷上更不可或缺的，是永定门外逶迤而来的骆驼队，是老天桥形形色色的"八大怪"，是地安门内大街热热闹闹娶亲的队伍，是鼓楼后平民市场上百味飘香的餐饮摊群……（方砚）
与个人记忆相关的景观元素	暑热难熬，每天放学后，我和几个要好的同学就去地安门的门洞儿里乘凉，穿堂风一吹，热意顿消……后门桥也是我儿时最喜欢去的地方，它东边有东不压桥，西边就是什刹海、水德真君庙。旁边有"大葫芦"宝瑞兴油盐酱菜店。小时候母亲总要我到这儿来买东西。（王作楫）
与经历、事件相关的景观元素	北平刚刚解放，就听说（1949年）2月3日要在中轴线南端举行解放军的入城仪式……我来到前门大街的时候，那里已经是人山人海，热闹非常，马路中间沿着"铛铛车"轨，空出一条大通道来，两边都是欢迎的群众……原来在城外集结的解放军队伍都是先绕到永定门外，通过永定门、天桥、珠市口，再开进前门大街的箭楼下接受检阅，最后到达城里的各个市区。（梁秉堃）

来源：《我与中轴线》编委会：《我与中轴线》，北京：北京出版社，2012年，第30页，第23-24页，第94页

2. 运用景观传记法揭示中轴线景观演变的历史层累

黑格尔曾说，过去的传统"并不是一尊不动的石像，而是生命洋溢的，有如一道洪流，离开它的源头愈远，它就膨胀得愈大。"[1] 承载北京历史文化传统的中轴线亦如此。北京中轴线是不同历史时期生命印记"层叠"的产物，随着时代变迁和社会转型，"北京中轴线的空间结构、标志节点、使用功能和文化内涵不断发生着变化，这是其文化空间不断重构的过程。"[2] 中轴线的文化价值是其历史阶段"层累"而成的，每个阶段都承载特定的历史意义，当这些历史意义整合后，就构成并体现了中轴线完整的文化价值。整体保护中轴线，需要展现北京中轴线变迁过程中每个典型片段及其叠加的各个时期的时代特征，保护不同时期的历史痕迹和风貌特色，体现对不同历史时期城市文化多样性的尊重。通过景观传记方式，有助于详细梳理中轴线的变化和发展轨迹，将中轴线空间动态演变的历史层累逐一辨识、阐释和展示。

中轴线景观的"层累"首先有一个出发点问题，即在"层累"之前，总要

---

① （德）黑格尔. 哲学史讲演录第1卷 [M]. 北京：商务印书馆，1959：8.

② 张宝秀，张妙弟，李欣雅. 北京中轴线的文化空间格局及其重构 [J]. 北京联合大学学报（人文社会科学版），2015，13（2）：22.

在已有的空间结构、建筑实体和文化特征等文脉下或延续传统，或撤除增添，或变形膨胀，或生成新的象征意义，但都须是在已有文脉基础上的"层累"。基于"层累性"审视和阐释北京中轴线文化史，可以发现传统南北中轴线从形成之初其基本轮廓就从未被"打断"，这在世界上是罕见的，如王世仁所说，"世界上各大古都几乎都经历过几次更新，但保持在一条中轴线上的更新却只有中国的北京。"① 同时，中轴线空间节点上的主要建筑遗产，如天坛、故宫、太庙、钟楼、鼓楼，从明清一直延续到今天，成为体现北京古都风貌的重要标识。然而，辨识中轴线的整体价值，不能忽视中轴线历史环境的当代蜕变：有些重要空间节点的物质实体没有得到保存，如地安门已名存实亡；有些地段的物质实体已被新的建筑替代，如中华门（参考图7）；有些地段的物质实体被撤除后又复建，如永定门城楼；有些空间节点是当时没有后来新增的，如人民英雄纪念碑；有些地段空间格局被全面改造并赋予新的意义，如正阳门至天安门段。景观传记的一个重要作用就是通过考古调查资料和史料文献，全面描述北京中轴线景观的历史沿革和发展演变历程，以特殊的"传记"形式建立中轴线景观档案库，重现和确认已经消失或业已改造的空间节点的真实性和完整性。对于中轴线已经消失或变化的空间节点及建筑遗产，如果没有相关的传记叙事，其历史背景会被逐渐遗忘，保留下来的遗址或改复建的空间节点也会失去真正的文化价值。同时，景观传记要求以"全景视域"总结中轴线的历史内涵和文化价值，不能只挑选某一历史层累考察，如仅以明代北京中轴线的形制和建筑来论其文化意义，忽略中轴线文化价值的当代发展。因此，通过传记式叙事，有助于将中轴线文化价值视为一个动态演变、持续发展的"故事"，借用奈杰尔·沃尔特（Nigel Walter）论及叙事对历史建筑保护意义时的观点，即"让我们不禁想知道，这个'故事'接下来会走向何方。叙事使我们参与并唤醒我们的需要，甚至是责任，让我们把'故事'向前推进。"②

---

① 王世仁. 文化遗产保护知行录 [M]. 北京：中国建筑工业出版社，2015：175.

② WALTER N. From values to narrative：a new foundation for the conservation of historic buildings [J]. International Journal of Heritage Studies，2014，20（6）：645.

图7　1912年时的中华门（明朝时称大明门，清朝时称大清门，1952年拆除）

3. 运用景观传记策略强化中轴线文化史与空间规划关系

荷兰景观传记方法的一个突出特征是重视传记研究在文化遗产管理、空间规划方面的应用价值，并探索了一些行之有效的策略。北京中轴线申遗保护工作作为一项系统工程，既需要跨学科学者全面梳理中轴线文化变迁史，挖掘与提炼中轴线的历史文化特征，又需要通过编制和实施中轴线申遗保护规划，从空间整治、风貌设计与管理层面彰显中轴线的突出文化价值。总体上看，目前对北京中轴线景观的历史文化研究，较为薄弱的环节是历史文化研究成果不能有效转化为可行的规划和设计策略。有学者谈到北京中轴线沿线街道风貌管控城市设计导则编制时指出："常规路线的城市设计导则与历史街道或城市历史景观的保护更新存在匹配问题，没有历史研究的支撑，基本的历史风貌保护和'层积'展示都较为困难。"① 这从一个侧面反映了中轴线历史研究与空间规划与设计之间的脱节问题。实际上，从不同视角研究北京中轴线文化史的成果并不少，对中轴线的历史属性和文化特征亦有多层次分析，但考古学者、历史学者和文化学者的研究成果转化为具有可操作性信息资源的情况却不多。

在确保文化历史价值对历史景观空间规划有更大的影响方面，荷兰的景观传记策略为北京中轴线申遗保护提供了启示，尤其是可借鉴"景观传记集合"方法，为恢复北京中轴线历史景观空间完整性提供有针对性、便于实施的历史文化信息资源。荷兰学者认为，遗产保护实践中，历史文化研究与空间规划与

---

① 庞书经，吴璠，赵幸，夏梦晨．"层积"的揭示：北京中轴线沿线街道风貌管控城市设计导则编制思路［J］．北京规划建设，2019（01）：44-50，46．

设计之间脱节，历史文化要素难以融入空间规划，一个重要原因是文化历史学者与规划师、设计师之间的沟通差距，"景观传记可以作为一种有用的工具，在规划的动态背景下揭示景观的历史层累，并以传记图集（atlases）的形式将其以一种吸引人的方式提供给城市设计师。"① 前面所述荷兰乌得勒支省宾尼克市城市历史景观保护项目开发的"景观传记集合"方法是一种较为成功的探索（参考图 8）。该方法有四个步骤，第一步是对景观文化历史特征价值进行识别和评估，以及对文化历史和空间规划的相关政策分析；第二步是文化—历史的整合，形成"景观传记集合"；第三步是为了与空间规划实践相衔接，将规划区域划分为体现各自文化历史特征的子区域；第四步是为每个子区域制定有针对性的规划与政策建议。其中，景观传记集合与文化历史子区域的界定是关键环节。景观的文化——历史信息主要由考古、历史地理和建筑历史研究清单三部分组成，清单信息涵盖任何可用的文献、档案和旧地图信息。考古、历史地理和建筑历史的研究成果列入文化历史元素目录，并辅之以地理信息系统的特征图（characteristics maps）和价值图（values maps）进行描述，特征图主要提供有关清单中对象性质的信息，价值图则深入阐释其文化价值特征。在整合三个学科研究信息并将其清单化的基础上，形成"景观传记集合"，旨在清晰地描述规划区域文化历史发展及其特征的代表性和整体性形象。在此基础上，精准划定文化历史子区域，并通过"景观传记集合"提供每个子区域文化历史特征的结构化概述。② 历史景观的保护，本质上就是对保护对象文化价值特征的识别、保存、培育和强化。对北京中轴线申遗保护而言，应进一步整合中轴线考古、历史地理和建筑历史研究信息，形成"景观传记集合"，完整地呈现中轴线景观的文化历史信息、空间结构分类、文化遗产原始的和后继的基本特征，便于决策者和规划设计者将其运用于空间规划、风貌设计导则的编制与实施过程之中，使中轴线空间整治与建筑遗产管理能够更精准地体现其历史文化价值，最大程度上保护、还原中轴线文化遗产的真实性，强化其独特的文化价值特征。

---

① JANSSEN J, LUITEN E, RENES H, ET AL. Heritage as sector, factor and vector：conceptualizing the shifting relationship between heritage management and spatial planning［J］. European Planning Studies, 2017, 25（9）：1664.

② VAN DER KNAAP W, VAN DER VALK A. Multiple Landscape：Merging Past and Present ［M］. NWO/WUR-Land Use Planning Group/ISOMUL, 2006：213-225.

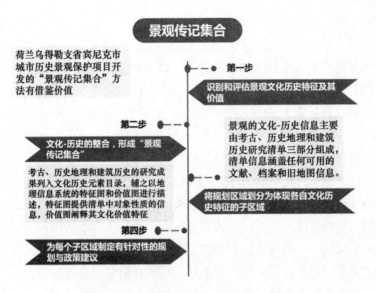

图8　荷兰"景观传记集合"方法示意图

来源：作者绘

三、结语：为中轴线"立传"

北京中轴线作为中国古代都城"中和"理想模式的活化石，承载着源远流长的东方城市文明，其伟大价值凝聚在它延绵不绝并不断发展的历史之中。推进中轴线申遗保护，需要以中轴线的历史文化价值为核心，突显其独特壮美的空间秩序，强化其风貌特色的真实性和完整性。实现这一目标的基础条件，离不开对中轴线历史文化价值的系统研究，离不开对中轴线杰出性和普遍性价值的充分论证，尤其是需要通过跨学科的合作，融合考古学、历史学、地理学、城市规划和建筑学等不同学科的研究成果，并重视整理利用地方知识和民间叙事，梳理中轴线历史景观文化史，讲述一个更完整、更丰富的中轴线故事。

历史性城镇景观和景观传记研究策略，是历史景观动态变迁背景下寻求遗产保护理论创新与发展的新思考。为中轴线"立传"，即整合跨学科力量建构"北京中轴线景观传记：中轴线文化史、遗产管理和空间规划"框架，以"传记"方式阐释中轴线历史景观的变化历程，既有助于从多重历史叙事的视角清晰而完整地呈现中轴线景观的空间文化变迁，揭示其历史文化层累及其意义，又有助于强化中轴线文化史与空间规划、风貌整治、文物管理的勾连，使中轴线深厚的文化意义在新的承载空间能够获得合理传承与延续。

参考文献

［1］侯仁之. 北京城的生命印记［M］. 北京：生活. 读书. 新知三联书店，2009.

［2］梁思成. 建筑文萃［M］. 北京：生活·读书·新知三联书店，2006.

［3］乐嘉藻. 中国建筑史［M］. 南昌：江西教育出版社，2018.

［4］许宏. 解读中期中国—大都无城 中国古都的动态解读［M］. 北京：生活·读书·新知三联书店，2016.

［5］朱剑飞，诸葛净译. 中国空间策略 帝都北京 1420—1911［M］. 北京：生活·读书·新知三联书店，2017.

［6］陈平原，王德威. 北京 都市想像与文化记忆［M］. 北京：北京大学出版社，2005.05.418.

［7］王世仁. 文化遗产保护知行录［M］. 北京：中国建筑工业出版社，2015.01

［8］MEINIG D W. The interpretation of ordinary landscapes：Geographical essays［M］. Oxford University Press, USA, 1979.

［9］ARJUN APPADURAI (Ed.). The social life of things：Commodities in cultural perspective［M］. Cambridge University Press, 1988. 65-68.

［10］HERMANS R, KOLEN J, RENES H. Landscape Biographies［M］. Amsterdam University Press, 2014.

［11］VAN DER KNAAP W, VAN DER VALK A. Multiple Landscape；Merging Past and Present［M］. NWO/WUR-Land Use Planning Group/ISOMUL, 2006.

［12］BLOEMERS J H F. The cultural landscape & heritage paradox：protection and development of the Dutch archaeological-historical landscape and its European dimension［M］. Amsterdam University Press, 2010.

作者简介：秦红岭，北京建筑大学文化发展研究院/人文学院院长，教授。主要研究方向建筑伦理与城市文化，著有《建筑伦理学》《城市规划：一种伦理学批判》《城迹：北京建筑遗产保护新视角》等八部；译著《城市伦理：当代城市设计》等两部；主编《建筑伦理与城市文化》论丛。发表学术论文 130 余篇。

关于北京中轴线建筑文化价值打开
路径的若干思考

戴时焱

摘要： 北京中轴线上的建筑是城市格局的基本构成，是都市生活的重要载体，是首都文化乃至中华传统文化的形象化标志，具有自身的演变逻辑和独特的发展轨道，具有"首都"建筑与"中轴线"建筑叠加的特殊功能。立足中轴线建筑文化价值构成的丰富、表现形态的多样，着眼中轴线建筑文化价值的生成性、功能性与展示性，坚持纵横交错、虚实结合、供需对接，以中观视角建构中轴线建筑文化价值体系，以功能分析深化中轴线建筑文化价值研究，以跨界意识拓展中轴线建筑文化价值应用空间，注重"说什么"的同时更讲究"怎么说"，更加系统、更加精彩地呈现这条举世无双的中轴线。

北京城市中轴线上的建筑，是城市格局的基本构成，是都市生活的重要载体，是中华传统文化特别是首都文化的形象化标志。① 北京城市中轴线上的建筑处于稳定与多变的互动之中，具有自身的演变逻辑和独特的发展轨道。北京城市中轴线上的建筑，具有一般城市建筑的普遍功能，同时更具有"首都"建筑与"中轴线"建筑叠加的特殊功能。作为一种由悠久历史与深厚文化积淀而来、具有多重属性的有机整体，决定了中轴线建筑文化价值构成的丰富和表现形态的多样，也决定了打开路径的多维与跨界。

一、坚持纵横交错，以中观视角建构中轴线建筑文化价值体系

延续至今的中轴线整体布局，是北京城市骨架的核心特质。② 中轴线建筑文

---

① 北京古代建筑研究所. 当代北京古建筑保护史话 [M]. 北京：当代中国出版社，2014：2.

② 秦红岭. 城魅：北京提升城市文化软实力的人文路径 [M]. 武汉：华中科技大学出版社，2014：3.

化价值的时代背景、历史积淀与文化特色，时时处处挑战着来自不同时空的过客。"一切历史都是当代史"，对"这一个"的研究，永远具有当代人的优势与缺憾。

（一）以谱系理念整合中轴线建筑文化研究

要透彻研究一个问题，需要从不同视角切入，采取多种方法，对这个问题的本质特征、构成要素、整体价值和发展规律进行系统的梳理和全面的分析，即进行全方位、多角度的谱系研究。在中国的传统话语体系中，"谱系"的本意是指研究、记载家庭、氏族系统的书籍。后来"谱系"逐渐演化为一种具有特定内容和记述方式的研究方式。在当今地方文化研究日益由个案研究向定位整合发展、由现象研究走向学科构建①的趋势下，这种以大驭小、从整体把握个别、根据风格界定元素②、依据必然阐释偶然、立足今天"重建"历史的谱系研究理念和方式，有助于我们进一步深化对客观事物的科学认识。

根据研究侧重点的不同，"谱系"可以从两个维度来理解：第一个维度是关于"谱"的共时性研究，沿横向展开，即按照一定的分类标准，制定相对系统、逻辑合理、层次清晰、边界分明的框架结构，以保证在最大程度上覆盖要研究的全部对象。第二个维度是关于"系"的历时性研究，沿纵向展开，以描述事物的发展沿革，展示在一定的外部环境之下，特定对象演变的阶段性和自身的成长性。

王军指出，"元大都的规划设计为我们研究中国古代营造制度及其文化谱系，提供了一个重要的案例"。③元大都以来的北京中轴线，根源于"首都"的城市定位与中华传统"文化"特质的有机融合，其建筑文化价值是一个具有深厚历史底蕴和丰富文化内涵的巨大系统，包括多种元素、多个时间节点和多层意义。这个系统具有经济、文化、民族、社会等复杂的多元因果关系，从而成为一个独特的多维度研究领域。葛兆光多次强调，中国文化是复数的文化。④对中轴线建筑文化价值谱的研究，也应该是一个由多种理论工具和研究手段集合

---

① 刘开美.地方文化定位与地方学体系构建［C］.张妙弟主编，地方学语地方文化——理论建设与人才培养研讨会论文集，北京：知识产权出版社，2012：87.

② 吴莉萍、周尚意.地方：西方文化地理学对中国地方文化研究的启示［C］.张妙弟主编，地方学语地方文化——理论建设与人才培养研讨会论文集，北京：知识产权出版社，2012：110.

③ 王军.尧风舜雨：元大都规划思想与古代中国［M］.北京：生活·读书·新知三联书店，2022：7.

④ 葛兆光.什么才是"中国的"文化——在上海图书馆的演讲.转引自网文"明清书话".

而成、服务于多重目的、阐释多方面价值、体现多样性特征的"方法系统"。①

（二）以中观视角深化中轴线建筑文化价值阐释

从当前实际出发，为了更好地研究、阐发中轴线建筑文化价值，有必要引进"中观"的研究理念和考察视角。② 这里所谓的"中观"，并不等同空间范围的大小，而是强调确立类别意识，在宏观与微观之间选择适当的理论框架，注重对被考察事物进行专题分析。在一项关于北京西城老城文化的课题中，研究者借鉴中观概念，将其析分为具有鲜明西城地域特征的皇家文化、坛庙文化、王府文化、园林文化、会馆文化、胡同文化、宗教文化、商业文化、金融文化、教育文化、戏曲文化、书肆文化、报业文化以及具有地标性意义的什刹海文化、天桥文化，以求阐明"在西城区域内部，各种文化类型和谐共处、多元并融，塑造了独特的文化景观"。③

地方志的体例结构，讲究"横排纵写"，也就是横分门类，纵述史实。④ 与此相类似，坚持整体理念、多维视角和专题意识，以时空条件和整体社会——文化价值的宏观分析为背景，以带有典型意义的中轴线建筑个案梳理为基础，

---

① 黑龙江商学院的郑昌江在《论中国菜系的区域性与超区域性——兼论菜系研究的方法》中指出，要把一个事物作为系统来研究，就必须满足构成系统的条件，主要包括构成系统的若干要素、要素之间的相互作用、系统整体的确定功能等。在进行具体研究时，应该注意该事物的整体性、组织性和功能性，选用具有可操作性的研究方法，如归纳法、演绎法、还原法、比较法等。李士靖. 中华食苑：第三集 [M]. 北京：中国社会科学出版社，1996：142.

② 任晓在《大师的工作坊》中，以"公用地悲剧"研究为例，介绍了 2009 年诺贝尔经济学奖得主埃莉诺·奥斯特罗姆与其丈夫文森特主持的"政治理论与政策分析工作坊"采用共同的路径和框架，把微观制度层次、中等范围的制度安排、宏观制度层次三个层面的研究连接起来，以深刻理解这些社会现象之间的相似性，针对稀缺共享资源的管理难题，探索更加合理的制度设计。见《读书》2014 年第 5 期，第 55 页。黄会林在关于《中国影视文化软实力研究》丛书的书评中，指出这套丛书包含宏观、中观、微观三个不同的层面，其中三册书的视域，从大到小，分别为"中国影视研究""中国电影读片报告""电视栏目创意"。见《人民日报》2014 年 6 月 10 日第 24 版。从 2013 年 4 月至 2014 年 10 月，北京市西城区以近九十家老字号企业（其中包含近六十家中华老字号企业）为对象，围绕拓展老字号研究新路径、"京商儒范"优良传统、老字号社会形象特征、老字号外溢价值、老字号品牌建设、老字号社会责任、老字号文化形态、医药类中华老字号与"大健康战略"、老字号企业与文化创意产业、健全老字号保护体系、增强党政领导干部对老字号的认知水平等带有共性的重点问题，开展老字号谱系研究，取得显著成果。戴时焱. 关于北京西城老字号谱系研究方法特征的考察. 2017，未刊稿.

③ 北京古都学会，北京市社会科学院历史研究所 [M]. 北京西城老城文化研究，2021：63，未刊稿.

④ 北京市地方志编纂委员会办公室市志指导处运子微编审. 资料长编的编纂，未刊稿.

以文化形态和价值功能分析为重点，按照一定的逻辑结构，对中轴线建筑文化进行分类、分层的专题性中观研究，既是中轴线建筑文化价值研究的主要内容，又是中轴线建筑文化价值研究的基本方法。具体而言，可以从"纵"与"横"两维度进行考察。

首先，从中轴线建筑文化价值的横断面把握演变规律。自元大都以来，北京城延续了八百年，中轴线建筑生长了八百年。在不同的历史时期，其构成要素有增有减，其主体功能有延续有转变，其表现形态更是多种多样。历史积淀、社会背景、时代主题、意识形态、异质文化、民风习俗、学术流派、个人风格等方面流变，都在不同程度上影响着对于某个阶段建筑文化价值的挖掘和阐发。而这些不同阶段的价值，最终从各种角度解说、充实、丰富中轴线建筑文化的整体价值。这就要求，对中轴线建筑文化价值的研究，应该注重认真梳理元大都以来，主要是明清时期的京师，包括民国北平不同阶段的历史特征，在区别之处中找到相似之点，在叠加之处找到演变脉络，在特殊性表征中找到普遍性规律，在历史基因中找到未来趋势。

其次，从中轴线建筑文化价值的纵剖面把握整体特征。总体而言，作为首都文化的基础载体，中轴线建筑文化以特色鲜明的物质文化为主，同时又具有丰富深厚的制度文化和精神文化内涵；中轴线建筑的构成要素，既是稳定的又是多变的，时刻处于"城与市""城与人"的多种要素互动之中；中轴线建筑文化的每一个具体内涵，既是丰富的又是生成的，时刻处于自身价值与外溢价值的互动之中，不断地延展和扩充着自己；由诸多构成要素决定的中轴线建筑文化的表现形态，更是呈现出多样而交织的状态。这就要求，对中轴线建筑文化价值的研究，不但要注重对物质要素即"硬件"的挖掘，更要注重对制度要素和精神要素即"软件"的挖掘；不但要注重对每一类元素自身价值的阐发，更要注重对各类元素价值之间关系的阐发；不但要注重建筑文化对外部事物的影响，而且更要注重外界因素对建筑文化的作用；不但要有自身的专业眼光，更要关注"他者"的另类视角。① "圈子"之外的一知半解，或许可以给专业人

---

① 乔治·斯坦纳在《荷马与学者们》（1962年）中指出："在文学和历史评论的三大经典谜团（指荷马、基督和莎士比亚）中，正是局外人做出了最杰出、意义最重大的发现"。许志强在《寻找荷马史诗》中提到，二十世纪荷马研究最可观的两大发现，分别是由擅长密码学的英国建筑师迈克尔·文特里斯（Michael Ventris）和美国青年学者米尔曼·佩里（Milman Parry）两位业余爱好者做出的。或许正是受这种现象启发，阿尔巴尼亚作家伊斯梅尔卡达莱在讽喻小说《H档案》（1990年）中，讲述了在纽约定居的两位爱尔兰人，漂洋过海到阿尔巴尼亚寻找荷马史诗踪迹的故事。书名中的"H"，是"荷马"（Homer）的英文首字母缩写。读书［J］. 2014（8）：28.

士带来意外启发。在一定意义上，我们只有走出"建筑"的"一亩三分地"，才能更全面、更准确、更透彻地认识"建筑"自身。

纵横交错，软硬对接，互动共生，旨在尽可能地完整地描绘出在时间与空间的交织中成长的北京中轴线建筑文化谱系。

（三）以跨学科方式提升中轴线建筑文化研究品质

学术研究的基本方法，按照从研究起点到研究终点的不同路径，大致可以分为从特殊到一般的归纳法与从一般到特殊的演绎法两大类。① 在中轴线建筑文化价值研究中，这两种认识和把握现实的不同方法，有着各自的适用对象和范围，发挥着彼此不可替代的重要作用。臧术美指出：采用历史学的"长时段"研究视角和方法，融合地理学、城市规划学、建筑学、政治学、经济学、哲学、文学等多种学科的研究方法，是当今欧洲人文社会科学发展的重要特点。② 在中轴线建筑文化价值研究上，同样需要注重这种综合式、跨学科的研究方式。

从谱系和中观的角度考察中轴线建筑文化价值研究，应该注重梳理基本情况，全面总结经验；深化专题研究，阐发深层价值；创新表现手法，多角度展示成果；集成相关资料，奠定后发优势。力求实现：注重理论创新，具有更多方面的学术价值；注重创新研究思路，加强顶层设计，具有较为广泛的应用价值；注重方法创新，具有较为突出的方法论价值。以此更好地服务于北京老城的保护与复兴，服务于促进中轴线整体申遗，服务于以文化底蕴提升北京发展品质。

二、坚持虚实结合，以功能分析深化中轴线建筑文化价值研究

由于现行教育和科研体制上的欠缺，一些领域人为导致了断裂的学术传统，往往自我设置藩篱。针对这种情况，注重自然科学、社会科学、人文科学三者基本理念和研究方式的有机融合，打破学术间、地域间、部门间、人员间的壁垒，从中轴线建筑的文化功能切入，推动硬件与软件相向而行，实者虚之、注重文化分析，虚者实之、加强实体考证，或许是一个恰当的选择。

北京的城市中轴线是一个"以历史遗存的皇家宫殿、皇家园林以及当代重要公共建筑及城市广场为核心，由一系列皇家坛庙、民居街坊、自然园林、历史街道、水利工程、防御工程以及重要的标志建筑和城市景观，遵循特定的布

---

① 辞海 [M]. 上海：上海辞书出版社，1990：1200，1109.

② 臧术美. 空间、城市与世博 [J]. 读书，2013（7）：92.

局原则组合而成的统一空间整体。"①（见图1）作为看得见、摸得着的线性历史文化遗产，中轴线的基本轮廓及其节点上的主要建筑，历经岁月风霜，凝聚了北京城市历史文化发展的精髓，呈现为形式多样、内涵丰富、功能各异的文化形态，其组成要素及指标因子的有机互动构成中轴线文化的谱系特征，充分体现出北京无可替代的城市文化标识价值。② 这些被公认为足以代表北京的典型具象符号，构成北京城市平面形态、特色肌理和传统风貌的基底，记载了北京人几百年以来的浓浓乡愁，展示出首都文化无穷无尽的魅力，体现了北京城大气、包容、高贵、典雅、内敛的首善气质，阐释出它承接古今、蕴涵中外、独步天下、示范四方的独特价值。北京中轴线的建筑格局及功能，从不同角度展示出这个城市的与众不同；其发展变化的阶段性特征，反映着隐含其中的客观规律，形象生动地描绘出古都历史文脉核心要素与文化精髓的典型特征。③

图1　1957年夏，纪念碑基座周边还在施工，中华门依旧，棋盘街的公共汽车总站已经盖好了整齐的候车棚

来源：刘阳：《北京中轴百年影像》，北京日报出版社，第216页

（一）理念鲜明、规制严谨的典型"营国"文化

城市设计是对城市体型和空间环境所做的整体构思和安排，贯穿于城市规

---

① 北京古代建筑研究所. 当代北京古建筑保护史话［M］. 北京：当代中国出版社，2014：189.

② 秦红岭. 城迹：北京建筑遗产保护新视角［M］. 武汉：华中科技大学出版社，2018：6.

③ 戴时焱. 从文化形态的多样看中轴线价值的丰富［N］. 北京西城报，2020-11-11（3）.

划的全过程。① 与中国早期的"居中观"与"南面观"相适应，在《周礼·考工记》中，对封建王朝的都城规划和建设做出明确的规定："匠人营国，方九里，旁三门。国中九经九纬，经涂九轨，左祖右社，面朝后市，市朝一夫"。作为"中国历代都城的最后结晶"，以元大都的规划和建设为起点，北京城严格遵循传统的"营国"理念，按照"天人合一，象天设都"的都城规划和建筑设计思想，承袭"天子"为普天之下唯一统帅的大一统思想，鲜明体现皇权至上的传统理念，② 被建筑大师梁思成誉为"都市计划的无比杰作"。北京城是建筑结构形象与政治制度、人伦规划的有机整体，具有"都"与"城"各种功能有机融合的鲜明特征，最终服务于这座城市的所有居民。

（二）统绪清晰、规制鲜明、层级严谨的皇家文化

皇家文化是中轴线上的核心文化，决定着整个京城文化的发展和演变。其载体，主要包含皇宫、皇室生活、皇家祭祀、皇家园林以及衙署设置等方面。作为世界上现存最完整的皇宫设施，紫禁城金碧流辉、宫院栉比，建筑空间序列主次分明，尊卑有别。③ 外朝三大殿太和殿、中和殿、保和殿是皇帝举行重大典礼、处理国家政务之处；历代帝王在午门和天安门颁布"圣旨"。三大殿北面的后寝三宫乾清宫、交泰殿、坤宁宫和东西两侧的诸多宫殿，是皇室主要成员的生活空间（见图2）。位于皇城之内的西苑三海，成为皇室生活的重要场所和辅助办公机构所在，体现出皇家园林高贵、大气、典雅、辉煌的鲜明特征。位于中轴线两侧的天坛、先农坛、太庙、社稷坛（包括地坛以及与中轴线形成轴对称的朝日坛和夕月坛）等，构成最高规格的皇家祭祀天地、日月、祖宗、社（土神）稷（谷神）、先农（神农）和籍田礼的场所，表达着人们对祖先和神灵的敬畏，也是封建时代"天子"宅中治天下的重要标志。④ 位于阜成门内的历代帝王庙，是封建王朝核心理念"中华统绪，不绝如线"的生动写照。午门颁朔、钟鼓楼报时与日晷计时，均在中轴线上，代表着皇帝向天下万众授时的最高权力。建于宫城之中的钟鼓楼（后称文武楼）和元大都时期建于中轴线北端的都城钟鼓楼，每天定时向世人宣示"国家时间"。紫禁城内外，分布着内阁、

① 秦红岭．城迹：北京建筑遗产保护新视角［M］．武汉：华中科技大学出版社，2018：117.
② 朱祖希．北京城：中国历代都城的最后结晶［M］．北京：北京联合出版公司，2018：258.
③ 秦红岭．城迹：北京建筑遗产保护新视角［M］．武汉：华中科技大学出版社，2018：29.
④ 北京市文史研究馆．古都北京中轴线［M］．北京：北京出版社，2017：29.

军机处、六部、三院等中央枢纽机构，体现出封建社会行政文化的时代色彩和
阶级特性。

图 2　民国时的故宫，美国怀特兄弟拍摄，20 世纪 20 年代

（三）伴水而居的都城水文化

元代和清代统治者的主体，都是发祥于北方大草原的游牧、渔猎民族，伴
水而居的生活习惯使他们对水有一种天然的亲近感。水是城市生活的命脉。元
大都以自然水体作为全城的核心区域，在金代大宁宫的基础上建设太液池（今
北海），围绕太液池形成皇城之内的宫苑区。为了保证皇家宫苑水源供应的清
洁、充足，专门设计开凿了一条供水渠道，直接引用玉泉山的泉水，从和义门
南侧水关入城，而后向东，大致沿着今柳荫街向南折，注入太液池。在紫禁城
周围开挖护城河（又名筒子河），兼有军事防卫、排水、蓄水等多种功能。明
初，开挖从玄武门西（今神武门）的涵洞，沿紫禁城内西侧南流，过武英殿、
太和门前、文渊阁前到东三门，再经銮仪卫之西，从紫禁城的东南角流出。又
在紫禁城内开挖了若干条排水干沟，院落中积水全部汇入内金水河流出。① 诸多
精到、科学的设计，在紫禁城中形成水在城中流、城因水而秀的景观，同时也
进一步彰显水文化在北京都城规划建设中的重要地位和独特作用。

---

① 朱祖希. 紫禁城、团城排水对建设生态城市的启示. 西城社会科学［J］. 2020：56.

（四）接地气的胡同—四合院文化

按照都城建设的规制，就其地位和作用而言，沟通东西和南北方向的通衢大道是城市的"动脉"，分布在大道两侧的数千条胡同是"毛细血管"，胡同中众多的四合院则是"细胞"。这些横平竖直、讲究规矩的胡同—四合院，与紫禁城里红墙黄瓦的宫殿建筑水乳交融，构成北京城市的肌理，规范着京城百姓的生活空间和心理空间，传达着京味十足的文化情调。① 广义而言，由宫城、皇城、内城、外城四层城郭嵌套而成的北京城，本身就是一座结构严谨、功能齐备、内涵丰富的超大规模四合院。皇帝从紫禁城发出的旨意，经过层层传导，最后成为京城内外所有成员的共同意志。世世代代生活在这些胡同和四合院中的平民百姓，用自己的知礼与明理、豪爽与内敛、开放与坚守，书写出历史悠久、内容丰富、影响深远的京味文化，捍卫着京城的基本生活方式与核心精神。

（五）诚信为本、传承有序的商业文化

中轴线及两侧的商业形态，主要包括传统商业街区、庙市经济、城门经济以及老字号；等等。北京城市商业街区的布局，展示出"中轴突出，两翼对称；城门热点，东南最著；集市庙市，相牵相连；公共空间，综合功能"的鲜明特点，② 从古至今、由近及远、自北向南，渐次展开，绵延至今，生动地体现出了历史演变规律与理论发展逻辑的一致性。位于元大都城北部的鼓楼街市，成为当时京城最热闹的商街，也是体现"前朝后市"规划理念最鲜明的区域。明代正阳门与大明门之间的"朝前市"，生动地反映出了北京城市生活的变化对商业布局的强大影响。以鲜鱼口和大栅栏为代表，前门大街形成明清以来著名的商业街区；劝业场成为展示近代实业发展成果的场所。在清末民初，位于中轴线南端的天桥地区与西侧的香厂路新市区，象征着步入现代的北京城市商业为市民提供新的服务。在更外侧，隆福寺和护国寺是在庙会基础上发展起来的京城庙市经济服务周边百姓的典型代表。花市大街由鲜花和绢花，逐渐演变成为京城手工业的集散地；琉璃厂街因京城书市迁徙、历代举子进京赶考和官修《四库全书》而成为中外闻名的文化街。东单—王府井与西单北大街是在近代城市化进程中发展起来的新型商业街区。在"北京四九城"的城门中，崇文门征税，朝阳门进粮，阜成门运煤，西直门送水，于是在这些城门附近形成了相对固定的交易场所。包括谦祥益、劝业场、瑞蚨祥、祥义号等老字号在内的大栅栏商业建筑

① 秦红岭.城默.北京名人故居的人文发现 [M].武汉：华中科技大学出版社，2012：27.

② 袁家方.京味儿商文化空间研究 [M].北京：文津出版社，2015：6.

被列入第六批全国重点文物保护单位，成为著名的北京城市地标。（见图3）

图3 1870年，在正阳门箭楼上向下拍摄的正阳桥及五牌楼，桥头转角楼及街面房屋整洁无颓损。照片左下角可见"八大祥"绸缎行之一的"谦祥益"

来源：刘阳：《北京中轴百年影像》，北京日报出版社，第129页

（六）催生"国剧"的戏剧曲艺文化

历代皇城之内，均设有宫廷音乐主管机构，宫廷音乐代表了中国古代社会音乐的最高端形态。① 元大都时期，作为京杭大运河漕运码头所在的鼓楼商街，同时也是戏曲集中的地区。适应各地行商、南北船民和大都市民的需要，关汉卿等人创作的元曲和元杂剧，曾经在海子沿岸和京城内外吟咏、传唱。位于西四的砖塔胡同，写进了著名的《张生煮海》。1790年以后，四大徽班陆续进京，大多落脚于前门外地区。② 在当时前门大街东西两侧鲜鱼口和大栅栏的胡同里，布满科班、戏园，"生旦净末丑"，行行出状元，从这里走出了无数的名伶名角。民国时期的"老天桥"，成为百戏聚集之地。孕育出以京剧为代表的北京戏剧、曲艺文化，持续提升京城的艺术品质。

（七）孕育京商儒范和士人精神的会馆文化

清末民初时期，北京城有六百八十四处会馆，主要分布于外城的中轴线东西两侧。在这些会馆里，来自天南海北的巨商大贾交流在京的经商牟利之道，汇聚京城的文人墨客切磋、修改《四库全书》的文稿，各地进京赶考的举子催

---

① 北京市文史研究馆. 古都北京中轴线［M］. 北京：北京出版社，2017：144.
② 北京市文史研究馆. 古都北京中轴线［M］. 北京：北京出版社，2017：157.

生戊戌变法，孙中山宣布五个政治团体合并为国民党，李大钊、陈独秀创办《每周评论》，鲁迅写出新文化运动中的第一篇白话文小说《狂人日记》，林海音回忆儿时的"城南旧事"……这些会馆因此被赋予了丰富的内涵，成为各地官吏、商人和举子进京谋取发展之路的落脚地，成为各种进步活动的大舞台，成为外地文化以至外国文化与京城文化有机对接的大熔炉，成为传统习俗与时代精神激烈碰撞的反应釜，成为中国从历史走向未来的加油站。

（八）依托"京城水乡"的都市休憩文化

明清以来，紧邻皇城的什刹海逐渐变身成京城开放式"湿地公园"。周边多名刹古寺、官私园林、名人故居；稻田广袤，荷芰飘香；乐曲轻慢，钟声悠长；既有皇城气派，又不失江南情趣；鼓楼斜街商家毗邻，荷花市场悄然兴起；"西湖春，秦淮夏，洞庭秋"① 汇于一体，春赏花，夏观灯，秋望山，冬嬉冰，什刹海成为京城市民游览休憩的不二之选。进入民国以后，天坛、先农坛、太庙、社稷坛、故宫、中南海、景山、北海陆续对市民开放，人们在曾经的皇家祭祀场所和秀美的园林里游乐、交往、敦谊、观荷、赏菊，登高望远，临水遐思。

（九）和睦相处的民族宗教文化

元明清三代，北京地区成为北方游牧与渔猎民族和中原农耕民族冲突而又融合的交汇点，也是中国统一多民族国家形成的重要基地（何瑜）。北京城里的居民来自天南海北，甚至海外人士也时有入住。明清时期，在中轴线的皇城范围内，分布着众多佛教和道教场所。紫禁城内的佛教活动场所，主要分布在内廷；在紫禁城外、皇城里面，遍布皇家寺庙，如普胜寺、普度寺、嵩祝寺、阐福寺、永安寺、西天梵境等，显示出它们的尊贵地位。② 相对于民间道观，大高玄殿等皇家道教设施表现出了更加恢宏的气势和更大的规模以及更高的政治礼遇。建于长安左门外、玉河桥东的堂子，是清朝皇室在元旦期间祭祀萨满教诸神和日常开展重要祭祀活动的场所。民间信仰活动，则集中反映为天桥地区民间祭神与民俗活动、什刹海地区皇家祭祀（敕建火德真君庙）与民间祭神活动的有机结合。在中轴线两侧的内城和外城，分布着东堂、西堂、南堂、北堂以及牛街清真寺等宗教祭祀场所。海纳百川而广，山积细壤而高。在以中华传统文化为主导的基础下，中轴线两侧各个民族、各种国籍、各种信仰的人们生活在同一座城市里，南北、中外、官民的各种生产方式、生活方式和节庆习俗互相补充，满足了各自对精神世界的追求。

① ［明］刘侗，于奕正. 帝京景物略［M］. 北京：北京古籍出版社，2001：19.
② 北京市文史研究馆. 古都北京中轴线［M］. 北京：北京出版社，2017：123.

（十）与时俱进、服务百姓的时尚文化

伴随着历史前进的步伐，北京中轴线及其两侧建筑的功能日见丰富，为京城的市民提供日益增多的物质和文化服务。1905 年，由任庆泰执导、谭鑫培主演，在北京丰泰照相馆拍摄了中国第一部戏剧电影《定军山》，并在大栅栏的大观楼首映，开启了中国电影事业的进程。二十世纪二十年代，北平市政府启动中轴线西侧的香厂路新市区项目，纳购物、游乐、餐饮、居住于一体。在城南游乐园和新世界游艺场，设置了许多模仿上海大世界的新式娱乐，为市民带来新的享受，也激发出了新的需求。在中轴线的南端，前门大街与天桥南大街交会处的街心公园里，立有两座复制的《正阳桥疏渠记方碑》和《乾隆御制碑》，记载着北京建设都城的历史。东面有天坛公园和北京自然博物馆，西面是先农坛、天桥剧场、天桥商场和天桥艺术中心。中轴线上的这些重要节点建筑，成为北京城与时俱进的鲜明地标。

（十一）筚路蓝缕、延续百年的红色文化

在中轴线及东西两侧，有开启中国历史新进程的北大红楼和五四广场，有在中国共产党创建中发挥关键作用的李大钊的故居，有多种红色文化活动隐身其中的陶然亭公园慈悲庵，有陈独秀发放《北京市民宣言》的新世界游艺场，有毛泽东组织开展"驱张"运动的北长街福佑寺，有见证众多重大革命事件的天安门广场，有被赋予强烈政治色彩、打上鲜明时代印记的"红墙"。1949 年，人民解放军从永定门进入北京城。10 月 1 日，毛泽东站在天安门城楼上，向世人宣告：中华人民共和国中央人民政府成立了。中南海成为人民共和国最高权力的中枢所在。"红色文化在北京"的深刻内涵，在中轴线上可以得到最好的诠释。

在中国传统文化中有著名的"横渠四句"：为天地立心，为生民立命，为往圣继绝学，为万世开太平。在陈胜前看来，其中引领天地万物的"心"就是文化意义，而文化的传承离不开承载之物。[①] 从文化形态的多样、主体功能的多元、考察视角的多维来观照中轴线建筑，会使我们对它的基本特征和整体价值有更加丰富的感受和更加深刻的理解，在文化认同中使自己的心灵有所归属，从而以更加自觉的认识、更加坚定的态度和更加科学的行为推动北京历史文脉的活态延续。

---

① 陈胜前. 考古学有什么用？［J］. 读书，2022；11.

三、坚持供需对接，以跨界意识拓展中轴线建筑文化价值应用空间

在北京市文史研究馆组织的"走近北京中轴线"系列讲座中，北京市文史研究馆馆员、北京联合大学原校长张妙弟和北京大学教授唐晓峰都曾经面对听众提出的同一个问题：中轴线申遗，有什么用？这个问题启发我们："城"与"人"都是文化的重要载体，中轴线不能仅仅停留在元代的"东方大城"，抑或是明清时期的"京师"，又或是民国年代的"北平"——它只有走进当代人的日常生活，作用于社会发展的方方面面，才能确保其内在的生成性和延续性，从而有效地避免"博物馆化"。陈胜前考察中国考古学的发展历程及其背景，指出"考古学的作用实际上决定了它的发展方向"，应该考虑它不同的"用处"问题。同样的道理，依据一定理论框架和学术规范提供的评价标准，采取适当的方式，通过"城"与"人"的互动，对现有的中轴线建筑进行科学赋值与有效解读，进一步挖掘和阐释其多重价值，激发这些优质历史文化资源的当代社会功能，使保护和提升中轴线建筑文化成为社会各界的共同诉求，让千年古都的文脉得以活态延续，更好地发挥它们在推动国际一流的和谐宜居之都建设中的独特作用。

（一）以有效供给满足真实需求

关于中轴线建筑文化价值的挖掘与阐发，政府、开发商、市民、媒体、学者关注的热点可能各有不同。作为关注建筑文化的研究者，应该聚焦不同用户的真实需求，找到相关各方均能接受的"最大公约数"，坚持以问题为导向确定自己的突破方向、研究重点、方法手段、实施路径；应该以"目中有人"确保"物中有人"，在"城与人""硬与软""历史与未来"的互动中升华建筑的价值；应该通过梳理脉络、归纳特点等阐发普遍性中的特殊性，通过理性思考、对比分析等验证特殊性之中的普遍性；应该采用理论构建、文献梳理、现场踏勘、数据统计、案例剖析、比较研究等方式，通过科学而生动的叙事方式，系统梳理和全面讲述北京建筑遗产的整体价值，推动北京老城保护与城市文化品质的提升有机对接。

（二）采用适合不同场景的"打开"方式

威廉姆斯指出，各种类型的历史著作，实际上是通过不同的形式消费历史。① 而在一定程度上，消费历史就是创造历史：既是历史场景的再现，更是理

---

① ［英］阿比盖尔·威廉姆斯. 何芊译. 以书会友：十八世纪的书籍社交 ［M］. 北京：北京大学出版社，2021：333.

想模式的重建。① 在做好宏大叙事和个案描述的同时，选择不同的逻辑结构，注重按类、分层"打开"中轴线建筑，对其进行多角度的研究和展示，是一个值得关注和思考的重要问题。概而言之，大致可以分为以下三类。

一是"功能派"，即按照文化形态的功能"打开"中轴线建筑。围绕中轴线及紧邻两侧地区的代表性建筑，以专题呈现文化形态的方式，推出营国建都文化、皇家文化、园林文化、都城水文化、胡同—四合院文化、商业文化、戏剧曲艺文化、会馆文化、岁时文化、祭祀文化、市民文化、时尚文化、红色文化等系列丛书或相关主题的抽印本，② 通过"要素"与"整体"的互动，全面阐释中轴线建筑的丰富文化内涵，以适应不同研究者或读者的需要。

二是"价值派"，即按照城市空间的整体价值"打开"中轴线建筑。有研究将城市建筑遗产的文化价值分解为历史价值、艺术/审美价值、社会价值、情感/精神价值和场所/文脉价值五大类。③ 总体而言，中轴线建筑体现统治阶级关于都城规划建设的基本理念，定义北京的礼制规范和政治风格，决定北京的城市格局，极大地影响着上至皇亲国戚、下至平民百姓的日常生活。据此，应该积极探索建立新的价值体系与判断标准，进一步加强对北京中轴线建筑整体价值的研究和阐发，重点包括具体价值和抽象价值、"真实"价值与"意义"价值、④ 历史价值和当代价值、建筑价值和艺术价值、营造价值与数术价值、文物价值和文化价值、自身价值和外溢价值、经济价值和民生价值、物质遗产价值与非物质遗产价值、原物价值与复建价值（如永定门城楼、天桥等）、中国本体价值与西方讲述价值；等等，以阐释其在各个方面的重要意义。

三是"艺术派"，即按照艺术方式"打开"中轴线建筑。认为应该加强文字与图像、历史与未来、内涵与表达、提高认识与降低门槛的互动，通过"大

---

① 严泉. 清末新政的制宪时刻［J］. 读书，2022（4）：32.
② "抽印本"是一种特殊的出版物，即从正式出版的某种书刊中，挑选某些部分单印成册。如 1997 年第六期《红岩》双月刊发表了一组关于张紫葛《心香泪洒祭吴宓》的争鸣文章，在该刊出版之前，先期印行了一批三十二开本的《关于〈心香泪洒祭吴宓〉的争鸣》，在封面及版权页上标明"红岩文学双月刊一九九七年第六期抽印本"。薛冰. 书事：近现代版本杂谈［M］. 天津：天津人民出版社，2020：254.
③ 秦红岭. 城迹：北京建筑遗产保护新视角［M］. 武汉：华中科技大学出版社，2018：122.
④ 秦红岭. 城迹：北京建筑遗产保护新视角［M］. 武汉：华中科技大学出版社，2018：24.

写意""工笔画"以及文创产品等不同艺术手段,① 全面展示北京中轴线建筑的无穷魅力。"大写意"注重宏大叙事,着眼于解决一些事关中轴线建筑整体的思路性、方法性、制度性问题;"工笔画"讲究精雕细琢,采取"个案剖析"的方法,对中轴线建筑经典项目的特定内涵、载体形式、表达手法、主要特点、整体价值等,进行深入的分析和具体的描述,为世人提供精彩绝伦的"这一个"。

（三）构建"中轴线建筑记忆"文献数据库

依据《北京城市总体规划（2016 年—2035 年）》《首都功能核心区控制性详细规划（街区层面）（2018 年—2035 年）》《北京历史文化名城保护条例》《北京中轴线文化遗产保护条例》等重要文件,参照公众科普读本《认识身边的历史建筑》,确定"中轴线建筑记忆"文献数据库收入文献的基本标准、结构框架、主体功能、检索方式等。大致可以包括：中轴线建筑文献的目录和索引;各种已有的中轴线建筑文献;重印中轴线建筑经典文献;新编中轴线建筑文献。

"中轴线建筑记忆"具有鲜明的地域特色和时代特点。一是全方位,即从时空结构来看,涵盖古今中外有关中轴线建筑的文献,包括公开出版物、内部资料和档案材料等;从编制主体来看,包括高校和科研机构、档案管理部门、公共图书馆、社会组织和相关个人;从文献类别来看,包括基础理论探索、历史脉络梳理、档案文献汇总、目录索引编制等重要方面。二是广视角,即从时间脉络来看,收有有史以来关于中轴线建筑的各种文献;从空间范围来看,收有有关中轴线建筑各项事务的文献;从内容涉及方面来看,收有广义的文化和社会领域的各种文献。三是多载体,即主要包括"纸上中轴线建筑",即纸质文字材料;"图上中轴线建筑",即有关地图、照片和手绘图等资料;"档案中轴线建筑",即有关中轴线建筑的档案材料;"网上中轴线建筑",制作数字化版的只读光盘,挂接首都图书馆"北京记忆"、北京政务网以及各种专业网站。四是强互动,即注意突出主体结构的相对固定与具体内容的适时更新相结合;努力做到方便检索与及时反馈相结合;不断优化智能算法推荐技术,增强个性化阅读体验,扩大"中轴线建筑记忆"的应用场景;积极打造多种平台,持续探索使用者适当参与"中轴线建筑记忆"建设的渠道。

根据具体文献表达主题与主体内容与中轴线建筑的相关程度,这些文献可

① 2022 年北京冬奥会期间,任冬洁以故宫、北海白塔、鼓楼等地标性建筑和冰床、踏鞠、化装溜冰等典型冰上活动为构图元素,设计了北京冬奥特许产品"老北京冰上时光"系列徽章,包括"水系地理布局"卷轴套装等,一上市即被抢够一空。夏波光. 迷恋冰趣老北京——徽章上的老北京冰上时光 [J]. 集邮, 2022.02：55, 03：61.

以分为以下三个级别：（1）A 级文献：全部内容直接反映中轴线建筑的文献，如《古都北京中轴线》《北京中轴线变迁研究》《北京中轴百年影像》《北京城中轴线古建筑实测图集》等；（2）B 级文献：部分内容（章节）集中反映中轴线建筑的文献，如《尧风舜雨：元大都规划思想与古代中国》等；（3）C 级文献：个别段落反映中轴线建筑的文献，如《北京城：中国历代都城的最后结晶》《城迹：北京建筑遗产保护新视角》《商街·拥簇繁华》等。根据相关程度对这些文献进行分类，以产生时间为序，将目录和实物登录入库。

为了便于查找和使用，应该注意设置多种适合不同类型读者特别是研究者需要的检索途径和进入方式，扩大已有成果的使用效能和社会影响，填补读书市场的空白。推动"中轴线建筑记忆"文献数字化建设，尝试通过二维码、大数据、云计算等途径，进一步拓展数据库和相关图书的内容，增加它们的外溢价值。

（四）从"讲述什么"走向"如何讲述"

2016 年，故宫博物院研究馆员、故宫研究院建筑与规划研究所所长王军受北京市城市规划设计院委托，为新一轮北京城市总体规划修编作"北京历史文化名城保护与文化价值"专题研究。中国社科院考古所研究员冯时在关于这项课题的研讨会上强调："北京城是有着深厚底蕴的文化结晶，阐释了这个问题也就说清楚了为什么要保护北京城""保护北京城，就是保护绵延几千年的中华文明！"王军依据这项专题研究出版的专著，书名的副标题将"价值"移到了前面——《建极绥猷：北京历史文化价值与名城保护》。① 由此可以看出，"价值"对"名城"的内在决定意义。

总体而言，应该注重"真实表述"与"意义阐释"的互动，从整体价值的高度认识和把握中轴线建筑保护工作；② 注重"实体设施"与"精神内涵"的互动，把中轴线建筑的整体价值作为城市文化精神的核心载体；③ 注重"理论框架"与"实践路径"的互动，遵循"整体保护"和"适宜性开发"两个基本原则，④ 推动中轴线重点建筑的保护复兴；注重"研究对象"与"述说方式"

---

① 王军. 建极绥猷：北京历史文化价值与名城保护［M］. 上海：同济大学出版社，2019：8.

② 严泉在《清末新政的制宪时刻》一文中指出：对于晚清制宪政治这个跨越政治与宪法的议题而言，历史学的细致叙事与政治宪法学的理论解读同样重要。《读书》［J］. 2022.4：32.

③ 有研究将北京古建筑的价值归结为历史价值、艺术价值和科学价值三大类；认为中轴线上的建筑具有独特而鲜明的政治、伦理和美学价值。北京古代建筑研究所. 当代北京古建筑保护史话［M］. 北京：当代中国出版社，2014：140.

④ 秦红岭. 城迹：北京建筑遗产保护新视角［M］. 武汉：华中科技大学出版社，2018：24.

的互动，以"叙事性阐释"提高讲述中轴线建筑的能力。将社会可持续性理念纳入保护模式，把缜密审视与系统分析、实体考证与理论阐释有机结合起来，注重讲清其"有什么"，准确描绘它们的真实状况；更重分析其"是什么"，科学地阐释它们的意义。坚持研究"真问题"，更坚持"真研究"问题，不断提高学术研究和思想传播的针对性和实效性，把"都"与"城"与"人"三者作为一个整体，"打开"内嵌于中轴线建筑中的文化价值，进一步拓展从更广的视域和更多的层次加强北京老城保护与复兴研究的有效路径。

一叶一花一世界，一砖一瓦总关情。一条无形的中轴线，遍布于延续七百年、引领城市格局演变的有形载体之上，充分展示出它独特而多重的历史、艺术、科学、精神、情感以至当代社会——经济价值。在历史的演进中，时间赋予中轴线建筑以文明，中轴线建筑则为北京城勾勒出属于首都的文明空间。从元大都开始，北京城一路走来，为后人留下了这条深藏于四维时空之中的中轴线，也留下了诸多的感受和无尽的启示。

参考文献

[1] 秦红岭. 老城保护的北京探索 [J]. 前线，2019.5：68.

[2] 朱祖希. 紫禁城、团城排水对建设生态城市的启示 [J]. 西城社会科学，2020.5：56.

[3] 王博. 北京：一座失去建筑哲学的城市 [M]. 沈阳：辽宁科学技术出版社，2009.

[4] 郭超. 北京中轴线变迁研究 [M]. 北京：学苑出版社，2012.

[5] 秦红岭. 城默：北京名人故居的人文发现 [M]. 武汉：华中科技大学出版社，2012.

[6] 秦红岭. 城魅：北京提升城市文化软实力的人文路径 [M]. 武汉：华中科技大学出版社，2014.

[7] 秦红岭. 城迹：北京建筑遗产保护新视角 [M]. 武汉：华中科技大学出版社，2018.

[8] 北京古建研究所. 当代北京古建筑保护史话 [M]. 北京：当代中国出版社，2014.

[9] 李孝聪. 中国城市的历史空间 [M]. 北京：北京大学出版社，2015.

[10] 袁家方. 京味儿商文化空间研究 [M]. 北京：文津出版社，2015.

[11] 中国文化遗产研究院. 北京城中轴线古建筑实测图集 [M]. 北京：故宫出版社，2017.

[12] 北京市文史研究馆编. 古都北京中轴线 [M]. 北京：北京出版社，2017.

[13] 李弘. 京华心影：老地图中的帝都北京 [M]. 北京：中信出版社，2018.

[14] 李弘. 京华遗韵：版画中的帝都北京 [M]. 北京：中信出版社，2018.

[15] 朱祖希. 北京城：中国历代都城的最后结晶 [M]. 北京：北京联合出版公司，2018.

[16] 袁家方. 商街·拥簇繁华 [M]. 北京：北京美术摄影出版社，2019.

[17] 王军. 建极绥猷：北京历史文化价值与名城保护 [M]. 上海：同济大学出版社，2019.

[18] 刘阳. 北京中轴百年影像 [M]. 北京：北京日报出版社，2021.

[19] 王军. 尧风舜雨：元大都规划思想与古代中国 [M]. 北京：生活·读书·新知三联书店，2022.

[20] 戴时焱. 从文化形态的多样看中轴线价值的丰富 [N]. 北京西城报，2020-11-11：（3）.

作者简介：戴时焱，1951 年生，男，汉族，海南省琼海市人，北京市西城区社会科学界联合会原常务副主席，高级政工师，重点研究北京历史文化。

北京元大都中心点历史地理研究述评

顾　军　李泽坤

摘要：关于元大都中心点的位置，目前学术界主要观点分为三类，分别为：中心台、中心阁和鼓楼。本文通过对二十世纪二十年代以来相关文献的分析，从学术史、核心概念、研究方法、主要观点等四个角度，对元大都中心点的研究进行了梳理。文章认为：关于元大都中心的观点之争做出的贡献主要体现在两方面，一是丰富了对元大都中心点的理解；二是统一了对元大都中轴线的认识。这有助于我们更好地理解和认识当今的北京中轴线，对于北京中轴线的申遗工作具有一定的现实意义。

元大都中心点的位置是学者们长期以来争论的热点话题之一。目前的观点主要分为三类，分别认为中心点位于中心台、中心阁和鼓楼（又称齐政楼）。但是，这三座元代建筑的具体位置在史料中的相关记载并不明确，相关考古工作又受到客观条件限制，给研究带来一定困难，学界争论长期未能消除。产生观点分歧的原因，除去文字史料和考古证据尚不充足外，还包括对重要概念的理解不同、对史料解读不同、研究方法不同、对史料解读不同等原因。随着研究逐渐深入，近年来学界对于元大都中轴线的认知逐渐统一，而对元大都中心点的认知则呈现出多元化的发展。

一、有关元大都中心点研究的回顾

这一问题的讨论始于 20 世纪 20 年代有关元大都鼓楼和中轴线位置的讨论。传统观点认为：元大都中轴线位于明清北京中轴线以西，即旧鼓楼大街一线，元代钟鼓二楼建于中轴线上，鼓楼位于旧鼓楼大街南口。赵正之先生 1962 年口述、1979 年出版的遗作中对以上观点提出了质疑，认为"元大都的中轴线即明代的中轴线，两者相沿未变"①，元代钟鼓二楼位于旧鼓楼大街以西。1985年，王灿炽先生对以上观点提出了不同看法，认为元代钟鼓二楼位置应与明清时期相同。

在这一争论中，陆续有学者提出对元大都中心点的不同看法：1929年奉宽先生提出中心阁位于全城十字中心；1936年朱偰先生提出钟鼓楼为东西南北之中，1960年王璞子先生沿用了这一观点；1979年侯仁之先生提出中心台是元大都的"设计中心点"；1985年王灿炽先生认为鼓楼正居都城之中。

2012年，王世仁先生提出："大都城的几何中心是齐政楼，而中轴线的北端点是中心阁，两者都可以说是'中心'"②。此后，陆续有学者提出多个意义上的"中心"，形成了"双中心"的观点。如：季喆禧、孙昊德认为："太液池成为城市的几何中心，中心之台是理想模型的图解中心"③；武廷海先生提出"中心台是元大都规划设计中的一个控制点"④、"齐政楼是都城形象的中心"⑤。

2022年，王军先生提出新观点，认为元大都中心点没有建筑物。

二、有关元大都中心点的主要概念辨析

关于元大都中心点的研究，有两个主要概念需要辨析：一是元大都"大城"和"皇城"的区别；二是"几何中心点"和"设计中心点"的区别。

（一）"大城"与"皇城"

元大都的建设分三层，其最内层为皇帝的宫殿，中间一层为皇城，最外面一层为大城。从平面图中可以看出（参考图1），皇城位于大城的南部且偏西，因此皇城和大城的中心点是不同的。部分学者将积水潭、太宁宫、琼华岛、太液池等看作元大都的中心点，多是误将皇城当作大城导致的。

（二）"设计中心点"和"几何中心点"

"设计中心点"是指元大都在设计规划之初选定的城市中心点；"几何中心点"则是指元大都建成后，城市空间布局的实际中心点。理论上说，几何中心点应到达东、西、南、北城墙的距离相同。在城市建设过程中，受到客观条件

① 赵正之.元大都平面规划复原的研究［J］.科技史文集，1979：14.
② 王世仁.考释：北京古都中轴线确定之谜［J］.北京规划建设，2012（2）：12.
③ 季喆禧，孙昊德.融合的北京［J］.城市设计，2016：65.
④ 武廷海.对元大都城市中轴线研究的初步研究［J］."城市与美好生活"论文专集，2018：217.
⑤ 武廷海.元大都齐政楼与钟鼓楼研究——兼论钟鼓楼地区规划遗产价值［J］.人类居住，2020：60.

影响，元大都的几何中心点与设计中心点并不一致。

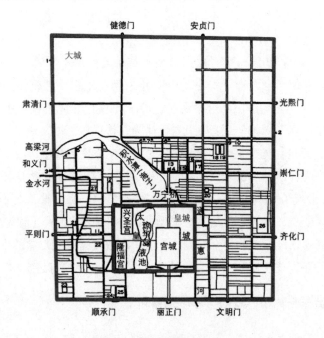

图 1　元大都考古复原图

来源：《考古》1972 年第 1 期，第 20 页

侯仁之先生早在 1979 年的论文《元大都城与明清北京城》中就体现了设计中心点和几何中心点的不同。他认为，中心台是元大都的设计中心点，由于遇到低洼地带，元大都的东墙在建造的时候向内稍有收缩（即偏西），导致元大都的实际中心点比中心台偏西，该观点被后期的很多学者认同与沿用。

2010 年之后，学者们陆续提出了多个意义上的中心，虽然说法上各不相同，但追本溯源，各路观点大致都可认为是由"设计中心点"和"几何中心点"这一对概念发展而来的。

三、关于元大都中心点主要研究方法的梳理

学者们确定元大都中心点的方法主要包括三类：分别是查阅文献、考古调查和地图测绘。这些方法既有各自的优势，又都存在一定的局限性。以下逐一梳理：

（一）查阅文献的方法

查阅文献的方法将古籍文献中的内容作为依据，对元大都中心点的位置进

行判断。其中被引用较多的古籍是《析津志》，此外还有《日下旧闻考》《元一统志》等。

《析津志》中有两段关于元大都中心点的记录："中心台，在中心阁西十五步。其台方幅一亩，以墙缭绕。正南有石碑，刻曰：'中心之台'寔都中东、南、西、北四方之中也"①，"齐政楼，都城之丽谯也。东，中心阁，大街东去即都府治所。南，海子桥、澄清闸。西，斜街，过凤池坊。北，钟楼。此楼正居都城之中……"②。

虽然这两段文字被学者们广泛引用，是重要的研究资料，但是其中的观点却存在矛盾：前一段文字说齐政楼"正居都城之中"，而后一段文字则说中心台"寔都中东、南、西、北四方之中也"。关于这一矛盾，赵春晓在《以元官尺为探讨条件的元大都空间格局历史研究》一文中提出：从语文学的角度看，前一段文字中的"都城"和后一段文字中的"都"相差了一个"城"字，说明"都城"不等于"元大都"；此外，"寔"字表示"确实"、"其实"的意思。因此，赵春晓认为，《析津志》当中这两段文字的记载并不矛盾，应理解为："虽然鼓楼如人们所见在大都城之正中，但其实中心台所在位置才是元大都真正的四方之中"③。

由此可见，查阅文献的方法存在一定的局限性。由于文献中对元大都中心点的记载不够明确，学者们对文献中文字的解读又各执一词，甚至连标点符号的标注都不相同，仅凭这种方法，很难令学界内人士达成统一共识。

（二）地图测绘的方法

地图测绘的方法将元大都平面图作为依据，对中心点进行标注。常见的元大都平面图包括：侯仁之先生主编的《北京市历史地图集》中"元大都城平面图"、《中国古代建筑史》第四卷"元大都新城平面复原图"、赵正之先生《元大都平面规划复原的研究》中"元大都平面复原图"、傅熹年先生《中国古代城市规划建筑群布局及建筑设计方法研究》中"元大都城建规划分析图"等（参考图2），也有部分研究使用现今的北京地图。通过连接元大都平面图的对角线，可以清晰标出大都城的中心点。这一方法虽然简单，但存在以下两点局限性：

第一：中心台、中心阁、鼓楼等建筑的确切位置长期存在争论，地图上的标注仅为研究者们的推测。在不同版本的平面图上，这几处建筑的位置也不相

---

① 熊梦祥. 析津志辑佚［M］. 北京古籍出版社，1983：104.

② 熊梦祥. 析津志辑佚［M］. 北京古籍出版社，1983：108.

③ 赵春晓. 以元官尺为探讨条件的元大都空间格局历史研究［D］. 东南大学，2020：48.

同，因此结论缺乏说服力；

　　第二：目前学者们使用的各种版本平面图，都仅代表一派学术观点，而不是精确、可靠、真实的元大都城市平面图。通过对比可以发现，这些平面图中城墙的位置和形状都存在差异，因此在平面图中标出的中心点，准确性也有待考证。

　　可见，地图测绘这一方法的局限性在于，其依据的平面图本身在学术界就存在争议，因此得出的结论也无法达成共识。

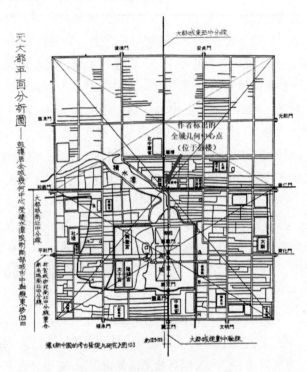

图 2　元大都城建规划分析图

来源：傅熹年：《中国古代城市规划建筑群布局及建筑设计方法研究》下册，第 8 页

（三）考古调查的方法

　　考古调查的方法以勘探数据作为依据，得出的结果最为令人信服的。1972年，徐萍芳先生带领的元大都考古队发表的《元大都的勘查和发掘》报告提出："经过钻探，在景山以北发现的一段南北向的道路遗迹，宽达 28 米，即是大都中轴线上的大道的一部分。"[①] 此外，徐萍芳先生还在《古代北京的城市规划》

---

　　① 元大都考古队. 元大都的勘查和发掘 [J]. 考古，1972（1）：21.

中指出："在旧鼓楼大街南口，既未发现元代路土的痕迹，也未闻发现大都鼓楼的基址，可见齐政楼不在今旧鼓楼大街南口是毫无疑问的"①。

以上考古调查的结果对于元大都中轴线、元代鼓楼位置的确定做出了重要贡献，使学界主流观点达成两点共识：第一，确定了元大都中轴线和明清北京城中轴线是相同的，并不存在两条中轴线；第二，旧鼓楼大街南口处并无大型建筑基址，推翻了之前多位学者认为元代鼓楼位于旧鼓楼大街南口的观点。

虽然考古调查得出的结论最能令人信服，但目前受客观条件的限制，一些关键的点位无法进行深入的勘探，尚不能为元大都城市规划的研究提供更多的材料。

四、学术界关于元大都中心点的主要观点梳理

关于元大都中心点的研究存在几个热点问题：第一，处于中心点位置的建筑物；第二，元代鼓楼的具体位置；第三：中心点建筑物的象征意义。下面围绕这三个问题进行主要观点的梳理。

（一）处于中心点位置的建筑物

有一部分学者认为，元大都几何中心点的建筑物是中心阁。奉宽先生1929年在《燕都旧城考》中提出："大都全城之十字中心，应在今北城鼓楼左近，名中心阁"②。在侯仁之先生1988年主编的《北京历史地图集》中，标出了元代钟楼、鼓楼及中心阁的位置，中心阁与今鼓楼的位置相同，恰在元大都中轴线上（参考图3）。

1979年，侯仁之先生提出，元大都的"设计中心点"是中心台。这一观点符合《析津志》中的记载，被众多学者接受。《析津志》中描述中心台是一面积较大的方形高台，四周有围墙环绕、南侧有一石碑，碑上刻有中心台"寔都中东、南、西、北四方之中也"。不论是从建筑的形制上看，还是从中心台南侧石碑的文字上看，中心台都符合"设计中心点"的身份。

王灿炽先生在1985年提出元大都几何中心的建筑物应为鼓楼。这一观点部分继承了奉宽先生的看法，认为元大都的几何中心位于今鼓楼处。但王灿炽先生提出，在元代这一位置并不是中心阁，而是鼓楼。元代鼓楼又称齐政楼，是元大都城市的几何中心点，这一观点与《析津志》中的记载相符，被后期的很多学者沿用。此外，王灿炽先生还指出：中心阁所在的大天寿万宁寺"始建于

① 王灿炽.元大都钟鼓楼考［J］.故宫博物院院刊，1985（4）：28.
② 奉宽.燕京故城考［J］.燕京学报，1929（5）：903.

元成宗大德九年（1305 年）……在钟鼓楼建成后的三十多年"①，从时间上对元大都几何中心点是"中心阁"的观点提出了质疑。

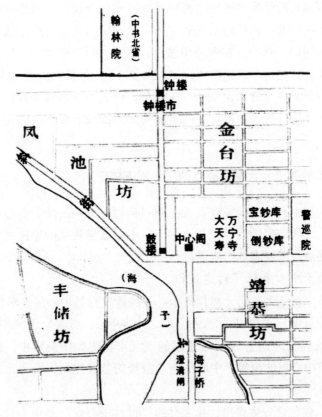

图3　《北京历史地图集》标注的元大都鼓楼、钟楼、中心阁位置

来源：王军：《尧风舜雨：元大都规划思想与古代中国》，北京：生活·读书·新知三联书店，2022 年，第 18 页

还有一部分学者通过在地图上测绘的方式，也提出了元大都的几何中心点是鼓楼的观点。但与王灿炽先生观点不同的是，地图上标出的中心点通常位于明清鼓楼以西，旧鼓楼大街南口一带。由于有学者认为元代鼓楼位于该处，这类观点才得以成立。但随着元代鼓楼位于旧鼓楼大街南口的观点被考古证据推翻，这类观点也不攻自破。

2022 年，王军先生在《尧风舜雨：元大都规划思想与古代中国》一书中提出："通过古代文献与建筑实际分析可知，齐政楼、中心阁、中心台自西向东依

---

① 王灿炽. 元大都钟鼓楼考 [J]. 故宫博物院院刊，1985 (4)：25.

次排列于元大都平面几何中心的东侧。古代文献称这三处建筑均位于元大都都城之中，所谓都城之中，是指都城中央之区，非指中心一点"①。（参考图4）依据这一观点，元大都中心点没有建筑物，王军先生认为这是城市设计者对天帝的避让，以示尊敬。

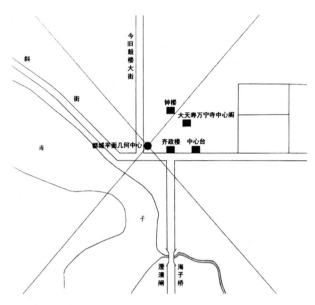

图4　王军先生绘制元大都齐政楼、钟楼、中心阁、中心台的位置关系

来源：王军：《尧风舜雨：元大都规划思想与古代中国》，北京：生活·读书·新知三联书店，2022年，第78页

（二）元代鼓楼的具体位置

早期观点认为元代鼓楼位于旧鼓楼大街南口、明清鼓楼的西侧。奉宽、朱偰、王璞子、侯仁之等多位先生在文章中有此表示，并以"旧鼓楼大街"的地名为主要证据。虽然这一观点被1972年元大都考古队的勘探结果推翻，但直至2012年仍有学者沿用。

1979年，由徐萍芳先生整理的赵正之先生遗著《元大都平面规划复原的研究》得以出版，该书否定了元代鼓楼位于旧鼓楼大街南口的观点，认为元代钟鼓二楼位于旧鼓楼大街以西，并通过地图进一步推测"钟楼在今小黑虎胡同内，鼓楼在其正南，即在今清虚观附近"②。

---

① 王军. 尧风舜雨：元大都规划思想与古代中国 [M]. 北京：生活·读书·新知三联书店，2022：140.

② 赵正之. 元大都平面规划复原的研究 [J]. 科技史文集，1979：15.

1985 年，王灿炽先生发表《元大都钟鼓楼考》一文，否定了以上两种观点。他提出："旧鼓楼大街之名始于乾隆十年"①，不能根据这个街名确定元代鼓楼的位置；王灿炽先生通过考察鼓楼地区周边的地名，认为鼓楼以南的万宁桥原名"海子桥"；鼓楼前的地安门外大街原名为"十字街"；鼓楼东侧为元代万宁寺，内有中心阁。这些方位与《析津志》中对齐政楼方位的描述相符合。由此可以确定，明清鼓楼与元代齐政楼的位置相同。2009 年，王灿炽先生在给《钟鼓楼》一书的序言中再次表示："这个结论，已被 1986 年 3 月鼓楼泵房地下室开槽时发现的元代鼓楼地基所证实，是确凿可信的"②。王灿炽先生的观点被后期很多学者接受并沿用。

此后，武廷海先生又在《元大都齐政楼与钟鼓楼研究》一文中论述了关于鼓楼与齐政楼的位置关系，他认为，元代早期的鼓楼和齐政楼是独立的两个楼，钟楼与鼓楼东西排列，鼓楼位于旧鼓楼大街，齐政楼在钟楼南侧，位于明清鼓楼的位置。（参考图5）"约在 1354—1362 年间，元代鼓楼取代了齐政楼的位置，成为都城空间构图的中心"③。

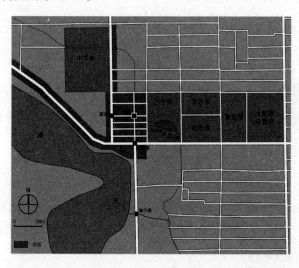

图 5　武廷海先生绘制元大都钟鼓楼地区空间布局推测图

来源：武廷海：《元大都齐政楼与钟鼓楼研究——兼论钟鼓楼地区规划遗产价值》，《人类居住》，2020 年第 3 期

---

① 王灿炽. 元大都钟鼓楼考 [J]. 故宫博物院院刊，1985（4）：28.
② 北京市东城区政协学习和文史委员会. 钟鼓楼 [M]. 北京：文物出版社，2009：6.
③ 武廷海. 元大都齐政楼与钟鼓楼研究——兼论钟鼓楼地区规划遗产价值 [J]. 人类居住，2020（3）：57-58.

（三）中心点建筑物的作用及意义

对中心点建筑物作用及意义的分析，是学者们佐证自己观点的另一重要方法。侯仁之先生提出，中心台是元大都城市规划的设计中心标识，其意义不仅在于标记方位，而且"也反映了当时对精确的测量技术用在城市建设上的极大重视"①，这一观点得到了很多学者的支持，是目前的主流观点之一。但也有学者提出不同的意见，如王世仁先生认为，中心台并非测绘标识，为了使这一观点得以成立，他进一步推测中心台的作用有可能是祭祀场所或者观星台。

王军先生在《尧风舜雨》一书中梳理了中心阁的作用：根据史料记载，中心阁是"大天寿万宁寺"中的神御殿，即供奉古代帝王御容（画像）和牌位的地方，供奉了元成宗、元宁宗两位皇帝。王军先生梳理了中心阁的作用，并提出中心阁"如果位于元大都中轴线的北端，元成宗、元宁宗的御容就会南面君临元大内，这一殊荣实非这两位皇帝能够承受"。②

鼓楼是一座功能性较强的建筑，它与钟楼一起，形成了整座城市的报时系统。很多学者在文章中引用《马可波罗行记》中的记载："城的中央有一座非常宏大的宫殿，上面悬挂着一口大钟，夜里，钟声响过三次以后，城中就开始宵禁"③。可见，从钟鼓二楼发出的声音，全城皆可听到。此外，由于鼓楼又名"齐政楼"，也有学者从政治的角度分析其意义。如潘颖岩依据《析津志》的内容提出：齐政楼的名称意为"以齐七政"，以鼓楼作为元大都的中心点建筑物，是突出了都城作为国家政治中心的地位，武廷海先生也称齐政楼为城市的"形象中心"。

四、结论

有关元大都中心点的研究及争论，为元大都的研究做出了一定的贡献，主要表现在两方面：一是丰富了对元大都中心点的理解，产生了设计中心、政治中心、形象中心等多元化的解读；二是明确了元大都与明清北京中轴线相同，否定了"元大都的中轴线在明清北京城中轴线之西"、"元大都有南北两条中轴线"等观点。这些研究成果有助于我们更好地理解和认识当今的北京中轴线，对于北京中轴线的申遗工作具有一定的现实意义。

本文是北京市社科基金规划重点项目（21LSA004）"北京中轴线历史文献

---

① 侯仁之. 元大都城与明清北京城 [J]. 故宫博物院院刊, 1979 (3)：3-21, 38：5.

② 王军. 尧风舜雨 [M]. 北京：生活·读书·新知三联书店, 2022：69.

③ 马可·波罗. 马可·波罗行纪 [M]. 哈尔滨出版社, 2009：110.

整理研究"的阶段性研究成果。

参考文献

［1］朱契.元大都宫殿图考［M］.北京：商务印书馆，1936.

［2］熊梦祥.析津志辑佚［M］.北京古籍出版社，1983

［3］北京市东城区政协学习和文史委员会.钟鼓楼［M］.北京：文物出版社，2009.

［4］马可·波罗.马可·波罗行纪［M］.哈尔滨：哈尔滨出版社，2009.

［5］王军.尧风舜雨［M］.北京：生活·读书·新知三联书店，2022.

［6］赵春晓.以元官尺为探讨条件的元大都空间格局历史研究［D］.东南大学，2020.

［7］奉宽.燕京故城考［J］.燕京学报，1929（5）：883-909.

［8］王璞子.元大都城平面规划述略［J］.故宫博物院院刊.1960：61-82，196.

［9］元大都考古队.元大都的勘查和发掘［J］.考古，1972（1）：19-28，72-74.

［10］赵正之.元大都平面规划复原的研究［J］.科技史文集，1979：14-27.

［11］侯仁之.元大都城与明清北京城［J］.故宫博物院院刊，1979（3）：3-21，38.

［12］王灿炽.元大都钟鼓楼考［J］.故宫博物院院刊，1985（4）：23-29.

［13］王世仁.考释：北京古都中轴线确定之谜［J］.北京规划建设，2012（2）：11-13.

［14］季喆禧，孙昊德.融合的北京［J］.城市设计，2016（1）：62-79.

［15］武廷海.元大都齐政楼与钟鼓楼研究——兼论钟鼓楼地区规划遗产价值［J］.人类居住，2020（3）：55-61.

［16］武廷海.对元大都城市中轴线研究的初步研究［C］."城市与美好生活"论文专集，2018：223-226.

作者简介：顾军，1963年生，女，汉族，北京人，北京联合大学文化遗产研究所所长，教授，主要研究方向是文化遗产学、北京文化史。

李泽坤，1998年生，男，满族，河北容城人，北京联合大学中国史专业一年级硕士研究生，主要研究方向为文化遗产学、北京中轴线、三山五园等。

鲁迅在北京中轴线活动足迹小考

萧振鸣

摘要：民国时期北京的政治、商业、文化活动大多是以中轴线为中心向周边呈发散式分布的。本文依据相关鲁迅研究资料，考查民国时期鲁迅自永定门至钟楼的中轴线及其周边的活动足迹，以此揭示鲁迅这位文化伟人与北京城历史文化的关系。

1912年1月1日，中华民国建元，孙中山在南京就任临时大总统。南京临时政府教育部成立，蔡元培任教育总长。由当时在教育部工作的好友许寿裳向蔡元培举荐，2月中旬，鲁迅即到南京临时政府教育部担任了部员。由于辛亥革命的不彻底，封建势力乘机掠取胜利果实。3月10日袁世凯篡夺了政权，在北京宣誓就职临时大总统，开始了北洋政府统治时期。4月初，孙中山正式解除临时大总统职务，临时政府迁至北京，教育部也随之北迁。5月初，鲁迅被任命教育部社会教育司第二科科员，与许寿裳一起随教育部北上，5月5日到达北京，6日，到教育部报到，10日，正式上班办公。直到1926年鲁迅离京赴厦门大学教书，鲁迅在北洋政府教育部供职14年半。

北京是除了鲁迅的家乡之外，居住时间最长的一个城市，可以说是他的第二故乡。北京的四九城、红墙高瓦、灰砖胡同，给鲁迅留下了深深的印象，鲁迅也给历史悠久的北京留下了深深的印迹（见图1）。北京的中轴线，也遍布鲁迅的足迹。

鲁迅在北京生活的14年，是民国初年北京最动荡的年代。在1918年5月15日出版的《新青年》杂志四卷五号上，他以"鲁迅"作笔名，发表了第一篇白话小说《狂人日记》，"鲁迅"便成为人们常用的名号。此后一发而不可收，又创作了大量的小说、散文、杂文，在新文化运动中起到了重要的作用。从这个意义上讲，"鲁迅"诞生于民国时代的老北京。

鲁迅在北京工作与生活的主要地域是今天的西城区，有一部分活动是在东城，如到国子监、什刹海等地办公务，到沙滩的北京大学、大中公学等地兼课，还有一些购物、聚餐及看病等活动，几乎都是在中轴线来回穿行。中轴线上从永定门、前门、故宫到钟楼、鼓楼，都留下了鲁迅的足迹。

图1　北京时期的鲁迅像，鲁迅博物馆馆藏照片

一、永定门周边

（一）陶然亭

陶然亭位于永定门东侧，紧邻天坛。从鲁迅住的绍兴会馆往南不远就是陶然亭。元代时这里建有一座古刹慈悲庵，清康熙三十四年（1695年）工部郎中江藻在慈悲庵西面建了一座小亭，取白居易诗"更待菊黄家酿熟，与君一醉一陶然"句中的"陶然"二字为亭命名。陶然亭是清代名亭，清末康有为、梁启超、谭嗣同等曾在这里策动戊戌变法，章太炎、秋瑾、蔡锷、孙中山、李大钊等都曾在这里活动过。

鲁迅1912年5月5日到北京后，19日就到了这里游览，大概是因为陶然亭盛名的缘故吧。鲁迅日记载：1912年5月19日，"与恂士、季市游万生园。又与季市同游陶然亭，其地有造象，刻梵文，寺僧云辽时物，不知诚否。"① 当时

———————

① 鲁迅. 鲁迅全集（第15卷）[M]. 北京：人民文学出版，2005：1.

的陶然亭地处南城之外，芦苇杂草遍地，虽有名亭野趣，但很脏乱。从鲁迅日记看，鲁迅只去过陶然亭一次，对那里的一些文物颇感兴趣。

（二）天坛和先农坛

天坛位于北京城南正阳门外，永定门内路东，是明清两代皇帝祭天、祈雨和祈谷的地方。1912 年 6 月 14 日，鲁迅到北京的第二个月就因公务到这里考察过。这天的鲁迅日记载："午后与梅光羲、吴（胡）君玉搢赴天坛及先农坛，审其地可作公园不。"[①] 1912 年鲁迅在教育部社会教育司工作，社会教育司所管的主要事务就有"关于动植物园等学术事项"。梅光羲为教育部秘书，胡玉搢也是教育部同僚，后曾做过历史博物馆筹备处处长，三人都是教育部的骨干。

天坛建于明永乐十八年（1420），每年"三孟"皇帝都要到天坛来祭祀，祈求天帝保佑，五谷丰登，风调雨顺。孟春（正月上辛日）祈谷，孟夏（夏至）祈雨，孟冬（冬至）祀天。天坛的建筑布局严谨，装饰瑰丽，气势宏大。天坛在 1860 年曾遭英法联军洗劫，1900 年又遭八国联军蹂躏。斋宫曾设联军司令部，圜丘坛上架设了轰击前门和紫禁城的大炮。天坛内外各高一个火车站，内站运兵员，外站运军火。民国五年（1916）袁世凯登基，也在天坛出演了一场祭天的丑剧。军阀混战期间，辫帅张勋曾在祈年殿设司令部，与段祺瑞巷战时，天坛内成为战场。天坛建筑及园林遭到严重破坏。鲁迅等人代表教育部考察天坛公园后并没有结果，公园后归内务部管理。1918 年，天坛辟为公园正式向公众开放。

鲁迅等人在同一天考察的先农坛坐落在正阳门西南，与天坛隔街相对。先农坛建于明永乐十八年（1420），又称山川坛，为明清两代皇家祭祀先农诸神的场所。先农坛内建筑雄伟，古木参天。民国成立后，帝制被推翻，先农坛后来也归内务部管理。1913 年元旦，内务部礼俗司在先农坛设立的古物保存所免费开放，游人众多，鲁迅与好友许寿裳也前去参观。1915 年，内务部经费拮据，拆除了先农坛外墙，树木、地皮标价变卖，北部开辟为市场，南部则辟为城南公园向公众开放。

二、正阳门（前门）及周边

（一）前门火车站

1912 年 5 月 5 日，鲁迅从前门火车站下车，首次踏入北京的土地。当日鲁

① 鲁迅. 鲁迅全集（第 15 卷）[M]. 北京：人民文学出版，2005：6.

迅日记载："上午十一时舟抵天津。下午三时半车发，途中弥望黄土，间有草木，无可观览。约七时抵北京，宿长发店。夜至山会邑馆访许铭伯先生，得《越中先贤祠目》一册。"① 次日："上午移入山会邑馆。坐骡车赴教育部，即归。予二弟信。夜卧未半小时即见蜚虫三四十，乃卧桌上以避之。"又次日："夜饮于广和居。长班为易床板，始得睡。"② 这是鲁迅初到北京前三天的生活及感受。

前门为正阳门的俗称，清末在东侧由英国人修建了火车站，1906 年开始启用，在当时是全国最大的火车站。交通的变革与发展，往往影响到周边的商业。

（二）前门外大栅栏

鲁迅从 1912 年到北京后住在宣武门外的绍兴会馆，直到 1919 年。这期间鲁迅主要在前门购买生活用品，再往西到大栅栏、琉璃厂一带，因为这里距绍兴会馆很近。鲁迅常去的地方主要有：

青云阁：青云阁在观音寺街，鲁迅日记中购物去的最多的地方。通常鲁迅从他居住的绍兴会馆出发，自西南方向来先逛琉璃厂，后经一尺大街，走杨梅竹斜街，再往东走就到了青云阁的后门。进了后门，到楼上玉壶春茶馆喝茶，吃些他爱吃的春卷、虾仁面，再买些日常生活用品，理发通常也是在青云阁，然后再从前门出。再往东走是观音寺西升平园浴池，鲁迅洗澡通常是在这里，然后再返家。鲁迅穿的鞋基本从青云阁内步云斋购买，袜子、牙粉、肥皂、毛巾、草帽等也在这里购买。

晋和祥：晋和祥在观音寺街，也是鲁迅常去的店铺，买过牛肉、牛舌、饴糖、可可、齿磨、饮咖啡、牛奶，还买过提包、帽子等。

稻香村南味食品店：稻香村南味食品店在大栅栏西街，鲁迅常去这里购买糕点，还买过香肠、熏鱼等。

劝业场：劝业场又称劝工场，在廊房头条。鲁迅常在这理发并买一些杂物，还在这里的小有天、玉壶春饭店饮茶、吃饭。

瑞蚨祥绸布店：瑞蚨祥绸布店在大栅栏，鲁迅每年秋冬季都在这里买衣物、布料等，有斗篷、被褥、围巾、手套等，还买过狐皮衣料、獭皮领子。

西美居食品店：西美居食品店在前门内，鲁迅在这里买过饼饵。

临记洋行：临记洋行在前门内，鲁迅常在这里购买饼饵、茶食、糖果，还买过牙粉、肥皂等日常用品。

---

① 鲁迅. 鲁迅全集（第 15 卷）[M]. 北京：人民文学出版，2005：1.
② 鲁迅. 鲁迅全集（第 15 卷）[M]. 北京：人民文学出版，2005：1.

内联升鞋店：内联升鞋店在前门外，鲁迅曾在这里为侄子周丰一定制皮鞋。

（三）琉璃厂

北京的琉璃厂有 300 多年的历史，驰名中外，是清代以来北京最有影响的文化街。它坐落在宣武门外，西至南北柳巷，东至延寿寺街，全长约 800 米。清入关后，八旗兵丁占据东南西北四城，汉官则大都外迁至宣武门、前门之外，尤以学者文官居多。宣武门外当时还是全国各省会馆最为集中的地方，入京赶考的外地学子、官员都住在这一带，所以许多北京的零散书摊、古玩交易陆续集中在这里形成了气候。乾隆年间修《四库全书》，纪昀等文人学士也都居住在这一带，琉璃厂更成为搜书重地。

鲁迅自幼酷爱读书，他的读书藏书的范围遍及古今中外各个学科。1911 年，鲁迅在绍兴教书时，就曾托当时已在北京工作的好友许寿裳到琉璃厂为他购书。1911 年 1 月 2 日，鲁迅致许寿裳信中说："闻北京琉璃厂颇有典籍，想当如是，曾一览否？"① 月 12 日信中又问："北京琉璃厂肆有异书不？"② 可见鲁迅对琉璃厂是久慕其名。1912 年初，鲁迅应蔡元培的邀请，去南京临时政府教育部工作，同年 5 月 5 日随教育部北迁来到北京，稍事修整，12 日就来到琉璃厂。鲁迅日记载："星期休息。……下午与季茀、诗荃、协和至琉璃厂，历观古书肆，购傅氏《纂〔籑〕喜庐丛书》一部七本，五元八角。"③

从鲁迅日记看，他到北京第一个月就光顾琉璃厂四次，第一次拿到津贴就去买书，可见他对琉璃厂向往已久。据鲁迅日记统计，鲁迅到北京的第一年，即 1912 年从 5 月进京到年底，共得津贴 710 元，购书 90 种，200 多册，用了 160 多元。年底鲁迅感慨道："审自五月至年莫，凡八月间而购书百六十余元，然无善本。京师视古籍为骨董，唯大力者能致之耳。今人处世不必读书，而我辈复无购书之力，尚复月掷二十余金，收拾破书数册以自怡说，亦可笑叹人也。"④

民国时暴涨的书价让鲁迅感到难以承受。鲁迅在《买〈小学大全〉记》中谈到当时的书价："线装书真是买不起了。乾隆时候刻本的价钱，几乎等于那时的宋本。明版小说，是五四运动以后飞涨的；从今年起，洪运怕要轮到小品文身上去了。至于清朝禁书，则民元革命后就是宝贝了，即使并无足观的著作也常要百余元至数十元。我向来也走走旧书坊，但对于这类宝书，却从不敢作非

① 鲁迅. 鲁迅全集（第 11 卷）［M］. 北京：人民文学出版，2005：341.
② 鲁迅. 鲁迅全集（第 11 卷）［M］. 北京：人民文学出版，2005：346.
③ 鲁迅. 鲁迅全集（第 15 卷）［M］. 北京：人民文学出版，2005：1.
④ 鲁迅. 鲁迅全集（第 15 卷）［M］. 北京：人民文学出版，2005：41.

分之想。"①

鲁迅在北京居住的 14 年间，到琉璃厂 480 多次，购买书籍 3800 多册，拓片 4000 多枚，还有古钱及其他古董，总共花费约 4000 多元。他经常光顾的书铺有宏道堂、保古斋、宝华堂、神州国光社、文明书局、直隶书局、有正书局、富晋书社、本立堂、商务印书馆、中华书局等。

三、故宫及周边

（一）故宫

故宫为明清两代的皇宫，又称紫禁城，是北京的中心。始建于明永乐四年（1406），至永乐十八年（1420）落成。1911 年，辛亥革命推翻了清王朝，1924 年清代最后的皇帝爱新觉罗·溥仪被逐出宫。在这前后五百余年的历史中，这里曾居住过共 24 位皇帝。故宫的建筑是中国现今保存最完整、规模最宏伟的古代宫殿建筑群，也是世界建筑史上的奇迹。

1911 年辛亥革命胜利后，清王朝政府宣布退位，临时革命政府拟定《清室优待条件》，末代皇帝溥仪被允许可以"暂居宫禁"。并决定将承德避暑山庄和沈阳故宫的文物移至故宫"外朝"，于 1914 年成立了古物陈列所。因溥仪居宫内，一直与亡清残余势力图谋复辟，且以赏赐、典当、修补等名目，从宫中盗窃大量文物，引起了社会各界的重点关注。1924 年，冯玉祥发动"北京政变"，将溥仪逐出故宫，成立"办理清室善后委员会"。1925 年 9 月 29 日，委员会制订并通过了《故宫博物院临时组织大纲》，设临时董事会"协议全院重要事物"，董事由严修、蔡元培、熊希龄、张学良、于右任、李煜瀛等 21 人组成。又设临时理事会"执行全院事物"，有理事 9 人。李煜瀛为临时董事兼理事长，易培基任古物馆馆长，陈垣任图书馆馆长。"办理清室善后委员会"对故宫文物进行了清点，整理刊印出《故宫物品点查报告》共 6 编 28 册，计有 9.4 万余个编号 117 万余件文物。故宫下设古物馆、图书馆、文献馆，分别组织人力继续对文物进行整理，并就宫内开辟展室，举办各种陈列。1925 年 10 月 10 日故宫博物院宣布正式成立。

清帝退位后，故宫的很多事情都与鲁迅所在教育部的工作有关。鲁迅在北京的时期亲历了故宫的变迁。由于善后委员会人手不够，于是求助外界援手。由善后委员会委员易培基致信委员长李煜瀛，列出清查干事三十人的名单，其

---

① 鲁迅. 鲁迅全集（第 6 卷）［M］. 北京：人民文学出版，2005：55.

中包括蒋梦麟、胡适、钱玄同、马裕藻、沈尹默、陈垣、马衡、朱希祖等社会名流，其中周树人之名也在善后委员会"本会职员名册"中。此卷卷头批有"已照聘为顾问"。但这些顾问并没有按时参加活动。于是善后委员会于1925年1月10日又致函内务部，要求增派"助理员"。1月14日，内务部复函照准，并附有十二部院的助理员名单，教育部派范鸿泰、周树人等四人为善后委员会助理员。周树人的名下还有他当时的住址。虽然各部增派人手，但有一半人并不参加会议，鲁迅作为"助理员"是"绝未到会一次"的八个人之一。直至1926年9月，故宫博物院再制职员录中，助理员下仍有"周树人，豫才，浙江，宫门口西三条二十一号"。其实鲁迅于1926年8月已经离京南下了。

鲁迅在北京的时期亲历了故宫的变迁。故宫的太和殿、保和殿、武英殿、文华殿、午门都是鲁迅足迹到过的地方（见图2）。

图2 民国时的故宫，美国怀特兄弟摄影，20世纪20年代

太和殿俗称"金銮殿"，是故宫最辉煌的主建筑。明永乐十八年（1420）建成。初名奉天殿，明嘉靖时改名皇极殿，清顺治时始称太和殿。清康熙三十四年（1695）重建。太和殿是明清两代皇帝举行大典的场所。皇帝的登极、大婚、册立皇后、公布进士黄榜、派将出征等大的庆典活动都在这里举行。保和殿，明永乐十八年（1420）建成。清乾隆时重修。原名谨身殿，明嘉靖时改名建极殿，清顺治时始称保和殿。是清代科举考试"殿试"的场所。

1925年7月27日，鲁迅日记载："上午往太和殿检查文溯阁书"。①

---

① 鲁迅. 鲁迅全集（第15卷）[M]. 北京：人民文学出版，2005：574.

7月29日，"上午往保和殿检书。"①

7月31日，"上午往保和殿检书。"②

8月1日，"往保和殿检书。"③

鲁迅之所以到故宫检书，是因为1925年7月6日张作霖要求段祺瑞政府送还1914年运到北京的原沈阳文溯阁所藏《四库全书》，鲁迅奉教育部命前往参加启运前的检查工作。

关于《四库全书》，鲁迅历来持有自己的看法。鲁迅曾在《且介亭杂文·病后杂谈之余》一文中说："清人纂修《四库全书》而古书亡，因为他们变乱旧式，删改原文。"④"现在不说别的，单看雍正乾隆两朝的对于中国人著作的手段，就足够令人惊心动魄。全毁，抽毁，剜去之类也且不说，最阴险的是删改了古书的内容。乾隆朝的纂修《四库全书》，是许多人颂为一代之盛业的，但他们不但捣乱了古书的格式，还修改了古人的文章；不但藏之内廷，还颁之文风较盛之处，使天下士子阅读，永不会觉得我们中国的作者里面，也曾经有过很有些骨气的人。"鲁迅还举出确切的证据："嘉庆道光以来，珍重宋元版本的风气逐渐旺盛，也没有悟出乾隆皇帝的'圣虑'，影宋元本或校宋元本的书籍很有些出版了，这就使那时的阴谋露了马脚。最初启示了我的是《琳琅秘室丛书》里的两部《茅亭客话》，一是校宋本，一是四库本，同是一种书，而两本的文章却常有不同，而且一定是关于'华夷'的处所。这一定是四库本删改了的；现在连影宋本的《茅亭客话》也已出版，更足据为铁证，不过倘不和四库本对读，也无从知道那时的阴谋。"⑤在古籍版本方面，鲁迅是众所周知的行家，所以教育部会派鲁迅到故宫检查整理《四库全书》的工作。

故宫武英殿始建于明初，武英殿与位于外朝之东，与文华殿相对，形成一文一武。武英殿自乾隆以后，成为专司校勘、刻印书籍的地方。文华殿在每年春秋两季皇上在这里讲学，称为"经筵"，君臣之间相互讨论古代即诗书、易经、春秋等经书。1914年2月，古物陈列所成立，地点就建在武英殿和文华殿，成为中国近代第一座国立博物馆，是一个主要保管陈列清廷沈阳、热河两行宫文物的机构。1914年10月11日前后，古物陈列所正式对外开放。两周后，鲁迅参观了古物陈列所。10月24日鲁迅日记载："下午与许仲甫、季市游武英殿

---

① 鲁迅. 鲁迅全集（第15卷）[M]. 北京：人民文学出版, 2005：574.

② 鲁迅. 鲁迅全集（第15卷）[M]. 北京：人民文学出版, 2005：574.

③ 鲁迅. 鲁迅全集（第15卷）[M]. 北京：人民文学出版, 2005：575.

④ 鲁迅. 鲁迅全集（第6卷）[M]. 北京：人民文学出版, 2005：191.

⑤ 鲁迅. 鲁迅全集（第6卷）[M]. 北京：人民文学出版, 2005：188-191.

古物陈列所，殆如古骨董店耳。"① 由于当时的展览手段较简单，鲁迅说它像个古董店。

1916 年 9 月 10 日，鲁迅陪着来北京的三弟周建人又游武英殿古物陈列所。

1917 年 10 月 7 日，鲁迅又陪二弟周建人游览了故宫，并参观了文华殿陈列展出的书画。

1928 年 6 月，南京国民政府行政院内务部接管了古物陈列所，1933 年古物陈列所及故宫文物均南迁南京。1948 年古物陈列所并入故宫博物院。

故宫午门是紫禁城的正门，位于紫禁城南北轴线。东西北三面城台相连，成凹字形，中间环抱成一个方形广场。北面有五个门洞，各有用途，中门为皇帝出入专用，此外只有皇帝大婚时可进一次。通过殿试的状元、榜眼、探花，在宣布殿试结果后可从中门出宫。东侧门供文武官员出入，西侧门供宗室王公出入。左右拐角处设两个掖门，只在举行大型活动时开启。午门城台上有五座崇楼，整座建筑形若朱雀展翅，故有"五凤楼"之称。

1912 年 8 月，京师图书馆在什刹海广化寺开馆，1913 年 6 月，因广化寺地处偏僻，房屋低洼潮湿，不宜保存图书，教育部决定另辟新址。因故宫午门有大量空房，教育部为此写了一个呈文，拟请在午门设立京师图书馆，在端门设立历史博物馆。1917 年 1 月，教育部获准在午门设置京师图书馆，在端门楼设历史博物馆。鲁迅受命前往视察。2 月 5 日，鲁迅日记载："赴午门阅屋宇，谓将作图书馆也，同行部员共六人。"② 以后又去视察多次。

1917 年 4 月 18 日，"午后往午门。"③

1917 年 12 月 17 日，"午后视午门图书馆。"④

1917 年 12 月 19 日，"下午复往午门图书馆。"⑤

后来京师图书馆并未在午门而设在了方家胡同。午门上只开设了一个小型图书馆。

1917 年，教育部以设在国子监的历史博物馆"地处偏僻，屋舍狭隘"为由，将馆址改设在端门至午门一带的建筑内，1918 年 7 月迁入午门城楼及两翼朝房内，鲁迅多次前往：

①　鲁迅 . 鲁迅全集（第 15 卷）[M]. 北京：人民文学出版，2005：137.
②　鲁迅 . 鲁迅全集（第 15 卷）[M]. 北京：人民文学出版，2005：275.
③　鲁迅 . 鲁迅全集（第 15 卷）[M]. 北京：人民文学出版，2005：282.
④　鲁迅 . 鲁迅全集（第 15 卷）[M]. 北京：人民文学出版，2005：304.
⑤　鲁迅 . 鲁迅全集（第 15 卷）[M]. 北京：人民文学出版，2005：304.

　　1919 年 11 月 24 日，"往历史博物馆。"①

　　1920 年 1 月 8 日，"往历史博物馆。"②

　　1920 年 1 月 23 日，"午后往历史博物馆。"③

　　1920 年 3 月 25 日，"午后往历史博物馆。"④

　　1920 年 6 月 24 日，"往历史博物馆。"⑤

　　1924 年 10 月 9 日，"午后往历史博物馆。"⑥

　　1925 年 4 月 20 日，"午后往女师校讲，并领学生参观历史博物馆。"⑦ 这次参观的学生中就有鲁迅后来的夫人许广平。她在《鲁迅的写作和生活·青年人与鲁迅》这篇回忆性文章中讲述了这件事，这是一个天气晴好、树枝吐芽的春天，鲁迅让同学们到皇宫聚齐，大家都去了，"原来这个博物馆是教育部直辖的，不大能够走进去，那时先生在教育部当金事，所以那面的管事人都很客气的招待我们参观各种陈列：有大鲸鱼的全副骨骼，各种标本，和古时用的石刀石斧、泥人、泥屋，有从外国飞到中国来的飞机，也保存在一间大房子里。有各种铜器，有一个还是鲁迅先生用周豫材名捐出去的。其他平常看不到的东西真不少，胜过我们读多少书，因为有先生随处给我们很简明的指示。"⑧

　　1926 年 10 月 10 日历史博物馆在午门城楼及东西雁翅楼正式开馆。历史博物馆 1959 年才从午门端门迁出至天安门广场东面。现在，历史博物馆已经与革命博物馆合并为中国国家博物馆。

　　1920 年 4 月 17 日，鲁迅又到午门，整理德国商人俱乐部藏书。鲁迅在《华盖集续编·记谈话》中记录了这件事。德国在欧战中战败后，在上海的德国商人俱乐部所藏德、俄、法、日等外文书由教育部作为战利品接收，堆放在午门楼上。鲁迅受教育部命参加，并负责德、俄文书籍的分类整理工作。后来鲁迅翻译的《工人绥惠略夫》的底本，就是从那时整理着的德文书里挑出来的。为了这项工作，鲁迅从 4 月至 11 月共去午门 10 余次。

　　鲁迅在傅增湘担任教育部长期间曾奉命参与整理"大内档案"。鲁迅在杂文《谈所谓"大内档案"》中描述了这样一段故事。清代康熙九年起，开始把一

① 鲁迅. 鲁迅全集（第 15 卷）[M]. 北京：人民文学出版，2005：384.
② 鲁迅. 鲁迅全集（第 15 卷）[M]. 北京：人民文学出版，2005：393.
③ 鲁迅. 鲁迅全集（第 15 卷）[M]. 北京：人民文学出版，2005：394.
④ 鲁迅. 鲁迅全集（第 15 卷）[M]. 北京：人民文学出版，2005：399.
⑤ 鲁迅. 鲁迅全集（第 15 卷）[M]. 北京：人民文学出版，2005：405.
⑥ 鲁迅. 鲁迅全集（第 15 卷）[M]. 北京：人民文学出版，2005：532.
⑦ 鲁迅. 鲁迅全集（第 15 卷）[M]. 北京：人民文学出版，2005：561.
⑧ 许广平. 鲁迅的写作和生活 [M]. 上海：上海文化出版社，2006. 134.

些档案存放在紫禁城内阁大库内，称为"大内档案"。其中包括皇帝诏令、臣僚进呈、皇帝批阅过的奏章、皇帝起居注、历科殿试的卷子等，是研究明清历史的珍贵资料。鲁迅说："这正如败落大户家里的一堆废纸，说好也行，说无用也行的。因为是废纸，所以无用；因为是败落大户家里的，所以也许夹些好东西。况且这所谓好与不好，也因人的看法而不同，我的寓所近旁的一个垃圾箱，里面都是住户丢弃的无用的东西，但我看见早上总有几个背着竹篮的人，从那里面一片一片，一块一块，捡了什么东西去了，还有用。更何况现在的时候，皇帝也还尊贵，只要在'大内'里放几天，或者带一个'宫'字，就容易使人另眼相看的，这真是说也不信，虽然在民国。"① 1909 年（宣统元年），由于库房塌落了一角，亟须修缮，库内几百万件档案就被搬了出来。其中一部分年代久远，用处不大的，准备焚毁。清代学者罗振玉发现后，通过张之洞奏请皇帝将这些档案保存下来，后用 8000 麻袋装好后运到学部后堂保存，后又转移到国子监敬一亭。1914 年北洋政府在国子监成立了历史博物馆筹备处，教育部接管了大内档案。1918 年教育总长傅增湘派鲁迅等人去整理这些档案，傅增湘是著名的藏书家，他想从这批东西中找一些宋版书之类的宝贝。鲁迅参加了部分整理工作，他看到当时教育部的官员们常将搜拣出来的东西拿走，待送还时就少了一些，还有的干脆就顺手牵羊塞进洋裤袋里。1922 年春，历史博物馆将大内档案残余卖给北京同懋增纸店，售价四千元；其后又由罗振玉以一万二千元购得。1927 年 9 月，罗振玉又将它卖给日本人松崎。鲁迅感慨："中国公共的东西，实在不容易保存。如果当局者是外行，他便将东西糟完，倘是内行，他便将东西偷完。而其实也并不单是对于书籍或古董。"②

（二）中央公园

中央公园位于天安门西侧，与故宫一墙之隔。原为辽、金时期的兴国寺，元代改名万寿兴国寺。明永乐十九年（1421）明成祖朱棣兴建北京紫禁城时，改建为社稷坛，明、清皇帝祭祀土地神和五谷神的场所。1914 年 10 月 10 辟为公园向社会开放，称为中央公园，是北京最早成为公园的皇家园林之一。鲁迅游中央公园不下几十次，赏花、饮茶、参观展览、与朋友聚餐还有工作。

中山公园内的来今雨轩、四宜轩、瑞记饭店和长美轩，都曾是鲁迅饮茶聚餐的地方。1924 年 5 月 2 日，"下午往中央公园饮茗，并观中日绘画展览会。"③

---

① 鲁迅 . 鲁迅全集（第 3 卷）［M］. 北京：人民文学出版，2005：586.

② 鲁迅 . 鲁迅全集（第 3 卷）［M］. 北京：人民文学出版，2005：591.

③ 鲁迅 . 鲁迅全集（第 15 卷）［M］. 北京：人民文学出版，2005：510.

这次展览会是在社稷坛举办的，展出了中国画家陈半丁、齐白石、姚茫父和日本画家广濑东亩、小石翠雪等数十人的作品。1926年6月6日，"往中央公园看司徒乔所作画展览会，买二小幅，泉九。"① 司徒乔是鲁迅非常欣赏的画家，所购两幅画是《五个警察一个〇》和《馒头店前》，还把《五个警察一个〇》挂在西三条书房的墙上。1929年5月鲁迅回京探亲时还去过几次中央公园与朋友聚会，5月20日，鲁迅在中央公园还出席了学生李秉中的婚礼，并"赠以花绸一丈"。沉钟社还请鲁迅在中央公园进餐并讨论事情。5月25日，鲁迅在致许广平的信中对中央公园有所描述："十点左右有沉钟社的人来访我，至午邀我到中央公园吃饭，一直谈到五点才散。……中央公园昨天是开放的，但到下午为止，游人不多，风景大略如旧，芍药已开过，将谢了，此外'公理战胜'的牌坊上，添了许多蓝地白字的标语。"②

中央公园在1928年改称中山公园，一直对公众开放。

四、钟鼓楼及周边

（一）钟楼·鼓楼

钟楼位于东城地安门外大街，在鼓楼北面，是老北京中轴线的北端点。钟楼原址为元大都大天寿万宁寺中心阁，明永乐十八年（1420）建，后毁于火。清乾隆十年（1745）重建，两年后竣工。钟楼内正中悬一大铜钟，该钟于明代永乐十八年铸造，为目前我国发现的最重的铜钟，有"古钟之王"之称。鲁迅每次去国子监历史博物馆办事都经过这里，鲁迅日记载：

1913年6月2日，"下午同夏司长、戴芦舲、胡梓方赴历史博物馆观所购明器土偶，约八十余事。途次过钟楼，停车游焉。"③

钟楼建筑小巧却巍峨，每年元旦之时，钟声响起，浑厚有力，绵长数里都能听到。

（二）北海漪澜堂

鲁迅日记载：1926年8月9日，"上午得黄鹏基、石珉、仲芸、有麟信，约今晚在漪澜堂饯行。……晚赴漪澜堂。"④ 漪澜堂在北海公园琼华岛上。据清史记载，每年的农历八月十五日皇太后及皇帝嫔妃们在漪澜堂，每年中秋节为皇

---

① 鲁迅. 鲁迅全集（第15卷）[M]. 北京：人民文学出版社，2005：623.

② 鲁迅. 鲁迅全集（第12卷）[M]. 北京：人民文学出版社，2005：172-173.

③ 鲁迅. 鲁迅全集（第15卷）[M]. 北京：人民文学出版社，2005：66.

④ 鲁迅. 鲁迅全集（第15卷）[M]. 北京：人民文学出版社，2005：632.

太后们摆夜宴，观看太液池放河灯。这里的仿清宫御膳房的小吃和点心非常有名，如栗子面的小窝头、豌豆黄等非常好吃。这一天是鲁迅的好友在漪澜堂为鲁迅办的饯行宴，8月26日，鲁迅便离京南下。

（三）什刹海

什刹海位于北京内城北面，包括前海、后海和西海三片水域及周边地区，又称"后三海"。什刹海原称十刹海，因周边有十座佛寺而得名。清代以后，什刹海成为游乐消夏的开放场所，周边有恭王府、醇亲王府、庆王府、涛贝勒府、广化寺等著名建筑。

鲁迅从1912年8月被任命为教育部社会教育司第一科任科长，负责管辖包括博物馆、图书馆、美术馆等事项。1912至1916年京师图书馆就设在什刹海后海的广化寺，鲁迅常去那里因公视察或借阅图书。顺便也在什刹海周边转转或是饮茶吃饭。1912年8月20日，鲁迅随夏曾佑司长到京师图书馆视察，鲁迅日记载："上午同司长并本部同事四人往图书馆阅敦煌石室所得唐人写经，又见宋、元刻本不少。阅毕偕齐寿山游十刹海，饭于集贤楼，下午四时始回寓。"①

鲁迅去过什刹海很多次，主要在后海一带活动。那里的湖边垂柳与水中的荷花是北京城中绝美的风景，每年端午节到中秋节的庙会，也使什刹海非常热闹，其他时候行人就很稀少了。有一次日记记载非常有趣：1912年9月5日，"上午同司长及数同事赴国子监，历览一过后受午饭，饭后偕稻孙步至什刹海饮茗，又步至杨家园子买蒲陶，即在棚下啖之，迨回邑馆已五时三十分。"②

参考文献

[1] 鲁迅. 鲁迅全集 [M]. 北京：人民文学出版，2005.

作者简介：肖振鸣（笔名萧振鸣），1955年生，男，汉族，籍贯：北京市，单位：北京鲁迅博物馆（已退休），职称：研究馆员，研究方向：鲁迅生平、美术与书法。专著有：《鲁迅美术年谱》《鲁迅书法艺术》《鲁迅与他的北京》《走近鲁迅》等。

---

① 鲁迅. 鲁迅全集（第15卷）[M]. 北京：人民文学出版，2005：16.
② 鲁迅. 鲁迅全集（第15卷）[M]. 北京：人民文学出版，2005：19.

第二部分 02

建筑文化与保护利用

北京中轴线景山至钟鼓楼段保护与利用研究

陆　翔　朱芷晴　廖苗苗

摘要：本文在梳理史料、现状调研的基础上，对北京中轴线景山至钟鼓楼段进行了保护与利用方面的调查与研究，旨在助力北京中轴线申遗保护。

引　言

中轴线是北京老城的脊梁，它源于元代，经明清、民国，至今七百余载，一脉相承。现中轴线上分布三处世界文化遗产，数十处国保单位及多片历史街区，是中国文化的载体，世界文明的华章。为配合北京市、区政府的相关中轴线申遗工作，自 2018 年起，民盟北京市委联合民盟东、西城区委及北京建筑大学文化发展研究院等相关单位组成联合调研组，连续三年对中轴线南、中、北三段进行深入调查。本文研究的对象为北京中轴线北段，研究范围为景山至钟鼓楼段①（参考图 1），研究内容涉及历史沿革、文物建筑、轴线景观、政策法规、社情民意等②。

一、历史情况

北京中轴线北段指景山至钟鼓楼范围，包括景山地区、地安门大街（含地安门外大街、地安门内大街）和钟鼓楼地区。现将相关历史情况简述如下。

（一）景山地区

景山始建于元代，当时这里有座小土丘，名叫青山，属于元大都大内后苑的范围。明北京修建皇宫时，曾在这里堆过煤，又称煤山，由于它的位置正好

---

① 本文指的北京北中轴景山至钟鼓楼段，调研范围参考 2005 年北京市规划委员会出版的《北京中轴线城市设计》一书划定的范围。

② 本文为课题组《北京中轴线保护与利用调研报告（北中轴景山至钟鼓楼段）》转化成果，该报告曾获"2018 年度北京市民主党派参政议政优秀调研成果一等奖"。

在全城的中轴线上，又是皇宫北边的一道屏障，所以，风水师称它为"镇山"。明清时期，园内种了许多果树，养过鹿、鹤等动物，因而山下曾称百果园，山上曾叫万岁山。清顺治十二年（1655），改名为景山。景山名称含义有三：一是高大的意思，《诗·殷武》中有："陟彼景山，松柏丸丸"之句，说的是 3000 多年前商朝的都城内有一座景山；二是因为这里是帝后们"御景"之地；三是有景仰之意。该园 1928 年辟为公园，每年接待大量游客，成为珍贵的历史文化遗迹和文化旅游资源。

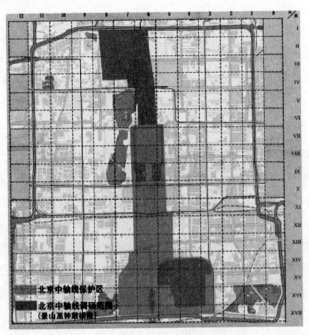

图 1　中轴线景山至钟鼓楼段调研范围

来源：根据陆翔、王其明：《北京四合院（第二版）》改绘

（二）地安门大街

地安门大街，旧时分为两段。以后门桥为界，以北，至鼓楼，明称鼓楼下大街，因在鼓楼之下得名，清光绪《顺天府志》称鼓楼大街；以南，清时称地安门大街（从后门桥至景山后街）。新中国成立后，地安门大街分内外两段，以地安门为界。自元代起，地安门外大街为北京著名的商业区，明代"东四、西四、鼓楼前"中的"鼓楼前"即指此街。今天依然是这样，有地安门商场、马凯餐厅、地安门药店及饮食、百货、图书等数十家商店，鳞次栉比。地安门大街京味浓郁、文化厚重，是具有老北京特色的重要街区。

地安门是北京中轴线上的重要标志性建筑之一，是皇城的北门，南对景山，北对鼓楼，始建于明永乐十八年（1420），时称北安门，清顺治九年（1652年）七月重建，并易名为地安门，为砖木结构之宫门式建筑，面阔七间，正中设朱红大门三门，左右各两梢间为值房。地安门内左右两侧各有雁翅楼一座，为二层楼，原为内务府满、蒙、汉上三旗公署。地安门虽已不复存在，但其文化积淀永不泯灭，若能标识，则能够与天安门呼应，完整地展示老北京皇城的空间格局。

此外，地安门外大街东侧是南锣鼓巷及御河地区，为北京著名的历史文化保护区，现该地区的胡同仍保留着元大都的规制，并有大量珍贵的四合院和名人故居；地安门大街西侧是什刹海历史文化保护区，现为大运河北端世界文化遗产项目，由前海、后海、西海、沿岸寺庙王府和大量胡同四合院组成，被誉为"北方的水乡"，是古都之源和文旅胜地。

（三）钟鼓楼地区

钟楼位于中轴线最北端，距北京旧城北墙约500米。明定都北京后，于永乐十八年（1420）修建皇宫的同时，在现址上重建木结构的钟楼。后被火焚毁，清朝乾隆十年（1745）重建钟楼时，将整座建筑改为全砖石结构。在明清两代，每逢清晨黄昏之时，钟楼都要鸣钟108响，届时京城内外方圆数十里之内，都会回荡起洪亮厚重、悠远绵长的钟声，文武百官、平民百姓皆随钟声作息。

鼓楼坐落在城市中轴线上的北端，至今已有700余年历史。从元代至明代都在城市中建造鼓楼与钟楼，作为城市的报时中心。钟楼与鼓楼高大的体形成为城市中的标志性建筑，尤其对城北什刹海地区的城市空间起着重要的标志作用，鼓楼与中轴线北终端上的钟楼相距约100m。鼓楼于明永乐十八年（1420）与皇宫同时修建，至清代鼓楼仍保持原状，并于嘉庆五年（1800）和光绪二十年（1894）先后两次重修。钟鼓楼作为一种深厚的文化积淀，仍广泛存留在北京老百姓的心中。

二、现状调查

（一）建筑调查

21世纪以来，在北京市和西城区、东城区政府的领导下，景山地区、地安门大街、钟鼓楼地区整治工作取得显著成绩，包括修缮文物、拆除违建、改善业态、增种绿植、修建广场、改善民生等，使该地区整体风貌及人居环境得到显著的改善。但由于历史等原因，该地区建筑保护和街区风貌的整治工作仍有待进一步提升。

1. 景山地区

景山公园内的寿皇殿是北京城中轴线上除了紫禁城外的第二大建筑群。1928 年景山被辟为公园，1955 年寿皇殿成为北京市少年宫。2011 年北京中轴线申遗工作启动后，中轴线上被占用的古建开始腾退和修缮，其中就包括寿皇殿。2018 年底修复后的寿皇殿重新对外开放。对景山地区，有关专家还呼吁应对景山山体进行整体保护。同时，该地区相关工作仍需完善：一是陟山门街区整理工作有待进一步提升；二是京师大学堂旧址（现为单位宿舍）文物腾退工作有待逐步落实。

2. 地安门大街

地安门大街东侧（从南到北）主要问题：一是地安门机关宿舍大楼宜作为历史建筑加以保护；二是东侧内的黄化门街和南月牙等胡同风貌有待进一步整治；三是北海医院体量、高度、外观等方面与大街整体风貌不符；四是万宁桥东北侧的 11 层住宅楼影响中轴线北段的天际线；五是地安门外大街东侧北端部分商业建筑有加层情况。

地安门大街西侧（从南到北）主要问题：一是地安门机关宿舍大楼阳台生活场景影响中轴景观；二是地安门大街与平安大道相交之处未设立地安门标志；三是马凯餐厅外观上应有一定的历史性标识；四是会贤堂、广福观等文物腾退及利用有待推进；五是大街部分的广告、小品应与传统街区风貌协调。

3. 钟鼓楼地区

从整体上看，该地区整体风貌仍保持着清末民初的老北京风韵，具有非常珍贵的保存价值。据调查，钟鼓楼地区主要问题有以下几点：一是铃铛胡同等部分地段架空线杂乱，伴有安全隐患；二是钟鼓楼周边四合院加建、加层情况严重；三是历史上鼓楼南门因修路而有所改变，建议核实情况后再考虑恢复；四是宏恩观（铸钟娘娘庙）的腾退与利用工作应进一步得到重视；五是杨昌济故居、斯诺故居的利用和鼓楼东大街一些传统宅院大门的普查与保护尚待加强。

（二）社会调查

1. 西城什刹海地区调查

课题组赴什刹海街道办事处调查，了解到以下几个方面情况：一是近年来在西城区委、区政府的领导下，什刹海地区"疏解、整治、促提升"工作取得显著的成绩，包括制定相关规划、启动背街小巷整治工作、开展对鼓楼西大街的环境治理工程、促进酒吧街产业转型，现将开展环湖整治工程；二是开展疏解人口和四合院腾退工作，修缮危旧房屋；三是加强旅游管控，游客数量得到适度调整；四是推动会贤堂、贤良祠等文物腾退及广福观再利用工作，为中轴线申遗做准备；五是关注百姓民生，包括建立了社区服务站，增加了绿地及健身、养老、购物设施等；六是加强了治安、管理、交通、环保、社区服务等方面的工作，取得了显著成绩。

另一方面，该地区也面临着如下难题：一是由于补偿资金与优质房源的短缺，使文保区人口疏解工作较为迟缓；二是由于未制定专项规划，该地区的旅游目标、功能、定位、范围、容量、管理等方面缺乏相关法规依据。

2018 年 6 月 19 日，西城区文化委员会、市规土委西城分局、西城区旅游委、什刹海阜景街和大栅栏琉璃厂及天桥演艺区建设指挥部建设管理处 6 单位，与民盟西城区委就西城区政协《关于北京中轴线保护与修复》的党派提案回复工作进行座谈协商。会上，大家就做好顶层设计、分类制定导则、加快文物腾退、提升街区风貌、统筹"新""旧"关系、配套相关政策、助力老城复兴等方面进行了充分研讨。北京中轴线保护与修复工作涉及各行各业，相关单位参会人员从文物修缮、街区整理、中轴修复、服务民生、旅游发展等方面进行了介绍和补充。

2. 东城钟楼湾社区调查

据调查，钟楼湾因钟鼓楼坐落其中而得名，是一个历史悠久的老旧平房区，现有公房院 219 个、公私混合院 47 个、私房院 41 个、公房 1358 间、私房约 300 间；有单位 8 个；宿舍院 10 个（约 230 间房）；户籍数 2118 户、户籍居民数 4787 人；常住户 1352 户、常住居民数 3225 人（2018 年数据）。该地区除有钟鼓楼国家级文物保护单位外，还有豆腐池 15 号杨昌济故居（现为私人院落）、保留着大殿及东西配殿的宏恩观（原铸钟娘娘庙）以及斯诺故居（现为北平会商务会所）。

总体来看，钟楼湾地区亟待解决的问题主要有以下几点：一是中轴线"龙尾"——宏恩观（铸钟娘娘庙）的保护与利用问题；二是钟鼓楼地区文化的发掘、保护、传承问题；三是便民设施布点问题；四是旅游噪声扰民及管理问题；五是妥善疏解人口及改善居住质量问题。据调查，部分居民有外迁的意向，对安置地的交通、教育、医疗、养老、购物等配套设施较为重视，希望政府提供中心城区的优质房源。

3. 居民问卷调查

课题组设计了专门针对居民和游客的两类调查问卷，内容主要涉及房屋建筑、市政设施、旅游体验等相关情况，地点在东城区钟楼湾社区，时间从 2018 年 5 月到 2018 年 6 月，共发出《居民生活及住房情况调查》100 份，收回有效问卷 96 份，发出《中轴线及什刹海地区旅游调查》60 份，收回有效问卷 52 份。

根据问卷反馈情况，居民方面的问题主要是居住困难、旅游扰民、交通困难、养老困难、经济困难等（参见表 1）；游客方面的问题包括历史文化宣传不足、旅游体验欠佳、钟鼓楼周边环境有待进一步提升等（参见表 2）。

表 1　钟楼湾社区居民生活困难方面

问题：您认为目前生活中主要的困难是什么？		
选项	小计	比例
居住方面	68	70.83%
旅游扰民方面	59	61.46%
交通方面	42	43.75%
养老方面	42	43.75%
经济方面	39	40.63%
健身活动方面	27	28.13%
购物方面	23	23.96%
治安方面	18	18.75%
托幼方面	16	16.67%
采暖方面	6	6.25%
本题有效填写人次	96	

来源：作者整理

表 2　中轴线及什刹海的旅游体验情况（钟楼湾社区）

问题：您觉得的中轴线及什刹海的旅游体验如何？		
选项	小计	比例
很好，是体验北京文化的绝佳去处	28	53.85%
一般	10	19.23%
不足，有待改进	14	26.92%
本题有效填写人次	52	

来源：作者整理

三、经验与对策

（一）国内外经验

1. 国外经验

在历史城市保护方面而言，意大利注重增强中央政府对文化遗产的保护力度，发行文化保护特种国债与基金，修复文化遗产，促进国际合作，并制定《国家保护文化和自然景观遗产法典》。在文化遗产利用方面，法国重视国民对文化的传承，强调改善历史街区人居环境、发掘遗址再利用潜力、促进旅游业发展及提升文化遗产在国际上的知名度。在配套政策方面，二战后的欧美各国在历史街区的保护与修复方面探索了一套较为完整的法规与政策体系，包括实行指定制度（文物保护）和登录制度（准文物保护），设立政府专项基金，调整土地性质，鼓励文化产业发展，建立由政府主导、社会参与的保护格局等。

2. 国内经验

上海市对历史文化风貌区的改造，形成了自身的特色。1999 年市政府颁布了《关于本市历史文化风貌区内街区和建筑保护整治的试行意见》。文件中规定了保留、保护、改造的主要原则：一是整治与风貌保护相结合，继承历史文化文脉，保护特色与空间；二是整治与环境改善相结合，包括提高绿化覆盖率，增加公共活动空间及环境景观设施；三是整治与设施完善相结合，完善必要的辅助设施，满足现代化的使用要求，提高居民居住质量。文件还详细规定了市、区各部门在保留、保护试点项目中的主要职责，试点包括黄浦、卢湾等区内的项目。其中，上海"新天地"的改造模式是将历史街区的功能加以置换，即将居住建筑改造为商业建筑，该实践得到了社会的广泛认可。

北京建立了历史文化名城、历史文化保护区、文物保护单位及历史建筑三级完整的保护体系。在老城保护与有机更新方面，北京也取得了显著的成绩，代表案例有菊儿胡同、玉河地区改造、南锣鼓巷"共生院"、古三里河修复、沈家本故居文物腾退等工程等等。

（二）总体思路

1. 指导思想

坚持以习近平新时代中国特色社会主义思想为指导，以《北京城市总体规划（2016 年—2035 年）》为纲要，依据国家、市区相关法规和《保护世界文化和自然遗产公约》，坚持"疏解、整治、提升，保护、传承、利用"的方针，按照"保护为主，有机更新，科学利用，统筹兼顾"的总则，推动北京中轴线及老城的保护与利用工作，为成功申报世界文化遗产打下了坚实的基础。

2. 基本原则

第一，全方位保护原则。物质环境方面：按相关保护规划，加强对传统街区、胡同四合院的保护，并对具有一定历史价值的建筑进行保护；非物质环境方面：应着手保护与景山、地安门大街、钟鼓楼有关的民俗、民间手工艺、原住民。

第二，统筹保护与发展原则。在保护的前提下，探索中轴线景山至钟鼓楼地区复兴的途径，包括调整土地使用性质，优化产业结构，鼓励博物馆、文化产业、传统商业进入，整合历史文化资源，理顺城市功能，做到"保护"为体，"发展"为用。

第三，改善民生原则。包括积极推动人口疏解，妥善安置外迁居民，配套社区便民设施，加强治安管理，继续做好修缮四、五类危房等民生工程。同时，对低收入及特困家庭予以补贴，彰显人文关怀。

第四，社会参与原则。鼓励社会参与的中轴线的保护、整治、利用工作；建立长效机制，形成政府、单位、个人共同承担责任的工作格局。

第五，政策配套原则。继续完善相关政策的配套，包括用地性质变更、产业调整、文物征收、资金配套、人口外迁、社会参与、非物质文化保护等，使各项工作持久、有序、完整。

3. 相关策略

中轴线保护与利用工作是一项复杂的系统工程，涉及保护、整治、展示、利用等多个环节，建议从政策层面和技术层面入手，并采取相关措施。

政策层面：建立登录制度，调整产业结构，合理利用资源，妥善疏解人口，设立保护基金，坚持全面保护，扩大参与程度等；

技术层面：修复中轴线景观带，恢复沿街传统风貌，增加博览、图书、老字号商家，改善居民住房条件，配套养老、托幼、便民生活设施，完善交通、生态、治安环节，适度开展旅游等。

（三）具体对策

根据对北京中轴线北段的历史梳理、建筑调查和社会调查，本文分别对景山地区、地安门大街和钟鼓楼地区的定性、分类、优势和问题进行了分析。在调研的基础上，对不同地段、不同问题提出了相关保护与利用的对策，具体情况参见表2至表4。

表2 景山地区现状、问题与保护建议

地区	自然环境特征	定性与分类	利用的可能性	优势	问题	保护对策	利用建议
景山地区	以山景为主的城市建成区	文化功能，位于皇城保护区（保护区用地——文、文化性质为主）	公共文化设施为主，如博物馆等	文物保护单位密集，整体保存状况较好	1. 陟山门街区品质的进一步提升工作，特别是对极个别影响景观的多层建筑，远期应予以降层或拆除	治理背街小巷，提升街区品质，配合"三年行动计划"，做好疏解整治促提升工作，保护好景山至北海的城市景观视廊	考虑景山西门与北海东门的衔接关系，优化视廊景观，妥善做好处迁住户的安置工作
					2. 京师大学堂的腾退安排	妥善疏解人口，保护与修复文物主体	中国近代第一所国立大学旧址，可考虑建立中国高校博物馆
					3. 加强景山山体的维护，考虑寿皇殿利用工作的落实	据悉，保护与修复工作正在有序开展	按政府及文物部门相关要求予以合理利用

来源：作者整理

表3 地安门大街现状、问题与保护建议

地区	自然环境特征	定性与分类	利用的可能性	优势	问题	保护对策	利用建议
地安门大街东侧	地安门大街南段延续景山；地安门大街北段为滨水城市建成区	地安门内大街位于皇城保护区，主要为文化功能；地安门外大街属历史街区，主要为传统商业功能兼文化功能（保护区用地——传统商业及文化为主）	地安门内大街以公共文化设施为主，如博物馆、书店等；地安门外大街南段（万宁桥以南）以传统商业街为主；地安门大街北段（万宁桥以北）可考虑传统商业兼文化设施，如博物馆、展览馆、书店等	该地区在元明时期曾是有名的传统商业街。21世纪以来，经过多年治理，该地区业态和传统风貌得到显著改善	1. 地安门机关宿舍大楼现在仍为宿舍	建议调整房屋使用功能	结合中轴线功能定位与区位优势，可考虑调整为文化办公用房
					2. 黄化门街和南月牙等胡同风貌有待进一步改善	妥善整治胡同风貌，提升胡同品质	
					3. 地安门大街与平安大道交叉路口增设地安门标识问题	建议研究可行性方案	建议设置地安门标识
					4. 北海医院体量过大，高度、建筑风貌等方面与地安门整体风貌不符	改善建筑风貌，尽量与地安门大街整体风貌相协调，远期可考虑降层	可保留原功能
					5. 万宁桥东北侧11层的中央戏剧学院宿舍过高，影响中轴天际线景观	建议与相关单位沟通，远期可考虑降层或拆除，妥善安置居民外迁	
					6. 地铁八号线什刹海站周边有预留的空地	建议按照中轴线相关规划，在未来的建设中考虑建筑风貌与周边环境协调的问题	据悉，政府方面已有相关安排，建议该地区增设一处什刹海或中轴线博物馆
					7. 大街东侧北端部分商业建筑屋顶有临建加层的情况	可考虑拆除	
地安门大街西侧	地安门大街南段连接景山；地安门大街北段为滨水城市建成区	地安门内大街位于皇城保护区，主要为文化功能；地安门外大街属历史街区，主要为传统商业功能兼文化功能（保护区用地——传统商业、及文化为主）	地安门内大街以公共文化设施为主，如博物馆、书店等；地安门外大街南段（万宁桥以南）以传统商业街为主；地安门大街北段（万宁桥以北）可考虑传统商业兼文化设施，如博物馆、展览馆、书店等	该地区在元、明时期曾是有名的商业街。21世纪以来，经过多年治理，该地区业态和传统风貌得到显著改善	8. 地安门机关宿舍大楼阳台生活场景影响中轴景观	建议调整房屋使用功能	考虑中轴线功能定位，结合区位优势，可考虑用作文化办公
					9. 油漆作胡同建筑有待修缮	进一步改善街区风貌	
					10. 地安门大街与平安大道交叉路口增设地安门标识	建议研究可行性方案	建议设置地安门标识
					11. 地安门外大街105号建筑风貌尚待改善	对建筑外立面进行修缮，使其风貌与街道风貌相协调	初查，该楼有部分住户，可考虑调整
					12. 马凯餐厅已迁到地安门百货商场，该餐厅是什刹海地区的老字号，但外部没有明显的标识	建议结合马凯餐厅原有建筑立面的情况，做标识	保留原功能
					13. 会贤堂腾退工作已持续多年，由于历史、产权等方面原因，文物腾退工作迟缓	现公产房屋部分居民已腾退，单位产房屋腾退工作需要统筹协商	远期按相关部门的安排予以合理利用
					14. 广福观的利用工作可进一步提升，已发挥了其更大的效益	据调查，相关主管部门已有所考虑，在保护的基础上，未来可建成大运河什刹海地区博物馆	未来利用时应考虑广福观外烟袋斜街空间狭小问题，建议广福观对面建筑退后，辟为小广场。
					15. 大街部分商家的广告标识对街区风貌有一定影响	建议对地安门大街广告标识和街道小品统一设计与管理	

来源：作者整理

表4 钟鼓楼地区现状、问题与保护建议

地区	自然环境特征	定性与分类	利用的可能性	优势	问题	保护对策	利用建议
钟鼓楼地区	以平原地区为主的城市建成区。	文化功能，属历史街区（保护区用地——居民兼文化旅游）	公共文化设施为主，如博物馆等，同时可适度开展老北京民俗体验和胡同游览活动	从整体上看，该地区整体风貌和格局仍保持着清末民初的老北京风韵，具有很大的保存价值，十分珍贵。此外，钟鼓楼是全国重点文物保护单位，也是北京中轴线的重要节点	1. 铃铛胡同等部分地段架线杂乱，影响胡同风貌且伴有安全隐患	建议使架空电线入地	根据中轴线相关规划，后续做统一安排
					2. 钟鼓楼周边四合院加建、加层严重，且存在多层建筑，多数建筑属于三类及以下的四合院	建议与市规土部门沟通，尽快出台保护区公房四合院腾退的相关办法，用优质的房源、良好的条件、便捷的交通等要素吸引保护区人口外迁。对低保户、残疾人等弱势群体应予以适当照顾，以彰显人文关怀，并适当保留原著民，以传承老北京优秀传统文化。	
					3. 据当地居民反映，21世纪60年代，鼓楼南侧门房被拆，南墙北移，东西门房格局不对称	建议调查相关情况，如可能，恢复门房原有形制	
					4. 铸钟娘娘庙的保护与修复工作	该庙属于中轴线"龙尾"重要文物建筑，建议进行文物院落腾退，修缮文物保护主体。建议与市文物局沟通，尽快出台文物征收的相关法规，以加快文物腾退工作。据调查，该地区还有单位占用文物现象，建议利用市属单位迁至通州所留下来的房屋，用空间置换的方式，协调推动文物腾退工作。	仍做铸钟娘娘庙，可考虑将该文物融入社区，供社区文化便民服务站使用，鉴于该地区高龄老龄多，可提供老人服务设施，同时该文物可向社会开放，为加入老北京民俗等文化功能，充分发挥文物的社会效应
					5. 鼓楼东大街一些传统宅院大门，应得到普查与保护	对传统宅院大门情况进行普查登记和保护。据调查，钟楼湾地区还有杨昌济故居和斯诺故居，建议外观标识与腾退方面得到合理保护及利用。	建议利用名人故居开展爱国主义教育活动，并融入"胡同游"文旅活动之中
					6. 社区管理方面取得了显著的成绩，但仍有提升的空间	建议做好群众参与工作，推动政府与社会联动保护街区的工作格局；进一步开展"扶老助贫"活动，继续改善人居环境、完善便民配套设施等	建议政府加大资金投入、将该地区做成"样板"

来源：作者整理

四、保护与利用建议

为做好北中轴地区相关工作，特提出以下几点建议。

一是全球视野，顶层设计。北京中轴线拥有深厚的文化底蕴，通古今，融中西，是中国乃至世界文明的华章。中轴线保护与利用工作应有全球视野，要与提高国家文化软实力、提升中华文化影响力和建设北京全国文化中心及中轴线申遗工作相结合，做到明确目标、顶层设计、统筹兼顾、有序落实，为实现中华民族伟大复兴的中国梦和未来人类文明的美好发展助力。景山至钟鼓楼段，是北京中轴线的重要组成部分，也是中轴线保护与利用工作的难点区段，建议加大政策扶持的力度，做好相关工作，为未来北京中轴线申报世界文化遗产打下坚实的基础。

二是成立机构，制定规划。建议市委、市政府成立"北京中轴线保护与利用委员会"，该机构可由市政府牵头，联合东城、西城政府及市文物、土地、规

划部门，统筹安排中轴线保护与利用工作，同时成立"北京中轴线保护与利用专家委员会"，并邀请部分居民代表加入，为政府决策提供智力与信息支持。北中轴地区跨东西城区，建议应加强东城区景山、交道口、安定门街道办事处和西城区什刹海街道办事处之间的相互配合，探索成立跨行政区划的平台与机制，做到市区联动，东西配合，共同推动北中轴地区的保护与利用工作。另一方面，建议制定《北京中轴线保护与利用规划》，协调好土地、人口、功能三大城市要素，规划包括保护目标、利用方式、分区导则、实施时序、保障措施等方面内容。据悉，南锣鼓巷地区已出台街区导则，什刹海地区将要制定街区导则，鉴于北京新总规将南锣鼓巷与什刹海地区列为十三片文化精华区之一，上述地区导则应相互协调。

三是因地制宜，分类指导。要因地制宜，根据具体情况采用相应策略：景山地区目前重点的工作应为陟山门街区整治工作的完善，京师大学堂文物的腾退，旅游容量的控制，景山山体的维护，景山寿皇殿的充分利用；地安门大街目前重点的工作应为修复城市景观带，恢复地安门外传统商业街，标识地安门，妥善推动会贤堂腾退工作，考虑未来相关文物的腾退和利用事宜；钟鼓楼地区目前重点的工作应为制定街区导则，恢复建筑风貌，推动文物腾退，妥善疏解人口，做好"扶老助贫"，完善便民设施，保护名人故居，适度开展老北京民俗文化旅游活动。

四是配套政策，启动试点。应根据中轴线地区的实际情况和发展需要配套相关政策。近期应在疏解人口、文物征收、公房腾退、导则协调、标识设计、非遗传承、生态保护、交通管控、旅游管理、资金配套、民生改善等方面进行可行性研究，对于必要的再建项目应严格审批，不宜采用"新古董"代替"老文物"的方式进行建设，应根据不同的地段限制相应的高度，以保证中轴线良好的城市景观视廊。同时，要尽快探索妥善疏解人口的办法，应全市"一盘棋"，按照"核心区—中心城区—郊区—环北京周边地区"的原则，采用"梯次"疏解的方式，用优惠的条件吸引老城保护区住户外迁，如提供中心城区五环至六环地段的优质房源等，对低保户等弱势群体要适当照顾，以彰显人文关怀，并适当保留原住民，传承老北京优秀传统文化。可在白米斜街社区和钟楼湾社区先做试点，待成熟后供中轴线其他地区借鉴。

五是文物腾退，统筹安排。一是对未腾退的文物（主要是单位占用的重要文物），应考虑抓住市属单位迁至北京通州副中心的时机，利用市属单位所留下的房屋院落，用空间置换的方式进行文物腾退，特别是对于中轴线核心区的重要文物，应统筹安排，逐步腾退，为未来中轴线申遗工作做铺垫；二是对于正在腾退的公产文物，应尽快出台老城文物征收法规，对极少数的"钉子户"要有相应的措施，以加快中轴线地区多年未落实的个别文物腾退工作；三是对于已腾退的文物利用，应与全国文化中心定位、爱国主义教育及社区便民服务设施结合起来，充分发挥文物的综合效益，使文物融入老百姓的生活，鼓励社会积极参与，提升文物的利用率，使文化遗产真正"活"起来。

六是新旧结合，提升品质。历史街区既要传承保护，也要创新发展。应根据历史积淀、时代需要、百姓期盼，协调好"保护"与"利用"的关系，做到"保护为体，发展为用"。同时，中轴线地区的保护，应将人文环境与自然环境适当融合，包括胡同文化提升、街区风貌改善、生态环境修复、管理机制完善、宜居环境创造、百姓民生改善、爱国主义教育、文旅设施安排等。建议配合"疏解整治促提升"专项行动，建立区、街道、社区三级综合管理体系，以中轴线核心保护区为重点，在疏解非首都功能、整治街区风貌、改善人居环境、提升街区品质及满足人民群众的幸福感方面做好相关工作，为中轴线申遗和北京老城复兴开好头、起好步。

参考文献

［1］张松．历史城市保护学导论　文化遗产和历史环境保护的一种整体性方法：第2版［M］．上海：同济大学出版社，2008：3.

［2］陆翔，王其明．北京四合院：第2版［M］．北京：中国建筑工业出版社，2017：1.

［3］北京市古代建筑研究所，北京市文物局资料信息中心编．加摹乾隆京城全图［M］．北京：北京燕山出版社，1996.

作者简介：陆翔，1958年6月，男，北京，北京建筑大学，文化发展研究院研究员、原民盟北京市委委员、北京市西城区政协常委，研究方向：北京建筑史、北京历史文化保护区、北京四合院。

朱芷晴，1996年9月，女，辽宁沈阳，硕士研究生，北京建筑大学，学生，研究方向：建筑历史与理论、城市设计。

廖苗苗，1992年2月，女，重庆，硕士研究生，中机中联工程有限公司，研究方向：建筑历史与理论。

天坛建筑文化遗产研究

胡　燕　程家琳

摘要：天坛位于北京中轴线南段，是我国古代祭天的场所，承载了中国传统礼制文化的精髓，体现了建筑文化的博大精深。本文研究了天坛建筑群的历史演变，分析了主要建筑的形制特点，探讨了中国传统文化在天坛建筑中的运用。

北京中轴线以紫禁城为核心，从永定门到钟楼，绵延 7.8 公里，是世界城市建设史上最伟大的城市设计范例。北京中轴线是一个完整的体系，表达了中国古人的礼制思想、城市建设理念，是北京的一张熠熠生辉的金名片。

天坛位于北京外城的东南部，与中轴线西侧的先农坛对应，由内外两道城墙包围，是中国最大和最完整的古代祭天建筑群。随着封建制度被推翻，天坛失去了其作为国家祭祀场所的地位，并于 1918 年成为一个公园，改变了它的特征和功能。

一、中国传统文化礼制思想

自古以来，中国人就有尊重和热爱大自然的传统。在中国古代建筑文化中，建筑是一代代中国人与自然保持亲密"对话"的绝佳方式。这样一来，人和世界上的万物就作为一个不可分割的共同体联系在一起。天坛是世界上最大的祭天建筑群，具有重要的文化价值，因为它最充分地表达了人们对天的认识、尊重和期盼，给人以圆满、完美、无限、和谐、启迪和崇高的审美享受。在当今不平衡的自然生态环境中，徜徉在天地间的自然气息中，在松树和柏树的环绕中，可以感受到天坛建筑之美背后蕴含的中国哲学思想，还可以感受到天人合一的境界。这就是天坛被列为世界文化遗产的真正含义。天人合一的境界是中国古代文化的一个基本方面，而天坛作为明清两代皇帝的祭祀和祈祷场所，是这种文化的具体体现，这是对天人合一思想的象征和完美表达①。

天坛选址在北京以南的原因是《周易》先天八卦图。据《周易·说卦》记载古人提出了这样的理论：根据先天八卦的方向，乾南，坤北，离东，坎西，兑东南，艮西北，震东北，巽西南。古人认为，先天八卦的八个方向是天和地、太阳和月亮的原始方位。为了使天坛、地坛、日坛、月坛与先天八卦相对应，在北京古城的南部建了天坛，在北部建了地坛，在东部建了日坛，在西部建了月坛②。

二、天坛历史沿革

洪武元年（1368），大明王朝登上了历史舞台。明太祖朱元璋选择了南京作为首都，为了巩固自己的权利，沿袭了前朝的文化和礼仪，大规模的建设计划开始了。除了建造宫殿和城墙之外，最重要的建筑是各种祭坛。朱元璋在南京南郊修建了圜丘坛，祭祀昊天上帝，在北郊修建了方泽坛，祭祀皇地祇神。在东郊和西郊，他分别修建了日坛和月坛，用来祭祀大明神和夜明神。他还在皇宫的南侧修建了社稷坛和太庙，在圜丘坛西侧修建了先农坛。

洪武十年（1377），南京经历了持续阴雨的"异常天气状况"。朱元璋认为，这意味着代表父亲的"天"和代表母亲的"地"应该被分开祭祀，因此他急忙下令将北郊的方泽坛和南郊的圜丘坛合并祭祀，并为合并后的仪式新建一座大殿。这个聚集了所有神灵的地方，被朱元璋命名为"天地坛"。

永乐十八年（1420），明成祖朱棣将首都从南京迁至北京。他不仅建造了紫禁城，还在南郊建造了天地坛，仿南京型制，这也是后来天坛的前身。

嘉靖皇帝时期，进行了轰轰烈烈的"大礼议"之争，祭祀制度进行了多项改革。为了巩固皇帝政权，他恢复了以前的天地分离的祭祀制度，将天地坛分别设置。南郊原来的天地坛被改为专门祭祀昊天上帝的"天坛"。在北面的郊区，建造了一个方泽坛，用来祭地，被称为"地坛"。到了嘉靖二十一年（1542），在大祀殿的废墟上建起了大享殿，今天北京天坛祈年殿的前身就是大享殿③。

在清朝，天坛得到了较大发展。顺治入京后，继承了明朝的宫殿建筑，开始着手重建北京的祭坛和寺庙。

---

① 吴婧. 天坛祭天——孕育中国古代特权法的仪式载体 [J]. 湖北经济学院学报（人文社会科学版），2009，6（5）：80-81.

② 石光，丁君德. 象征手法在天坛建筑中的运用 [J]. 中华建设，2007（7）：66-67.

③ 李丽丽. 明清北京天坛建筑中皇权象征的研究 [D]. 黑龙江大学，2019（27）.

新的天坛是在明代天坛的基础上建造的。新天坛大体由南部的圜丘坛，北部的大殿，西部的斋宫以及神乐署和牺牲所这几组建筑组成的。清顺治二年（1645），制定了祭坛和寺庙的礼仪规则。顺治十七年（1660），恢复了明朝初年的天、地、人合祀旧制，并决定在大享殿举行天、地、人合祀。然而，这一制度在康熙年间废除了。

乾隆时期，开始对天坛进行大修，首先是重建斋宫，然后是改造寝宫。随后，在乾隆十四年（1749），完成了对圜丘的修复工作。乾隆十六年（1751），乾隆皇帝的兄弟亲王弘昼提出大享殿应该是感谢秋收神灵的地方，即所谓的"季秋享明堂"。当时，大享殿名不副实，因此，乾隆皇帝将大享殿改名为"祈年殿"，大享门也改成"祈年门"。

1900 年，庚子事变时期，八国联军攻破永定门西墙，将原本只通向马家堡的京津铁路延伸到了清潭西台墙下，并将清沟门改造成车站。后来，由于清政府的干预，铁路路线改为前门站，天坛祈年殿的坛门被恢复。

1949 年中华人民共和国成立后，政府对天坛的文物和遗址的保护和维修进行了大量的投资。为了使古老的天坛更加宏伟，进行了广泛的修缮和景观工程，形成了一个占地 200 公顷的公园。1961 年，国务院宣布天坛为"全国重点文物保护单位"，1998 年被指定为联合国教科文组织"世界文化遗产"。

三、天坛建筑

（一）天坛总平面

北京天坛有两道坛墙，一内一外，呈"回"字形，分为内坛和外坛（图1）。内外坛墙的南部转角为方形，北部转角为圆形，意为"天圆地方"。外坛墙周长为 6553 米，南北为 1657 米，东西为 1703 米；内墙周长为 4152 米，高度为3.53 米。最初，外墙只有祈谷门和西墙的圜丘坛门，后来新开了东门和北门，内墙南面的昭亨门被改建为南门。内墙有六个门，其中东门、北门和西门在祈谷坛，泰元、昭亨、广利门在圜丘坛。原先内墙和外墙都是土墙，但在乾隆十二年（1747），土墙被砖墙取代，砖墙更厚、更宏伟。天坛的主要建筑都集中在内坛，所有的宫殿和祭坛都朝南，形成一个象征天圆地方的弧形。宫殿的布局和结构非常独特，轴线北侧是祈谷坛和皇乾殿，南侧是圜丘坛和皇穹宇，由围墙和三个方门连接起来。南北两部分由"丹陛桥"连接，它形成了南北向的轴线，是天坛最重要的部分①。

---

① 李志启. 北京天坛的建筑格局［J］. 中国工程咨询，2011（3）：72-74.

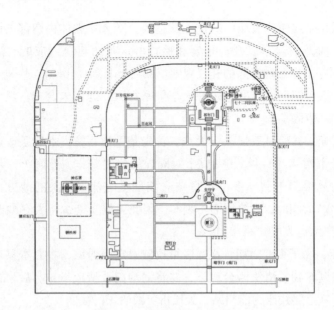

图 1 天坛建筑群总平面图

来源：根据天坛导游图改绘

在中国古代建筑中，最高的建筑位置是"面南背北"。在天坛，所有与"天"有关的东西，如祈年殿、皇穹宇都朝南，而斋宫，即被称为"天子"的皇室住所则坐西朝东。轴线上都是与天有关的建筑，斋宫偏离轴线，降低了它的等级，并显示出天与皇帝的父子关系。

天坛表达了以审美形象的无限性来压倒和威慑精神的力量。"非壮丽无以重威"，简单的形式和巨大的体量可以向人们传达神圣文化中固有的巨大精神力量，古埃及的金字塔、封建王朝的宫殿和中世纪欧洲的哥特式教堂都是如此。天坛的建造采用了最宏大的用地规模，面积是紫禁城的三倍，以展示"天"的力量。主入口在西边，主要建筑群在东边，在到达主轴之前有一条 1 公里长的运河穿过密集的柏林，这种布局缩短了地和天之间的距离，创造了一个平静而雄伟的环境和氛围①。

（二）圜丘

圜丘是一个三层的圆形露天平台，也叫"祭天坛"、"拜天坛"，它作为祭祀场所，仿照古代的郊祭仪式，形式简单、质朴，头顶是天空，脚下是大地，披星戴月。所以，祭祀场所是一个祭坛，而不是一栋建筑。祭坛被森林和植被

---

① 谷健辉. 场所的解读——明清北京天坛的文化象征意义 [J]. 华中建筑, 2005（2）: 114-115.

包围，庄严的氛围将人们引向蓝天和宇宙的广阔境界①。它表面为艾叶青石，有汉白玉雕刻的栏杆和柱子，有两面方形的外墙和象征"天圆地方"的圆形内墙。"圆"和"方"的简单几何暗示了一个三维的、多层次的空间形象。

圜丘是中国最传统的建筑，也是古代户外郊祭的原型，中国的建筑是人与天之间的中介，当人需要直接与天地相连时，就不需要这种木质结构，只需要留下基座。这种对建筑的思考方式在世界其他国家中是独一无二的。阴阳和五行是中国传统思想的核心表达。"阴阳五行"是古人对宇宙、上天与环境的影响、地球的四季变化、昼夜更替等关系逐步认识的一个简单结论，其中五行是最基本的组成部分。这种简单明了的哲学理论作为一个更高的层次调节着其他具体事物。因此，天坛建筑可以根据这些古老的思想来理解。圜丘以简单的形式和体量说明了中国古代的思想，以建筑为起点向外看宇宙，采取"坛而不屋"的形式，表达了宇宙是建筑本身、建筑是宇宙的化身的理念，这样才能与宇宙万物融为一体。这种天人合一的思想也证明了中国传统建筑的思想深度。而每年皇帝会出席向天致敬的祭天仪式，冬至前一天，皇帝在斋宫沐浴，冬至期间，在此举行祭天大礼，用于祭祀的猪牛羊都在牺牲所饲养，祭天时必须穿祭祀服，升火悬灯，奏响钟鼓之乐，迎唱神圣的歌曲，举行盛大的仪式，祈求天神保佑国家和人民。这一点为世人所知，这一祖训也作为一种传统流传下来②。

在中国古代，数字九被认为是数字的极点和最高贵的象征。天的数目是二十五，地的数目是三十，天和地的数目是五十五。据此，奇数1、3、5、7、9为阳数，偶数2、4、6、8、10为阴数，阳数中最大的是9，其中最重要的是5和9，它们是单数的中间数和最后数，具有象征作用，皇帝被称为"九五之尊"，就是数字的典型象征。在北京及周边地区的祭坛中，天坛的级别最高，采用九重制，三层檐顶，三层基座。圜丘也与数字九密切相关，它的中心是一块圆形大理石，从祭坛中心到外围三层，每层都铺有九环扇面形状的扇面石板，每个环是三的倍数，上层的第一环为9，第二环为18，第三环为27，第儿环为81，都取九或九的倍数，取名九九，象征着天空，中层的环为90块到162块，下层的环为171块到243块。三层共有378个"九"，3402块扇形石板。整个环形结构是对数学的巧妙运用，这些数字与天坛建筑合而为一，并包含着深刻的

---

① 王小回. 天坛建筑美与中国哲学宇宙观 [J]. 北京科技大学学报（社会科学版），2007（1）：157-161.

② 赵宴刚. 北京天坛建筑文化在世界各地的影响研究 [J]. 文化创新比较研究，2017，1（3）：110-112.

文化象征意义①。

（三）皇穹宇

圜丘的北面是皇穹宇，是供奉圜丘祭祀神的地方，也是存放祭祀神牌的地方。它建于 1530 年，原名泰神殿，1538 年改名为皇穹宇。它是重檐圆攒尖顶，它于 1752 年重建，并以鎏金宝顶单檐蓝瓦圆攒尖顶取代，而大殿的墙壁是圆形的砖墙，从远处看就像一把巨大的金顶蓝宝石伞。砖木结构没有横梁，屋顶由八根檐柱、八根金柱和众多斗拱支撑，巧妙地运用了力学原理。三层天花藻井在古代建筑中非常有特色。正殿外有著名的回音壁、三音石和对话石（见图 2）。

图2　皇穹宇

来源：作者拍摄

（四）祈年殿

祈年殿位于丹陛桥的北端。这个主要建筑群的整体布局是院落式的，位于

① 李志启. 北京天坛的建筑格局［J］. 中国工程咨询，2011（3）：72-74.

庭院南北轴线的北侧。院子呈长方形，四周有围墙，东西两侧的大门对称排列，祈年门在南侧，皇乾殿在北侧，在院子的东南角有祭天时所用之物。进入祈年门时有一条两边对称的走廊，在北侧的中间是祈年殿。

祈年殿建在三层汉白玉台基上，每层的栏杆上都雕刻着龙、凤和云的图案，台基中央是祈年殿，三重檐圆攒尖顶（见图3）。它的平面直径为26米，高38米。三层圆顶覆盖着青色的琉璃瓦，层层升高，象征着天，形成很和谐的建筑外轮廓。从祈年门内院子南端望祈年殿，视线仰角约26度，是可以看到祈年殿的最佳视角。

图3　祈年殿

来源：作者拍摄

在祈谷大典时，皇帝身着天青色祭服步入祈谷坛，通过迎帝神、奠玉帛、进俎、初献、亚献、终献、撤馔、送神和望燎一系列复杂的仪式，将美酒和美食奉献给昊天上帝，同时祈求风调雨顺、五谷丰登、国泰民安。每到春耕季节，人们都会在这里祈祷丰收。

祈年殿是古代人向神灵祈祷来年丰收的建筑。它是一个祭天的神圣场所，与周期性循环有关，在建筑的名称祈年殿的"年"中得到印证，这里的"年"是一个时间单位，与农业周期有关。在传统的学术理论中，循环意味着一系列连续的、不确定的再生，其结束则意味着完成，这种解释也适用于建筑物。在祈年殿中，有 4、12、24 等数字。中央藻井下的四根龙柱象征着四季；12 根外檐柱代表一年的 12 个月，12 根中柱代表一天的 12 个小时；24 根柱子也代表 24 个节气。这些数字的意义在于，它们象征着生命周期的结束和对"天"的理解①。殿内大厅的结构和开间不仅满足了使用的需要，而且充分显示了中国古代建筑中天人合一思想的深刻影响②。

（五）丹陛桥

丹陛桥又称海墁大道，是一座长 360 米、宽 29.4 米的砖石台基，作为天坛内殿的主轴，连接着祈年殿和皇穹宇。"丹"是红色的意思，而"陛"最初代表着皇宫前的台阶，"桥"字则是因为道路下面的券洞，与上面的大道形成一个多层次的交叉口。桥的南端高约 1 米，北端高约 3 米，由南向北逐渐升高，象征着皇帝的步步高升。丹陛桥中心大道为"神道"，是升天之路。左边是"御道"，右边是"王道"。天神走神道，皇帝走御道，王公大臣走王道。

桥的东侧有一个方形的砖砌平台，称为具服台，三面都有雕刻的石栏杆，皇帝祭祀时在这里洗漱更衣。每年的祈谷礼在祈年殿举行时，首先在这个平台上搭起一个圆形幄帐，通常称为小金殿。皇帝从斋宫到祈年殿行礼，首先在这个"小金殿"里换衣服。进入祈年殿前要脱鞋，表示洁净，不将微尘带到神坛上。

（六）斋宫

斋宫是皇帝在祭祀大典前进行斋戒的宫殿。斋戒中要求："不饮酒，不食葱韭薤蒜，不问病，不吊丧，不听乐，不理刑名，不与妻妾同处。"一般在祭祀之前，需要进行三日斋戒，皇帝在斋宫致斋，百官在各自衙署内致斋。

各种祭祀祈福的场所都建有斋宫，现存最完整的斋宫就是天坛内的斋宫。斋宫位于内坛西南隅，在圜丘西北方，平面呈方形。宫内建有无梁殿、寝殿、钟楼、值守房和巡守步廊等礼仪、居住、服务、警卫专用建筑，均采用绿色琉璃瓦，以两重宫墙、两道御沟围护。斋宫布局严谨，是中国古代祭祀斋戒建筑的代表作。无梁殿即斋宫正殿，绿琉璃瓦庑殿顶，殿内为砖砌拱券，没有木构梁架，主要为避免火灾发生。无梁殿是皇帝白天斋戒场所，殿内陈设朴素，明间高悬

---

① 罗杰威，王天赋. 中国古代祭天坛庙建筑中的学问 [J]. 建筑与文化，2014（3）：119-120.

② 李金晶. 浅谈中国古建筑的美——以"北京天坛"为例 [J]. 大舞台，2011（6）：252-253.

"钦若昊天",为乾隆皇帝御笔,表达了天子对皇天上帝的虔诚之心(见图4)。

图4　斋宫内景

来源:作者拍摄

斋宫有两层宫墙,外层叫砖城,周长 66.07 米,内层叫紫墙,周长 41.33 米。紫墙周围有 167 间回廊环绕,守卫城墙的八旗士兵在这里遮风避雨。回廊外是一圈壕沟,整个斋宫层层设防。

斋宫坐西朝东,并非坐北朝南。这是因为帝王虽为人君,但是昊天上帝的儿子,向天效忠,于是将最尊贵的方位让给了"天",反映了"奉天承运"的思想。

天坛以严谨的规划布局、独特的建筑造型、华丽的室内装饰而闻名。天坛是中华传统文化的载体,它体现了传统哲学思想,蕴含了丰富的象征意义。天坛是中华民族几千年创造积累的建筑文化和非物质文化的载体,内涵丰富。天坛不仅是中国建筑史的重要组成部分,而且也是世界建筑艺术的珍贵遗产。

参考文献

[1] 吴婧.天坛祭天——孕育中国古代特权法的仪式载体 [J].湖北经济学院学报(人文社会科学版),2009,6(5):80-81.

[2] 石光,丁君德.象征手法在天坛建筑中的运用 [J].中华建设,2007

（7）：66-67.

[3] 刘勇. 浅论北京天坛的建筑基址规模及其平面与空间艺术处理 [J]. 建筑知识，2010，30（S1）：17-18.

[4] 李丽丽. 明清北京天坛建筑中皇权象征的研究 [D]. 黑龙江大学，2019（27）.

[5] 李志启. 北京天坛的建筑格局 [J]. 中国工程咨询，2011（3）：72-74.

[6] 谷健辉. 场所的解读——明清北京天坛的文化象征意义 [J]. 华中建筑，2005（2）：114-115.

[7] 王小回. 天坛建筑美与中国哲学宇宙观 [J]. 北京科技大学学报（社会科学版），2007（1）：157-161.

[8] 赵宴刚. 北京天坛建筑文化在世界各地的影响研究 [J]. 文化创新比较研究，2017，1（3）：110-112.

[9] 李志启. 北京天坛的建筑格局 [J]. 中国工程咨询，2011（3）：72-74.

[10] 王炳江. 传递天穹之美——中国古建筑构件"藻井"艺术语言研究 [J]. 书画世界，2018（9）：86-88.

[11] 罗杰威，王天赋. 中国古代祭天坛庙建筑中的学问 [J]. 建筑与文化，2014（3）：119-120.

[12] 李金晶. 浅谈中国古建筑的美——以"北京天坛"为例 [J]. 大舞台，2011（6）：252-253.

作者简介：胡燕，1975年生，女，汉，山西省太原市，北方工业大学建筑与艺术学院，副教授，博士，研究方向为文化遗产保护。

程家琳，1998年出生，女，汉，安徽省淮南市，北方工业大学建筑与艺术学院，硕士研究生，研究方向为文化遗产保护。

永定门城楼的历史与复建

刘文丰

摘要：本文经过查阅史料、图像文物、历史照片等方式收集资料，详细地梳理了永定门建筑发展变迁的过程，并论述了永定门作为北京中轴线南端起点的重要地位，以及复建的意义和过程。

一、永定门的历史沿革

永定门外地区是首都功能核心区内重要的文物埋藏区，出土文物上起先秦下至明清，内容丰富，传承有序。其中，在永外安乐林出土的唐（781）《棣州司马姚子昂墓志》，清晰地记录了永定门周边为唐幽州城东南六里燕台乡的历史，比明永乐帝建都北京早了 640 年（参考图 1），这是永定门地区目前已知的最早地名。

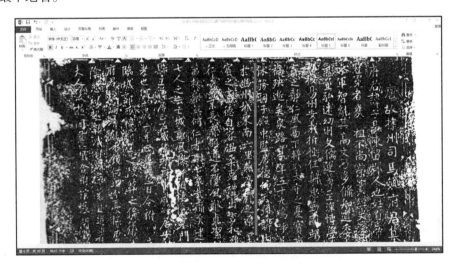

图 1　唐姚子昂墓志拓片中关于燕台乡的记载

来源：北京文物研究所藏拓片

辽金时期，永定门地区成为辽南京和金中都东郊所在，特别是金中都城的东南角就位于今永外马家堡北京南站的位置。元代以后，统治者在金中都东北利用积水潭水系另建元大都城，永定门地区成为元大都南郊。按《日下旧闻考》的记载，元代的天坛就位于今永定门外①。永定门外保存至今的燕墩据传为元代的烽燧遗址。清人杨静山有"沙路迢迢古迹存，石幢卓立号燕墩。大都旧事谁能说，正对当年丽正门"的诗句。

（一）明代的永定门

洪武元年（1368）明太祖遣将徐达攻占元大都后，改大都路为北平府。以北平北部地多空旷，而城区过大，防线过长，因此将北平北城墙向南缩减五里。但到了永乐迁都之际，城内空间又显局促。于是又把城墙向南拓展二里，另筑一道城墙，从而形成了北京内城的轮廓。正统年间，又以军兵万人修建京师九门城楼，至此内城城垣工程全部完成。

《京师总纪》完整地记录了这段历史：

洪武初改大都路为北平府，缩其城之北五里，废东西之北光熙、肃清二门。其九门俱仍旧。大将军徐达命指挥华云龙经理故元都，新筑城垣，南北取径直，东西长一千八百九十丈……此明初未建都以前北平府时所设规制也。永乐四年闰七月，建北京宫殿，修城垣。十九年正月告成。城周四十五里。门九：正南曰丽正，正统初改曰正阳；南之左曰文明，后曰崇文；南之右曰顺承，后曰宣武；东之南曰齐化，后曰朝阳；东之北曰东直；西之南曰平则，后曰阜成；西之北曰和义，后曰西直；北之东曰安定；北之西曰德胜……正统元年十月，命太监阮安、都督同知沈清、少保工部尚书吴中率军夫数万人修建京师九门城楼。初京城因元之旧，永乐中虽略加改葺，然月城楼铺之制多未备，至是始命修之。命下之初，工部侍郎蔡信言于众曰：役大非征十八万人不可，材木诸费称是。上遂命太监阮安董其役。取京师聚操之卒万余，停操而用之，厚其饩廪，均其劳逸，材木工费一出公府之所有。有司不预，百姓不知，而岁中告成……四年四月，修造京师门楼城濠桥闸完。正阳门正楼一，月城中左右楼各一，崇文、宣武、朝阳、阜成、东直、西直、安定、德胜八门各正楼一，月城楼一。各门外立牌楼，城西隅立角楼。又深其濠，两崖悉甃以砖石，九门旧有木桥，今悉撤之，易以石。两桥之间各有水闸、濠水自城西北隅环城而东，历九桥九闸，从城东南隅流出大通桥而去。自正统二年正月兴工至是始毕。焕然金汤巩固，

---

① ［清］于敏中．日下旧闻考：卷九十［M］．北京：北京古籍出版社，1980：1522．

足以耸万年之瞻矣。①

正统朝整修北京城垣后，随着都市的发展，北京城外四郊关厢地区日渐繁华。尤其是正阳、崇文、宣武三门外，由于靠近皇城，又是面朝之地，也是天子郊祀的必经之路，因此前三门外的关厢地区发展最为迅速。漕运货物利用通惠河可直达崇文门外。永乐迁都之初，就在正阳门外修建廊房，以容纳四面八方的客商百货。这些都进一步促进了南城地区的商贸繁荣。

随着城外四郊关厢的繁荣与发展，产生了该区域内的安全问题。修筑外城不但可以保护关厢地区的安定繁荣，同时也为内城增加了一道防线。特别是经历己巳、庚戌两次蒙古兵围困都城的教训，修筑外城的决策便提上了议程。

成化十年（1474）定西侯蒋琬为筑京师外城进言：“太祖肇建南京，京城外复筑土城以卫居民，诚万世之业。今北京但有内城，己巳之变敌骑长驱直薄城下，可以为鉴。今西北故址犹存，亟行劝募之令，济以功罚，成功不难。”② 言辞恳切，但当时的明宪宗朱见深并未采纳这一建议。

直到 68 年后随着蒙古铁骑扣关，边警日急，建造北京外城之议才旧案重提。嘉靖二十一年（1542）七月初十日：

边报日至，湖广道御史焦琏等建议，请设墙堑、编铺长以固防守。兵部复请于各关厢尽处及沿边建立栅门、墩门。掌都察院事毛伯温等复言：古者城必有郭，城以卫君，郭以卫民。太祖高皇帝定鼎南京，既建内城，复设罗城于外。成祖文皇帝迁都金台，当时内城足居，所以外城未立。今城外之民殆倍城中，思患预防，岂容或缓。臣等以为宜筑外城便。疏入，上从之。敕未尽事宜，令会同户、工二部速议以闻。该部定议复请。上曰：筑城系利国益民大事，难以惜费，即择日兴工。民居、葬地给他地处之，毋令失所。③

嘉靖帝本决定增筑外城，但因财政困难，不得不暂时搁置。嘉靖二十九年（1550）八月，蒙古鞑靼军劫掠京畿，戮民无数，史称“庚戌之变”。这次战乱终于促使朝廷下决心修筑外城。

嘉靖三十二年（1553）正月给事中朱伯宸复申其说：“谓尝履行四郊，咸有

①　参见［清］于敏中. 日下旧闻考：卷三八［M］. 北京：北京古籍出版社，1980：605.

②　［明］张延玉，等. 明史：卷一五五［M］. 北京：中华书局，1974：4260.

③　［明］徐阶，等. 明世宗实录：卷二六四［M］. 上海：上海书店出版社，2015：5-6.

土城故址，环绕如规，周可百二十余里。若仍其旧贯，增卑培薄，补缺续断，事半功倍，良为便计。通政使赵文华亦以为言。上问严嵩，力赞之。因命平江伯陈圭等与钦天监官同阁臣相度形势，择日兴工。复以西南地势低下，土脉流沙，难于施工。上命先作南面并力坚筑，刻期报完。其东西北三边，俟再计度。于是年十月工完，计长二十八里。"① "（十月）辛丑，新筑京师外城成。上命正阳外门名'永定'，崇文外门名'左安'，宣武外门名'右安'，大通桥门名'广渠'，彰义街门名'广宁'"。② 自此北京城垣形成了"里九外七"的"凸"字形轮廓并延续至今。

明代永定门初称正阳外门，另有永安门、永昌门等名号，寓意"永远安定"。始建于明嘉靖三十二年（1553）闰三月乙丑，十月辛丑日建成③。嘉靖四十二年（1563）增筑瓮城，未建箭楼。"嘉靖四十二年十二月乙巳朔，工部尚书雷礼请增缮重城备规制，谓永定等七门当添筑瓮城，东西便门接都城止丈余。又垛口卑隘，濠池浅狭，悉当崇甃深浚。上善其言，命会同兵部议处以闻。"④ 嘉靖四十三年（1564）正月壬寅日"增筑瓮城于重城永定等七门。"⑤

据《酌中志》记载："正阳等九门、永定等七门，正副提督二员，关防一颗。"⑥ 明代永定门防务一般由内官充任提督管理。如万历四十三年六月己卯日"命管文书内官监太监冉登总督正阳等九门并永定等七门巡视点军。"⑦ 士兵配置按《明会典》记载："永定等七门军士一千一百一十二副。"⑧ 具体到永定门而言，它的管理是由正阳门掌门官带管。按《酌中志》所记："京城内外十六门，正阳门，掌门官一员，管事官数十员。带管外罗城南面居中永定门。凡冬至圣驾躬诣圜丘郊天，并耕藉田，崇祯辛未年五月初一日，今上因旱诣圜丘步祷，咸由正阳门出也。"⑨ 由此可见，永定门在外城七门中的特殊地位。

从南京博物院藏明代晚期的《北京宫城图》中，可以看到明代永定门建筑

① ［明］孙承泽．天府广记：卷四［M］．北京：北京古籍出版社，2001：43.
② ［明］徐阶等．明世宗实录：卷四〇三［M］．上海：上海书店出版社，2015：6-7.
③ ［明］谈迁．国榷：卷六十［M］．北京：中华书局，1988：3822.
④ ［明］徐阶，等．明世宗实录：卷五二八［M］．上海：上海书店出版社，2015：1.
⑤ ［明］徐阶，等．明世宗实录：卷五二九［M］．上海：上海书店出版社，2015：3.
⑥ ［明］刘若愚．酌中志：卷十六［M］．北京：北京古籍出版社．1994：99.
⑦ ［明］佚名．明神宗实录：卷五三三［M］．台北：中研院史语所，1962：6.
⑧ ［明］申时行．明会典：卷一九三［M］．北京：中华书局，1989：980.
⑨ ［明］刘若愚．酌中志：卷十六［M］．北京：北京古籍出版社，1994：126.

为重檐歇山顶形式，面阔五间①（参考图2），城楼檐下带斗拱，一二层檐正中悬挂木质斗匾，上书"永定门"三字（参考图3）。

图2　明晚期《北京宫城图》中的永定门影像（南京博物院藏）

来源：南京博物院网站

到了明万历年间，当时的《顺天府志·地理志》中的《金城图说》绘制了北京的城垣，图中把永定门标注为永安门②（参见图4）。

枝巢老人夏仁虎在《旧京琐记》中提到："明崇祯之际，题北京西向之门曰顺治，南向之门曰永昌，不谓遂为改代之谶。流寇入京，永昌乃为自成年号。清兵继至，顺治亦为清代入主之纪元，事殆有先定欤？"③ 这里说的永昌门，指的就是今永定门。

明崇祯二年（1629）十二月丁卯，后金与明军鏖战于永定门外二里，明军大败，但永定门并未被攻破。明崇祯十七年（1644）三月十八日，闯王李自成军攻入广宁门（今广安门），明永定门守将刘文燿自杀殉国。崇祯辛未科进士许国佐亦有"永定门前约，太平州上望。烽烟今未已，肉食叹难商"的诗句，表

---

① 如《北京宫城图》中所示，图中的永定门应为七开间，正阳门却是三开间，显然有误。结合相关史料分析，此时的永定门应为五开间。

② ［明］沈应文，等．万历顺天府志：卷一［M］．北京：国家图书馆影印本，2.

③ 枝巢子．旧京琐记：卷八［M］．北京：北京古籍出版社，1986：88.

达故国之思。

图3　明代永定门斗匾（首都博物馆藏）

来源：首都博物馆提供

图4　《金门图说》中的永定门被写作永安门

来源：万历顺天府志：卷一［M］.北京：国家图书馆影印本，第2页

（二）清前期永定门

清兵入关后，闯王军退出北京。顺治元年（1644）九月甲辰日，顺治皇帝更换吉服，在接受了文武百官的三跪九叩礼后，在诸王贝勒的扈从下由通州进入北京。其进入京城的路线就是沿着北京的中轴线，从永定门，经正阳门、承天门进入紫禁城的①。

清初顺治、康熙年间，由于京西"三山五园"尚未建成，清廷将明代南海子扩建为南苑。清代帝王驻跸南苑行围狩猎、检阅军队、治国理政，均是由永定门出城。"遇驻跸南苑，传知正阳门、永定门均酌量早启迟闭，其寻常行人仍于黎明放行。"② 南苑也经永定门向内廷供奉马匹、牛羊乳制品及果蔬草料等物资。顺治九年（1652），顺治帝在南苑接见了五世达赖，自此历代达赖喇嘛的继位都需经过中央册封，这标志着西藏正式纳入了清朝的版图，促进了民族团结和国家统一。

明清易代，永定门并未受到破坏，保持了明嘉靖年间初建时的形态。这从清康熙三十二年（1693）绘制的《康熙南巡图》中即可看出。《康熙南巡图》是以康熙皇帝第二次南巡（1689）为题材的大型历史画卷，共十二卷，总长213米，展现了康熙帝从离开京师到沿途所经过的山川城池、名胜古迹等。其中的第一卷和第十二卷，分别展示了康熙皇帝出入京师的场景。

《康熙南巡图》第一卷前隔水题记："第一卷敬图：己巳首春，皇上诹吉南巡，阅视河工，省观风俗，咨访吏治。乃陈卤簿，设仪卫，驾乘骑，出永定门届乎南苑。其时千官云集，羽骑风驰，辇盖鼓簫之盛，旗帜队仗之整，凡法出警之仪，于是乎在。洵足垂示来兹，光炳史册。用敢彰之缣素，稍摹其万一焉。"这一卷描绘了康熙皇帝于康熙二十八年（1689）正月初八从京师出发的情景。画面开始即为永定门，送行的文武百官，站在护城河岸边。康熙一行人马在永定门外大街行进，沿途还有辂车和大象前导（参考图5）。

《康熙南巡图》第十二卷前隔水题记："第十二卷敬图：皇上南巡典礼告成……旋京师，驾自永定门至午门。京师父老歌舞载途，群僚庶司师师济济欣迎法从。其邦畿之壮丽，宫阙巍峨，瑞气郁葱，庆云四合，用志圣天子万年有道之象云。"这一卷描绘了康熙帝南巡回銮，沿北京中轴线还宫的场景。从永定门至紫禁城，康熙皇帝在正阳门外乘坐八抬肩舆，前后有马队侍卫扈从浩荡还宫。士农

① ［清］修编官.清世祖实录：卷八［M］.北京：中华书局，2008：4.

② 王云五主编.万有文库第二集.清朝通典：卷六九［M］.上海：商务印书馆，1936：2527.

工商各界民众在永定门内组成"天子万年"的图案，以致景仰（参见图6）。

图5　《康熙南巡图》第一卷中描绘的永定门形象

来源：故宫博物院网站

图6　《康熙南巡图》第十二卷中描绘的永定门形象

来源：故宫博物院网站

这首末两卷《康熙南巡图》中均绘制了永定门的形象，说明永定门是当时皇家出警入跸的首选城门。康熙帝这一出一入，相互呼应，气势壮观，栩栩如生。从这两幅画卷中，可以清晰地反映出当时永定门的建筑形制为，重檐歇山顶，灰筒瓦屋面，正脊两侧带望兽。面阔五间，进深三间，有瓮城而无箭楼。可见，康熙年间的永定门仍然保持着嘉靖年间初建时的形态。

雍正七年降谕旨："正阳门外天桥至永定门一路甚是低洼。此乃人马往来通衢，若不修理，一遇大雨必难行走……天桥起至永定门外吊桥一带道路应改建石路，以图经久。"① 将正阳门至永定门的南中轴路改建为石道，这是清代京师

———————

① ［清］乾隆. 大清会典则例：卷一三五［M］. 北京：商务印书馆，2013：27.

坊巷中第一个以石条铺砌的道路，由此可见永定门大街的重要性。

雍正皇帝去世后，其神主牌位从易县泰陵运至京师，也是从永定门进京的。"乾隆二年三月癸巳，恭奉世宗敬天昌运建中表正文武英明宽仁信毅大孝至诚宪皇帝神主、孝敬恭和懿顺昭惠佐天翊圣宪皇后神主升祔太庙。是日，神主黄舆由永定门、正阳门入，随从王公大臣官员朝服随行。在京文武大臣官员朝服于大清门外跪迎，卤簿设端门内，不作乐。"① 可以推断出，清朝皇帝的神牌（除顺治、宣统外），都是从皇家陵寝奉移来京，穿越北京南中轴线而升祔太庙的。

乾隆十五年（1750）《京城全图》中绘制了永定门的形象。但由于年久失修，保存欠佳，只能辨识出永定门瓮城的轮廓，而城楼的形状已漫漶不清。乾隆十九年（1754）春，清高宗出永定门去南苑围猎，在永定门外看到农忙时节，春雨初晴，润物无尘，一派欣欣向荣的郊野风光，乃诗兴大发，做《永定门外》诗三首（参考图7）。

图7　御制诗《永定门外》三首

来源：四库本《乾隆御制诗集．二集》卷四十七第15页

乾隆二十年（1755），降谕旨将永定门外燕墩土台包砌城砖，上置乾隆御制《皇都篇》《帝都篇》诗文碑。碑文歌颂了北京的山川形胜和乾隆皇帝的治国思想。燕墩仿照汉阙形制，与北侧的永定门南北呼应，形成了北京中轴线起点

① ［清］王云五主编．万有文库第二集．清朝文献通考：卷一一〇［M］．上海：商务印书馆，1936：5823.

"国门"之制的空间氛围。

乾隆三十二年（1767）扩建永定门城楼为七开间，三重檐形制，并增筑箭楼。据光绪朝《大清会典》记载"永定门、广宁二门，乾隆三十二年，门楼改檐三层，布筒瓦脊兽。城阙七……制如内城谯楼，设炮窗雉堞，均留枪窦。"① 至此永定门最终形成了城楼、瓮城与箭楼的完整格局。道光十二年（1832）曾对永定门进行了修缮工作。

清代外城归巡城御史管理，由都察院管派。共分东、西、南、北、中五城，每城两位御史，一正一副，负责日常的治安诉讼事务。若捉拿盗贼等，则另有营汛。而南城副指挥署就在永定门外。② 永定门值守由汉军正蓝旗负责，设有门尉一员、门校一员、千总两员，正蓝旗甲兵十名，绿旗门军四十名。③ 城防配置有永定门锁钥二、云牌一、橐鞬十、弓十、矢二百、长枪十、铜炮五、炮车五、火药两千斤。④

（三）近代永定门的历史

1860 年签订《北京条约》后，西方列强进入北京。遂有洋人出入永定门跑马郊游、军事演习。特别是 1897 年英国人将津芦铁路延伸至马家堡站后，这种情况出现次数更为频繁。光绪庚子（1900）五月十五日，日本使馆书记官杉山彬出永定门去马家堡火车站途中为甘军董福祥部所杀。此事成为八国联军入侵北京的导火索之一。光绪庚子年七月二十日，英美军队攻入永定门，董福祥军战之不胜，退出北京城。联军入城后，毁坏永定门西侧城墙，将铁路线修至天坛西门。这成为近代破坏城垣、开墙打洞、北京修建铁路的发端。1902 年，慈禧回銮乘火车至马家堡火车站。又换乘銮驾经永定门、正阳门返回紫禁城（参考图8）。

1915 年新文化运动时期，李大钊多次由永定门出发前往南苑冯玉祥兵营，传播马克思主义学说，逐渐使冯玉祥、吉鸿昌等人转变旧军阀思想，参与到新民主主义革命运动中来。1917 年 7 月张勋复辟，段祺瑞组织"讨逆军"，与"辫子军"在永定门内外大战，成就"三造共和"之名。1919 年五四运动时期，李大钊、陈独秀、毛泽东、邓中夏等人多次从永定门出发，坐火车前往长辛店机车车辆厂，在工人群众中宣传共产主义思想，奠定了北方工人运动的阶级基础，为日后的"二七大罢工""一二·九"等革命运动积蓄了群众力量。

1924 年，冯玉祥在李大钊等人的进步思想感召下，发动"首都革命"，推翻

---

① ［清］嘉庆.大清会典则例：卷六六五［M］.中国第一历史档案馆藏.2.
② ［清］于敏中.日下旧闻考：卷六三［M］.北京：北京古籍出版社，1980：1048.
③ ［清］四库本.畿辅通志：卷三八［M］.中国第一历史档案馆藏.6.
④ ［清］乾隆.大清会典则例：卷一二七［M］.北京：商务印书馆，2013：3.

了直系军阀的反动统治，亦是由南苑进入永定门进行的。1935年"一二·九运动"，清华大学的爱国同学也从永定门进入城里游行示威，掀起了抗日救亡的高潮。

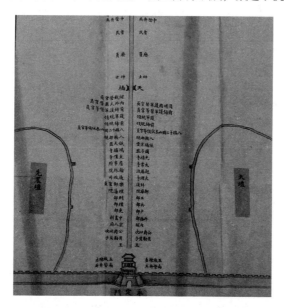

图8　1902年，慈禧回銮永定门至正阳门接驾位次图

来源：台北故宫博物院网站

1935年6月，汉奸石友三等人煽动铁甲部队哗变，企图攻破永定门，建立伪华北政权，后被于学忠部51军镇压于永定门外。1937年7月，二十九军在南苑及永定门外，英勇抗击日寇，佟麟阁、赵登禹将军先后战死在沙场。

7月29日北平沦陷。8月8日，日本侵略军2000余人经永定门侵入城内。日伪时期，我革命游击队多次在永定门外截获情报，击毙汉奸、炸毁军火库，对日寇予以了沉重的打击。使永定门外至卢沟桥以西的大片地区逐渐与平西抗日根据地连成一片，加速了日寇的灭亡。1949年1月北平和平解放，人民解放军入城仪式也是由永定门开始。

二、永定门的拆除与复建

由于永定门城楼位于明清北京中轴线南端点，堪称北京南大门。全长7.8公里的城市中轴线，对北京这样一座古城来说就是城市发展的灵魂。古老的中轴线建筑布局，反映了北京独特的建筑文化理念，是世界建筑史的杰作。永定门城楼在1957年被拆除，中轴线失去了最南端起点的标志性建筑，呈现出有尾无头的失衡状态。科学合理的复建永定门城楼，具有重现文物信息、历史价值、科学价值和艺术价值的特殊意义，不仅对保护北京历史文化名城具有十分重要的作用，而且在完善北京中轴线建筑方面更具重要意义。

新中国成立初期，由于城市建设需要，北京的城门和城墙相继被拆除。1950 年年底至 1951 年年初，永定门瓮城被拆除，城楼、箭楼成为两座孤立的建筑。至 1957 年，又将永定门城楼、箭楼拆除，使得北京老城的传统中轴线失去了南端点，城市空间被重新划分与配置。作为历史性建构的城市文化空间，永定门在四百多年的岁月中几经沉浮，最后消失在了历史的尘埃中。原有的空间功能丧失了，原有的文化意义与文化形态只停留在历史记载或民间记忆中。

1980 年北京逐渐开展历史文化名城保护工作，复建永定门城楼逐渐提上日程。随着北京中轴线向北的延伸以及北京奥林匹克公园的修建，没有了永定门的中轴线空间似乎总是缺了那么一块，不将这缺失的一块"拼图"补上，中轴线就始终是不完整的。永定门就像是这个城市中不在场的"缺失"空间，或者说成是北京这个大城市里一块缺席的，但始终挥之不去的"记忆"空间，与中轴线北延长线形成鲜明的对照，并且成为北京城市发展的隐痛。因此重建永定门成为北京城市中轴线景观整治、奥运文化保护规划、恢复北京旧城风貌的重点工程。虽然重修永定门的呼声越来越高，事实上关于永定门重建的议论却颇多，因此该工程虽然在 2001 年就得到了批准，却长时间停留在讨论、实证阶段，直到 2003 年才开始动工。2004 年为实现"新北京，新奥运"的战略构想，仿照乾隆年间的式样，根据民国时期对永定门的测绘资料，重新复建了永定门城楼。2008 年 8 月 8 日晚，惊艳世界的北京奥运会开幕式上，"烟花脚印"即由永定门"出发"沿中轴线直至国家奥林匹克公园。随后奥运公路自行车赛也从永定门北广场开始。由此可见，新永定门城楼已经成为北京中轴线的南端点。其历史意义、革命价值、文化内涵、地标作用已经不言而喻。

从一个城市的文化传承与文脉延续角度来看，永定门拆与建的轮回不仅是城市变迁的独特见证，从为防外患修建永定门，为让火车进京拆毁城墙，到为交通之便彻底拆除永定门，再到申奥成功后重建永定门，永定门的"命运"一直与历史的"命运"息息相关。从有到无再到有，历史好像回到了原点，但历经磨难的永定门却向世人低语诉说着历史潜流下的惊心动魄。同时，永定门的重建也是一种对特殊文化的当代传承与对文化乡愁的当代怀念，时时刻刻让人想起日下帝京曾经的繁华盛景。

北京永定门不仅是一座实体意义上的城门，而且更是一个在历史中沉浮、生产与再创造的生活空间与城市空间，它不仅是北京中轴线城市空间南端的起点，也是孵化与孕育南城文化的起点。如今的永定门在经历过拆与建的历史性风波后，日渐焕发出其作为一个城市历史文化景观的光彩与内蕴。

永定门的重建体现的是一种综合性、宏观性的城市眼光与城市视野。如果将永定门城市空间放在北京城市历史文化传统、城市现代建设和未来发展的纵向关系中，以及现有城市总体性空间规划的横向关系中，那么其所体现出的当代空间功能和当代空间意义就不容小觑。关于永定门，在重修前、重修中、重修后都存在不同的看法或争议。1999 年，在北京市政协九届二次会议上，一份名为《建议重建永定门，完善北京城中轴线文物建筑》的提案引起了非凡的争议，反对者认为既然重建后的永定门不能保证其作为历史建筑的原真性，那么既劳民又伤财的重建，意义与价值何在。赞成者则从北京城市空间的总体布局与总体规划的角度，认为永定门应当重建。不管人们对重修后的永定门有多少截然不同的看法，如今看来，从城市发展规划与战略框架的角度而言，永定门的复建，对永定门城市空间的重塑无疑是具有极其深远的意义。

2000 年两院院士吴良镛教授、国家历史文化名城保护委员会副主任委员郑孝燮先生、中国考古学会会长徐苹芳先生、北京市文物古迹保护委员会委员王世仁先生等有关专家提出重建永定门的建议。建议中明确提出把永定门定性为城市标志性建筑。2001 年 5 月，市政府专题会批准了重建永定门的建议。从2003 年开始，根据市委、市政府领导的指示，市有关部门对南中轴做了系统规划，并先期开展了天桥至永定门一线中轴路的大规模城市整治工程，搬迁、拆除了天坛祈年门以南的永定门内大街两侧到两坛坛墙之间区域内的居民、建筑，为永定门城楼的修复创造了条件。

2004 年 9 月，永定门城楼完成主体修复。2003 年年底，根据计划的要求，永定门城楼主体修复工程需在 2004 年国庆节前竣工。2004 年 1 月 16 日永定门旧桥断绝交通后，在有关部门的协调下，2 月 12 日就完成了城楼修复用地范围内电信、电力、光缆等各种市政管线的改移和旧桥北跨的拆除工作。随后，由文物专业部门对永定门遗址进行考古清理，并于 2 月 14 日开始进行挖槽及打桩等加固基础的工作。由于永定门城楼的位置南侧紧邻已经取直改道的护城河，北侧距离即将修建下挖式的北滨河路仅 0.3 米，导致其原有地基环境发生了很大变化。为保证城楼的安全，经专家论证，城楼的地基基础采取了新技术进行加固处理。2004 年 3 月 10 日正式开始动工兴建。

永定门由城楼、箭楼和瓮城组成。箭楼和瓮城所在的位置，因城市道路建设及河道疏浚取直，现分别被南二环路和南护城河道占据，唯有永定门城楼位于现北滨河路与永定门旧桥的交叉路口南侧，具备修复的条件。经有关部门及专家的反复论证，最终确定在原址复建永定门城楼，并按历史原貌恢复的构想。

　　永定门城楼的重建得益于北京主办 2008 年第 29 届奥运会，被列为人文奥运工程之一。2004 年 3 月 10 日开工，2005 年 10 月竣工。11 月 25 日北京市文物局与崇文区（今东城区）办理交接手续，由崇文区（今东城区）负责管理。复建永定门的图纸蓝本，主要是依据 1937 年北平市文物整理委员会对永定门城楼的实测图，以及 1957 年拆除时测绘的建筑结构图。复建的永定门城楼总高 26.04 米，城台东西长 31.4 米，南北宽 16.96 米，城楼为重檐歇山三滴水屋顶。城楼内 12 根立柱是从南非进口的铁梨木，每根长 13.66 米，直径 0.6 米。永定门城楼的彩画采用"一麻五灰"13 道工序的旋子彩画传统工艺。两侧修复城墙各长 16 米。修复范围：（城台及城墙）东西总长 63 米。使用各种型号的城砖 300 万块，木材 1100 立方米，瓦 4 万余块。

　　永定门城楼的修复是北京古都风貌保护的重大举措。城楼的修复不仅恢复了北京老城中轴线的完整性，也从整体上进一步恢复了古都风貌，为北京历史文化名城保护增添了新的篇章，再现了"两坛"与永定门交相辉映的历史原貌，恢复了中轴线的神韵。

　　在 2017 年通过的《北京城市总体规划（2016—2035）》（以下简称"总规"）中，北京中轴线保护与北京中轴线申遗得到了突出强调。"总规"提出，北京中轴线既是一条历史性轴线，也是一条发展性轴线，因此要在保护与更新有机结合的基础上，保护中轴线传统风貌、完善中轴线空间秩序、推进中轴线申遗工作，这是完善北京城市政治中心、文化中心功能，且符合其"历史文化名城"城市定位的重要举措。2018 年 7 月，北京中轴线申遗确定了包括永定门在内的 14 处遗产点。可以说，永定门这颗遗珠重新被镶回北京中轴线这条串珠之上，由永定门空间的重塑而完善的中轴线空间，为阐释这座城市的历史文脉、文化肌理、空间布局、未来规划提供了空间意义的可能性。

参考文献

[1]（清）于敏中. 日下旧闻考：卷九十 [M]. 北京：北京古籍出版社，1980.

[2]（明）张延玉，等. 明史：卷一五五 [M]. 北京：中华书局，1974.

[3]（明）徐阶，等. 明世宗实录：卷二六四 [M]. 上海：上海书店出版社，2015.

[4]（明）孙承泽. 天府广记：卷四 [M]. 北京：北京古籍出版社，2001.

[5]（明）谈迁. 国榷：卷六十 [M]. 北京：中华书局，1988.

作者简介：刘文丰，男，汉族，北京市考古研究院副研究馆员。

北京中轴线缓冲区内土地利用管治压力与响应分析

——以内城段为例

胡　蝶　周尚意

摘要： 北京中轴线缓冲区规划属于城市管治，管治水平的优化是一个过程。本研究以北京中轴线缓冲区的内城段为研究区，建立了"压力—响应"研究框架，首先用区位理论理解管治压力的根源，调查了研究区内建筑高度、建筑密度管控的压力状况；其次用外部性的概念分析了缓冲区管治的外部性，进而评价目前的管治效果，并提出如下管治建议：在以人口疏解降低用地压力的同时，强化人们对文化公共物品价值的认识，以减少外部性。

北京中轴线北起钟鼓楼，南至永定门，全长 7.8 公里，始建于元代，完善于明清。全线共有 42 座古建筑，其中 10 座已消失，3 座重建，现共存 35 座[①]。1951 年 4 月，梁思成先生在《北京——都市计划的无比杰作》一文中首次提出北京中轴线的理念[②]。2011 年全国政协十一届四次会议上，单霁翔提交了《关于推动北京传统中轴线申报世界文化遗产的提案》，同年中国文化遗产日，北京正式宣布启动中轴线申遗工程[③]。中轴线的缓冲区如何划定、该不该修复古建筑等问题，是北京中轴线申遗面临的挑战和争议问题[④]。2019 年，北京市文物局、北京市古代建筑研究所、清华大学建筑设计研究院和北京市城市规划设计研究院提出了北京中轴线申遗方案，并且划定了中轴线缓冲区。

---

① 陆原. 历数北京中轴线四十二座古建筑 [J]. 北京规划建设，2012 (2)：61-65.

② 梁思成. 北京——都市计划的无比杰作 [M] //张庭伟，田莉. 城市读本 (中文版). 北京：中国建筑工业出版社，2013：296-305.

③ 首都图书馆，北京市东城区第一图书馆. 北京中轴线历史文化展·申遗进程 [EB/OL] (日期不详) [2022-03-27].

④ 张墨宁. 北京中轴线申遗争议 [J]. 南风窗，2012 (15)：57-60.

缓冲区划定是保护文化遗产的关键行动之一。联合国教科文组织发布的《实施"世界遗产公约"的业务指南》① 中要求，世界遗产申报需划定保护边界和缓冲区，以对遗产进行充分保护。其中，保护边界应当覆盖体现该遗产突出价值的所有区域和据研究有可能促进加强其价值的区域，而缓冲区应覆盖该遗产所处的周边环境、重要历程和其他对遗产及其保护有重要功能的区域。早在2007 年，北京古代建筑研究所的王世仁先生就提出了北京中轴线的保护地带方案②。在北京中轴线申遗工作正式启动后，清华大学建筑设计研究院和北京市文物局、北京市古代建筑研究所、北京市城市规划设计研究院联合设计了两版③北京中轴线的申报方案，均划定了遗产区和缓冲区范围。

中轴线缓冲区面临用地管治压力大的问题。2019 年北京中轴线遗产申报方案中，遗产区总面积约 5.81 平方公里。为保护中轴线核心遗产，方案规划了面积约 45.06 平方公里的缓冲区，覆盖中轴线遗产区周边 2 公里~3 公里的城市地区。缓冲区的管治内容包括土地使用功能和强度。由于缓冲区地处北京中心城区的核心区，因此其商业、居住等土地利用的理论区位地租很高，其背后的原因是核心区里的商业和居住用地需求非常大。按照市场规律，这里的商业、居住用地建筑密度也会是全市最高的。这与缓冲区限制用地类型和强度的要求产生了冲突，从而形成落实管治目标的压力。本研究则以缓冲区内城段为例，调查政府管治压力和响应方式，以思考是否有更多的二者互动模式。

一、相关研究综述

（一）北京中轴线缓冲区管治途径和目的

缓冲区管治的主要手段有三种：控制使用功能、建筑密度和建筑高度。使用功能是指土地利用的类型，如居住、商业、公共绿地等。建筑密度是指一定土地范围内全部建筑和构筑物的基底面积与总土地面积的比值，一般用百分比表示④。建筑高度是指建筑物室外设计地面到建筑物和构筑物最高点（传统大屋顶形式的，以檐口高度计算）的垂直距离。现行已公开地与北京中轴线缓冲

---

① UNESCO WORLD HERITAGE CENTRE. Convention concerning the protection of the world cultural and natural heritage [EB/OL]. (1972-11-16) [2022-02-20].

② 王世仁. 北京旧城中轴线述略 [J]. 北京规划建设, 2007 (5)：62-70.

③ 因相关资料未公开，此处所说的"两版"是指本人只收集到了两版资料，并非指总共只有两版。

④ 陈雨波，朱伯龙. 中国土木建筑百科辞典·建筑结构 [M]. 北京：中国建筑出版社, 1999：155.

区土地使用强度有关规定整理如表1。

表1 相关条例与规划中涉及缓冲区土地使用的管治标准

相关条例与规划	土地使用强度限制
北京市区中心地区控制性详细规划①	规定了用地功能和建筑高度。
北京皇城保护规划②	现状为1~2层传统平方四合院禁止超过原有高度；现状为3层以上建筑改造时，新建筑需低于9米；停止审批3层及以上的楼房。
北京市文物保护单位保护范围及建设控制地带管理规定③	一类地带为非建设地带；二类地带为可保留平房地带，改建、新建建筑物高度不超过3.3米，建筑密度低于40%；三类地带允许9米以下建筑，建筑密度低于35%；四类地带允许建设18米以下建筑物；五类地带对建筑高度没有要求。
北京城市总体规划（2016—2035年）④	中心城区规划总建筑规模动态零增长，严控建筑高度，加强中轴线及其延长线建筑高度管控。压缩中心城区产业用地、适度增加居住及配套服务设施用地，增加绿地、公共服务设施和交通市政设施用地。
首都功能核心区控制性详细规划（街区层面）（2016—2035年）⑤	划定原貌、多层和中高层三类建筑高度管控分区，分别按照原貌、基准高度18米和基准高度36米，对街区进行管控，新建和改建建筑高度不得超过45米。

来源：作者制

保护中轴线的价值主要有四方面。北京中轴线的价值包括思想文化、文化艺术、民族融合和发展创新⑥⑦。古建筑群既体现了中国都城建设的规划理念⑧⑨⑩，也沉淀了不同民族传统建筑艺术⑪。例如，中轴线上的紫禁城以空间

① 北京市城市规划设计研究院. 北京市区中心地区控制性详细规划［EB/OL］（2007-07-05）［2022-06-23］.
② 北京市文物局. 北京皇城保护规划［EB/OL］（2005-09-01）［2022-03-27］.
③ 北京市文物局. 北京市文物保护单位保护范围及建设控制地带管理规定［EB/OL］（2010-11-01）［2022-03-27］.
④ 北京市规划和自然资源委员会. 北京城市总体规划（2016—2035年）［EB/OL］（2018-01-09）［2022-02-23］.
⑤ 北京市规划和自然资源委员会. 首都功能核心区控制性详细规划（街区层面）（2018—2035年）［EB/OL］（2020-08-30）［2022-02-23］.
⑥ 单霁翔. 保护好、利用好、传承好北京中轴线文化遗产［N］. 中国文化报, 2019：005.
⑦ 张妙弟. 北京中轴线性质的四个定位［J］. 北京规划建设, 2012（2）：20-23.
⑧ 张富强. 浅谈北京城中轴线［J］. 北京园林, 2011, 27（4）：58-62.
⑨ 王屹. 北京旧城中轴线保护析论（续一）［J］. 北京规划建设, 2002（2）：17-20.
⑩ 王世仁. 北京古都中轴线的文化遗产价值［J］. 北京规划建设, 2012（4）：111-112.
⑪ 张富强. 北京城的中轴线［J］. 北京档案, 2012（3）：4-7.

尺度和距离营造出了对称、秩序和主次的情境空间①。中轴线上的建筑大多采用方圆比例构图，展示建筑的舒展或高耸②。而这些建筑的色彩递进变化，体现了中轴线的节奏感，中心是体现皇权至高无上的红、黄、白，两端以青灰收尾③。

目前划定中轴线缓冲区的目的主要是突出中轴线建筑群的视觉美学效果。缓冲区设置了建筑高度控制的标准④⑤⑥⑦，以使中轴线上的建筑群不至于"陷入"高楼大厦形成的"峡谷"之中，从而具有其庄严恢宏的气势。侯仁之还提出了保护中轴线附近水域的方案，因为历史上积水潭是中轴线定位的自然坐标⑧。虽然划定缓冲区是出于整体保护的思路⑨⑩⑪，但是还没有更为深入地研究揭示，在特定的历史时期，人们愿意放弃缓冲区较多商业和居住用地的收益，以保护中轴线的美学价值。

（二）中轴线缓冲区管治压力的相关研究

缓冲区的管控压力来自对本区域土地利用的高需求。按照阿隆索对城市区位地租的分析，城市中心区的各类用地需求都高，因此区位地租水平也高。而政府的城市分区管治也是为了长远的可持续的城市土地利用目标⑫。中轴线缓冲区的划定也属于城市分区管治，本质上是由政府提供一种土地公共物品，因为缓冲区的用地模式创造的效益外溢到中轴线地带，然后再通过中轴线建筑群外溢到全社会。这种外溢的现象被称为"外部性"。经济学家曼昆用外部性的概念

---

① 龚皓锋. 城市中轴线情境空间研究 ［D］. 中南大学，2012.
② 王南. 规矩方圆　天地中轴——明清北京中轴线规划及标志性建筑设计构图比例探析 ［J］. 北京规划建设，2019（1）：138-153.
③ 李卫伟. 北京中轴线及两侧建筑分布特色探析 ［J］. 北京规划建设，2012（2）：24-27.
④ 张建，宛素春. 关于北京旧城保护规划中高度控制的思考 ［J］. 建筑学报，2003（2）：25-27.
⑤ 王屹. 北京旧城中轴线保护析论（续二）［J］. 北京规划建设，2002（3）：27-31.
⑥ 王屹. 北京旧城中轴线保护析论（续三）［J］. 北京规划建设，2002（4）：25-27.
⑦ 陈永德. 北京城中轴线定线简论 ［J］. 北京规划建设，2003（4）：109-110.
⑧ 侯仁之. 论北京旧城的改造 ［J］. 城市规划，1983（1）：20-32.
⑨ 赵幸，夏梦晨，叶楠，等. 围绕核心遗产价值的北京中轴线整体城市设计 ［J］. 北京规划建设，2019（1）：13-20.
⑩ 王东. 北京中轴线的保护问题 ［J］. 北京规划建设，2012（2）：14-19.
⑪ 郑孝燮. 古都北京皇城的历史功能、传统风貌与紫禁城的"整体性" ［J］. 故宫博物院院刊，2005（5）：8-22，366.
⑫ ALONSO W. Location and land use：toward a general theory of land rent ［M］//Location and Land Use. Reprint 2013 edition. Harvard University Press，1964：117.

指出，维护历史街区往往会使一些人得不到修复的全部利益①。因此有学者认为，这类公共物品往往被认为供给过量，因为人们（尤其是因为用地限制而受到直接损失的人们）认为他们得到的收益值远小于损失值。由于少数精英对土地公共物品价值的认识具有超前性，因此难以获得社区或更多人的认可②，甚至还有学者质疑政府，是否用财政支付提供的遗产公共物品太多了，即供给高于了社会对此类公共物品的需求③④。有学者提出，避免这种由于政府管治造成的外部性，可以有两种途径：合理定位政府职能、进行政府绩效评估⑤。

解决缓冲区管控压力的途径是识别土地利用冲突并协调。土地利用冲突识别的定量方法中，应用最广的是 Carr 等在 2005 年提出的土地利用冲突识别策略（Land Use Conflict Identification Strategy，简称 LUCIS）⑥，其分析思路是：在确定政策目标的基础上选取有关指标，采用层次分析法对不同地块打分，以识别土地利用冲突的分布。随后的研究在此基础上引入了更多的变量⑦⑧。找到引起冲突的因素则是解决冲突的关键。总体来说，土地的多宜性和有限性是产生冲突的根本，需求的增长将催发冲突⑨。

---

①　N·格里高利·曼昆. 经济学原理（第 7 版）［M］. 梁小民，梁砾，译. 北京大学出版社，2017. 10. 212.

②　RATINGER T, ČAMSKÁK, PRAŽAN J, et al. From elite-driven to community-based governance mechanisms for the delivery of public goods from land management［J/OL］. Land Use Policy, 2021：107, 14560.

③　BENHAMOU F. Is increased public spending for the preservation of historic monuments inevitable? the french case［J］. Journal of Cultural Economics, 1996, 20（2）：115-131.

④　BENHAMOU F. Conserving historic monuments in france：a critique of official policies［M］. HUTTER M, RIZZO I, eds.//Economic Perspectives on Cultural Heritage. London：Palgrave Macmillan UK, 1997：196-210.

⑤　王敏，夏卫红. 城市圈发展中的区域外部性及内化研究［J］. 党政干部学刊，2008（6）：39-40.

⑥　CARR M H, ZWICK P. Using gis suitability analysis to identify potential future land use conflicts in north central florida［J］. Journal of Conservation Planning, 2005, 1（1）：58-73.

⑦　KARIMI A, HOCKINGS M. A social-ecological approach to land-use conflict to inform regional and conservation planning and management［J］. Landscape Ecology, 2018, 33（5）：691-710.

⑧　KIM I, ARNHOLD S. Mapping environmental land use conflict potentials and ecosystem services in agricultural watersheds［J］. The Science of the Total Environment, 2018, 630：827-838.

⑨　于伯华，吕昌河. 土地利用冲突分析：概念与方法［J］. 地理科学进展，2006（3）：106-115.

参与式调查（PRA）① 可用于探究引起冲突的原因。常见的冲突协调方案包括博弈权衡②和规划目标协调融合③等，目前政府针对中轴线缓冲区土地压力采用的方法主要是后者。土地利用冲突分析框架有压力—状态—响应（PSR）模型④和多目标评价⑤等。本研究借鉴了 PSR 模型，改造为 PR 分析框架。

二、研究区与研究框架

（一）研究区域

本研究选择北京中轴线缓冲区内城段（参考图1）为研究区域。缓冲区方案是由北京市文物局、北京市古代建筑研究所、清华大学建筑设计研究院和北京市城市规划设计研究院在 2019 年共同发布的申报方案。研究区面积约 21.6km²，约占北京中轴线缓冲区总面积的 51.4%，其中，建设控制地带面积约 10km²，占北京中轴线缓冲区所有建设控制地带的 36%。研究区内包含 7 个街道，32 个街区（其中建国门街道只有 3 个街区在研究区内）。选择此段作为研究区域的原因有两个。其一，此段是中轴线最精华区域的两侧；其二，这里的管治压力最大。

（二）研究框架

本文采用 PR 分析框架进行分析（参考图2）。区位理论帮助我们理解缓冲区用地的需求和供给。目前缓冲区管治的结果是限制了土地的供给，从而造成了需求高于供给，从而形成了管治的压力，缓冲区内各种违规建设就是表现。面对这样的管治压力，政府的响应是减少土地的需求，具体的措施是疏解缓冲区内的人口，以达到缓解居住用地需求压力的目的。这种分析逻辑是前人已经讨论的，而本文增加了依托外部性概念讨论压力和响应的分析逻辑。由于缓冲

① 杨永芳，朱连奇．土地利用冲突的理论与诊断方法 [J]．资源科学，2012，34（6）：1134-1141.

② 阮松涛，吴克宁．城镇化进程中土地利用冲突及其缓解机制研究——基于非合作博弈的视角 [J]．中国人口·资源与环境，2013，23（S2）：388-392.

③ 孟鹏，冯广京，吴大放，等．"多规冲突"根源与"多规融合"原则——基于"土地利用冲突与'多规融合'研讨会"的思考 [J]．中国土地科学，2015，29（8）：3-9+72.

④ HAMMOND A, ADRIAANSE A, RODENBURG E, et al. Environmental indicators: a systematic approach to measuring and reporting on environmental policy performance in the context of sustainable development [M]. Washington, D. C.: World Resources Institute, 1995. 11-16.

⑤ ZHANG Y J, LI A J, FUNG T. Using GIS and multi-criteria decision analysis for conflict resolution in land use planning [J]. Procedia Environmental Sciences, 2012, 13: 2264-2273

区的管治，拥有该地区土地使用权的人承担了管治的主要成本，即不得不放弃以建筑面积为支撑的商业收益或居住福利。尽管他们与所有可以享受中轴线遗产价值的人一样，也获得了通过缓冲区管治而保护下来的中轴线遗产的文化价值，但他们是政府提供土地公共物品所产生的正外部性的利益受损者。面对来自这些人的压力，本研究提出了新的管治响应建议。

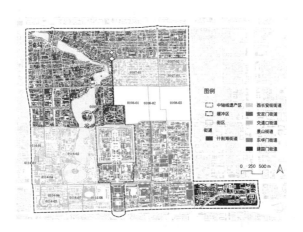

图1 北京中轴线内城段缓冲区（图中标注序号为街区编号）

来源：作者绘，底图来自 Open Street Map 平台（https：//www.openstreetmap.org）。绘图依据为：（1）北京市文物局、北京市古代建筑研究所、清华大学建筑设计研究院和北京市城市规划设计研究院在2019年共同发布的申报方案中的划定缓冲区范围；（2）《首都功能核心区控制性详细规划（街区层面）》中的图009（街道街区区划分布示意图）

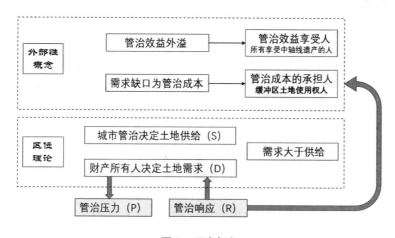

图2 研究框架

来源：作者制

三、缓冲区管治面对的压力

（一）人口密度压力

本研究选择人口密度作为缓冲区管治压力指标，统计如表2。表中人口数据分别来自《西城区 2020 年统计年鉴》① 和《2020 北京市东城区统计年鉴》②。其中，西城区人口数据为 2019 年各街道户籍人口，东城区数据为各街道户籍人口密度。各街道面积来自 QGIS 软件中的面积计算结果。

表 2　研究区内各街道人均用地与人口密度

辖区	街道	街道面积（km²）	街道人口（人）	人口密度（万人/km²）
西城区	什刹海街道	5.82	124533	2.1
	西长安街街道	4.10	76424	1.9
东城区	安定门街道	1.80	53706	3.0
	交道口街道	1.45	54259	3.7
	景山街道	1.72	40885	2.4
	东华门街道	5.44	126378	2.3
	建国门街道	1.21	25716	2.1

统计结果表明当前研究区内的用地压力大。《首都功能核心区控制性详细规划（街区层面）（2018—2035 年）》中要求核心区人口密度在 2035 年降至 1.6 万人/km²，到 2050 年降至 1.3 万人/km²③。目前研究区内各街道人口密度都距离目标较远。问题最严峻的是安定门街道和交道口街道，现状人口密度是目标值的两倍或不止。情况较好的是西长安街，该街道之所以人口密度相对较低，是因为街道内有占地面积较大的北海水域，实际用地压力更不容乐观。

（二）建筑密度压力

研究区内建筑密度分布如图 3。计算方法是在 QGIS 软件使用"创建网格"工具在研究区范围内建立 0.002°＊0.002°的矢量网格，再使用"矢量叠加"工

① 北京市公安局西城分局. 户籍人口（2019 年）[M/OL] //北京市西城区人民政府. 西城区 2020 年统计年鉴.［2022-03-27］.

② 北京市东城区统计局，国家统计局东城调查队. 北京东城统计年鉴—2020 [M/OL].［2022-03-27］.

③ 北京市规划和自然资源委员会. 首都功能核心区控制性详细规划（街区层面）（2018—2035 年）[EB/OL]（2020-08-30）［2022-02-23］.

具计算建筑轮廓在网格中占的比例。建筑密度可分为四级，各级由低到高分别表示：几乎没有建筑的区域（建筑密度小于20%）；符合二类建设控制要求的区域（建筑密度为20%～30%）；符合二类建设控制要求的区域（建筑密度为35%～40%）；以及不符合二类及三类建设控制要求的区域（建筑密度大于40%）。四级网格数量分别为152、291、74和46。建筑密度计算不以街道或街区为单位，因此不统计各街区的情况。

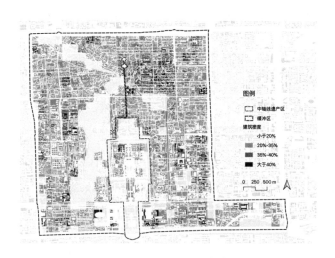

图3 研究区内建筑密度分布

来源：作者绘，底图来自 Open Street Map 平台（https：//www.openstreetmap.org）

内城段缓冲区建筑密度不符合北京市文物保护单位保护范围及建设控制地带管理规定①中的有关要求。根据二类建设控制用地（建筑密度不能超过40%）和三类建设控制地带（建筑密度不能超过35%）的规定，什刹海街道、交道口街道和安定门街道中部分区域建筑密度已超过限制。实地观察到的住宅间隙也确实十分狭窄，考虑到居住的舒适性等问题，建筑密度一般不会超过40%～50%，但以交道口地区为代表的几个高密度区建筑密度已近60%。居民拓展自己的居住空间常用的手段有三种：开发地下空间、侵占地面公共空间和突破上层空间（参考图4）。这样的空间拓展带来的最直接结果是不美观和不安全，既不能保障居民日常居住的舒适度，也不能与中轴线遗产区的景观风貌相协调。

---

① 北京市文物局．北京市文物保护单位保护范围及建设控制地带管理规定［EB/OL］（2010-11-01）［2022-03-27］．

图4　扩展居住空间行为

（左：开发地下空间，中：侵占地面空间，右：突破上层空间）

来源：照片均来自 2021 年春季学期北京师范大学地理科学学部"人文地理学"课程实习

（三）建筑高度压力

研究区内大量建筑高度超过了限制。将研究区内的建筑分为未达到限高、已达到限高和超过限高三类，各类建筑分布如图 5。三类建筑占比分别为 22.46%、41.32% 和 36.22%。这说明按照现行规定，研究区内还可以利用的上层空间十分有限，而需要整改拆除的超高建筑却分布甚广。值得注意的是，一层建筑主要分布在建筑密度高的区域（交道口街道），进一步说明在研究区内的整体土地利用状态已接近负载满额。超过限高的建筑多分布在研究区的北部和西部，南部的整体状态相对乐观，这可能与南部文物保护单位较少有关。

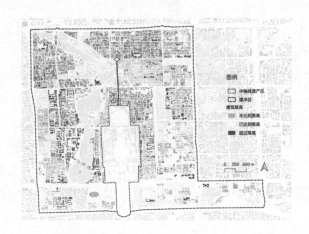

图5　研究区内建筑限高状态分布

来源：作者绘，底图来自 Open Street Map 平台（https://www.openstreetmap.org）

突破高度限制的建筑破坏了中轴线遗产区的整体风貌。北京中轴线是嵌在北京城市中的文化符号，其承载的价值不能仅仅依靠遗产本身的完整性来表现，更需要周围的环境作为"背景"（background）。研究区内有 6.38% 的建筑超过了三层，多为 4~8 层，其中更有甚者已经达到了 12 层，而建筑高度会影响城市的天际线。《首都功能核心区控制性详细规划（街区层面）（2018 年—2035 年）》画出了 36 条景观视廊，这些视廊多集中在内城，尤其是中轴线附近，对中轴线附近的建筑高度提出了很高的要求，而当前缓冲区内过高的建筑已经对景观视廊造成了负面影响。

四、压力下的管治响应

针对城市核心区的多种城市问题，包括中轴线缓冲区内的管治压力，北京市政府采取的响应措施主要是疏解人口。

（一）制定疏解人口的规划目标

制定疏解人口的规划目标以响应缓冲区用地的压力。《北京市规划和自然资源委员会（2016—2035 年）》提出，到 2020 年中心城区集中建设区常住人口密度下降到 1.2 万人/km² 左右，到 2035 年控制在 1.2 万人/km² 以内①。《首都功能核心区控制性详细规划（街区层面）（2018—2035 年）》指出，北京核心区常住人口规模预计在 2035 年下降到 170 万人，2050 年下降到 155 万人；传统平房区人口密度在 2035 年下降到 1.6 万人/平方千米，2050 年下降到 1.3 万人/平方千米②。北京东城区预计到 2021 年年底常住人口将降至 70.8 万人③，西城区规划中则要求常住人口规模达到市级要求，但在相关规划文件中没有具体说明④。

（二）对疏解出去的居民发放福利补贴

对疏解出去的居民发放福利补贴，以解决缓冲区疏解的外部性压力。对于房屋被征收的居民，北京市政府目前提供的福利与服务主要包括货币补偿、产

---

① 北京市规划和自然资源委员会.北京城市总体规划（2016—2035 年）[EB/OL]（2018-01-09）[2022-02-23].
② 北京市规划和自然资源委员会.首都功能核心区控制性详细规划（街区层面）（2018—2035 年）[EB/OL]（2020-08-30）[2022-02-23].
③ 周金星.2022 年北京市东城区人民政府工作报告[EB/OL]（2021-12-09）[2022-04-04].
④ 北京市西城区人民政府.北京市西城区国民经济和社会发展第十四个五年规划和二〇三五年远景目标纲要（公开版）[EB/OL]（2021-05-25）[2022-06-24].

权调换以及临时安置房三方面，具体需要根据被征收居民是否有房屋产权、房屋价值、居民的配合程度以及居民是否为特殊保障群体等因素综合决定①②③。这些福利与服务属于硬福利（hard benefits），包含现金与实物，对于特殊群体还有补贴作为福利。

目前的福利补贴政策在执行中主要有两方面的困难。一方面是福利补贴是否能够补偿被征收居民的损失。被征收的居民因征收而直接损失了被征收房屋的居住权，这可以通过产权置换或者货币来补偿；间接损失则是被征收房屋更接近城市中心的区位带来的优势④。以东城区手帕胡同征收方案⑤为例，被征收的房屋位于东城区崇文门外地区，而对接安置房源则位于通州区水南西三路1号院，远离市中心⑥。由此损失的区位优势难以补偿，被征收的居民对征收补偿的满意度较低。另一方面是福利补贴资金来源的稳定性。政府给予的福利补贴资金来源是财政拨款，而这一资金来源的稳定性依赖于政府的政策倾向。一般而言，医疗、教育等普惠型政策往往能够保持稳定和可持续，而房屋征收这类项目型政策并非如此⑦。

五、结论与讨论

（一）结论

任何城市规划都是一个动态调整的过程，规划作为政府的管治手段，需要不断地调试⑧。本文针对北京中轴线缓冲区规划方案，以及涉及缓冲区范围的管

① 国务院办公厅. 国有土地上房屋征收与补偿条例［EB/OL］（2011-01-21）［2022-05-04］.
② 北京市人民政府. 北京市国有土地上房屋征收与补偿实施意见［EB/OL］（2011-05-27）［2022-05-04］.
③ 北京市住房城乡建设委，北京市发展改革委，北京市规划委，等. 关于国有土地上房屋征收与补偿有关事项的通知——北京市丰台区人民政府网站［EB/OL］（2020-08-19）［2022-05-04］.
④ 张文忠，刘旺，孟斌. 北京市区居住环境的区位优势度分析［J］. 地理学报，2005（1）：115-121.
⑤ 手帕胡同并不在本文研究区内，但距离很近。研究区内没有公示征收案例，因此选择了手帕胡同为例。
⑥ 东城区住房城市建设委. 关于手帕胡同道路工程项目国有土地上房屋征收补偿方案征求公众意见及修改情况的通告［EB/OL］（2021-01-14）［2022-03-27］.
⑦ CHAMBERS D E, BONK J F. Social policy and social programs: a method for the practical public policy analyst［M］. 6 edition. the United State：Pearson, 2012：151-152.
⑧ WANG Y. Urban design of historic districts based on action planning［J］. Open House International, 2018, 43（3）：43-51.

控（管治）文件，采用了"压力—响应"分析框架，研究政府在实施管治措施时面对的压力以及受到压力后的响应。

结论之一：北京中轴线内城段缓冲区（内城段）所面临的土地利用压力大。调查分析数据展示了管治面对压力的具体体现。其一是各街道人口密度均距离规划目标甚远；其二是研究区域内建筑密度超过40%的区域约占8.17%；其三是超过建筑高度限制的建筑约占区域面积的36.22%。建筑密度和建筑高度超过管控标准的后果是，缓冲区与毗邻的中轴线遗产区风貌不协调、破坏景观视廊。

结论之二：北京市政府面对管治压力，采取了人口疏解的响应策略。具体形式有：继续执行严格控制迁入人口的政策、收回房管局管理的房屋使用权、对外迁居民给予福利补贴等。由于难以补偿居民损失的区位优势，福利补贴资金来源的稳定性依赖于政策倾向，实际人口疏解实施遇到困难。

（二）讨论和建议

针对管治面对的压力，本研究的调查结果还远未将中轴线缓冲区（内城段）管控的压力显现出来。未来可以尝试用区位地租的理论，通过模型推导出研究区域在自由市场中的土地利用情况。将此与在管控条件下的土地利用目标对比，可以得到管控下的土地收益损失。进一步地，化环境价值评估方法①定量评估中轴线遗产给缓冲区带来的正外部性价值，分析其是否能够补偿因管控带来的损失，定量刻画管治面临的压力。

针对政府面对压力后的响应，目前政府主要采用的是减少人口以降低土地需求的措施。但是还没有从消除外部性的角度来思考。中轴线缓冲区作为土地公共物品，并未得到缓冲区内居民的普遍认可，其原因是当地居民认为，自己保护公共物品的损失（成本）远大于该公共物品带来的收益，绝大多数保护的受益者是广大人群。

鉴于上述公共物品外部性的存在，我们可以借鉴一些地区将公共物品外部性内部化的途径。途径之一是让渡一些公共物品的收益给个人，从而使得人们觉得保护可以获得收益。例如，政府将湿地的家禽放养利益让渡给农户，从而换取农户保护湿地的积极性②。在北京中轴线缓冲区（内城段），可以考虑让渡一些土地经济利益，类似东城"美后肆时"的模式。途径之二是通过宣传，让人们意识到历史保护区可以创造就业机会、提高地产财产价值、便利地享受文

---

① 马中. 环境与自然资源经济学概论［M］. 高等教育出版社，2006.05.155-190.

② CROW B D. Intergenerational provision of a renewable public good produced by land［D］. Washington State University, 2002.

化和美景①②。例如，让中轴线缓冲区里的居民意识到，自己比其他地区的居民可以享受更多中轴线带来的非使用价值，如便于捕捉故宫美景镜头、可以在筒子河边散步等。

参考文献

[1] 梁思成. 北京——都市计划的无比杰作 [M] //张庭伟，田莉. 城市读本（中文版）. 北京：中国建筑工业出版社，2013：296-305.

[2] 陈雨波，朱伯龙. 中国土木建筑百科辞典·建筑结构 [M]. 北京：中国建筑出版社，1999.

[3] ALONSO W. Location and land use: toward a general theory of land rent [M] //Location and Land Use. Reprint 2013 edition. Harvard University Press, 1964: 117.

[4] N·格里高利·曼昆. 经济学原理（第 7 版）[M]. 梁小民，梁砾，译. 北京大学出版社，2015：212.

[5] BENHAMOU F. Conserving historic monuments in france: a critique of official policies [M]. HUTTER M, RIZZO I, eds. //Economic Perspectives on Cultural Heritage. London: Palgrave Macmillan UK, 1997: 196-210.

[6] HAMMOND A, ADRIAANSE A, RODENBURG E, et al. Environmental indicators: a systematic approach to measuring and reporting on environmental policy performance in the context of sustainable development [M]. Washington, D. C.: World Resources Institute, 1995.

[7] ZHANG Y J, LI A J, FUNG T. Using GIS and multi-criteria decision analysis for conflict resolution in land use planning [J]. Procedia Environmental Sciences, 2012, 13: 2264-2273.

[8] CHAMBERS D E, BONK J F. Social policy and social programs: a method for the practical public policy analyst [M]. 6 edition. the United State: Pearson, 2012: 151-152.

[9] 马中. 环境与自然资源经济学概论 [M]. 高等教育出版社，2006：

---

① CHAMBERS D E, BONK J F. Social policy and social programs: a method for the practical public policy analyst [M]. 6 edition. the United State: Pearson, 2012: 151-152.

② SABLE K A, KLING R W. The double public good: a conceptual framework for "shared experience" values associated with heritage conscrvation [J]. Journal of Cultural Economics, 2001, 25 (2): 77-89.

155-190.

［10］CROW B D. Intergenerational provision of a renewable public good produced by land［D］. Washington State University，2002.

作者简介：胡蝶，1999 年 7 月，女，江西南昌人，北京师范大学地理科学学部，硕士生，主要从事人文地理学研究。

周尚意，1960 年 10 月，女，广西罗城人，北京师范大学地理科学学部，教授，博士生导师，主要从事人文地理学研究。

中轴线与北京传统商业空间格局

袁家方

摘要： 自元大都以来，"中轴突出，两翼对称"的城市中轴线，定义了北京的商业空间布局，导引着商业街区的生长、发展，带来了首都城市生活的活跃、灵动和丰富多彩，引导、熔铸、陶冶出北京的特色城市文化。北京的城市商业空间布局，整体呈现为由若干个六边形组成的巨大的蜂窝状结构，围绕中轴线，鼓楼、西四、东四、东单—王府井、西单和前门—大栅栏组成一个六边形，构成北京传统商业街区网络图形的基准；其他的商业热点街区，围绕这个"基准六边形"，随着北京城市发展逐渐生长起来，鲜明体现了"中心地理论"，充分展示出城市商业空间布局的延续性和成长性，以及北京商业文化空间的丰富与深厚，给今人带来重要启示。

北京独有的城市中轴线围绕着京城的首都功能，安排了北京城"前后起伏左右对称的体形或空间"，发挥了组织城市生活的巨大作用，并引导、熔铸、陶冶出北京独具特色的城市文化。

在北京传统的商业空间格局中，中轴线仿佛"无形的手"，点划、规制也导引着商业街区的生长、发展，带来了首都城市生活的活跃、灵动和丰富多彩。至今，中轴线仍然发挥着独到的作用。

一、中轴突出，两翼对称

在北京老城范围内，传统商业街区有鼓楼、前门—大栅栏、西四、东四、西单、东单—王府井、琉璃厂、牛街、菜市口、花市、天桥等，还有隆福寺、护国寺、白塔寺等因庙市而著名的商业区。它们和中轴线之间有着怎样的关系？这关系中，又会有什么"门道"？

（一）北京传统商业街区在空间布局上有"中轴突出"的特点

在中轴线上，故宫的南北，一前一后，有前门—大栅栏和鼓楼两个京城著名的老商业街区，让人联想到"中心对称"。

鼓楼商业街区，最早是元大都的"朝后市"，依照《周礼》"前朝后市，左祖右社"的规制而建，至今已有七百余年的历史，是北京现存最古老的商业街区。

在元代，鼓楼一带位居大都城的中心，因有大运河的终点码头，成为南北货物集散地，又有"朝后市"的名分和功能，加之当时的贵戚、勋臣多集中于左近，购买力集中，故而商业发达。它不只是大都城名声显赫的"中心商业区"，还是当时的国际贸易市场。

前门商业街区，形成于明永乐初年，至今已历时六百余年。前门因曾经为明清两代都城的正门，故有"国门"之称。据此，前门商业街区可称之为"国门前市"。

据明万历二十一年（1593）刻本出版的《宛署杂记》称："洪武初，北平兵火之后，人民甫定。至永乐，改建都城，犹称行在，商贾未集，市廛尚疏。奉旨，皇城四门、钟鼓楼等处，各盖铺房，除大兴县外，本县地方共盖廊房八百一间半，召民居住，店房十六间半，召商居货，总谓之廊房云"①。另据该书记载，这时的钟鼓楼一带，在北安门东、西，海子桥东、西，鼓楼东、西两厢及钟楼东、西两厢，共建有廊房五百七十四间。其中，大房四百二十九间，小房一百四十五间。由此可以看出，仅钟鼓楼一带，就占了宛平县所建廊房总数的70%。

清代鼓楼商业街区之繁华，在清初就有"市肆之盛，几埒正阳门外"之说②。时至清末，仍旧是"地安门外大街最为骈阗。北至鼓楼，凡二里余，每日中为市，攘往熙来，无物不有"③。尽管自清末、民国以降，鼓楼商业街区逐渐中落，但数百年的历史积淀，使其商业文化仍旧在北京有着独特而深远的影响。

明永乐初年兴建廊房，在前门外建了四条廊房胡同，即今廊房头条、二条、三条和廊房四条④。正是这四条廊房胡同的兴建，以"政府行为"规划建设出了国门前商业街区最初的"吸引力内核"，加之大运河的终点码头移至东便门外大通桥下，一个新的"物流中心"与崇文门税关前商业、手工业的集聚，又为

---

① ［明］沈榜. 宛署杂记［M］. 北京：北京古籍出版社，1980：58.

② ［韩］林基中. 燕行录全集［M］. 首尔：东国大学校出版部，2001：39，115～116，317.

③ ［清］震钧. 天咫偶闻［M］. 北京：北京古籍出版社，1982：83.

④ 清乾隆年间更名为"大栅栏"。其"栅栏"二字系满语珊瑚之意，发音为"shì lan er"

前门商业的发展，提供了多方面的支持。到了明万历年间，前门大街及两厢店铺就达到一千零七十八家，正阳门外已发展成为国门前繁华的商业中心。

明永乐初年所建的廊房，我们已经看不到了。只有廊房头条、二条、三条等胡同名和它们走向的大体格局，成了唯一的珍贵遗存。因为它们记录了前门—大栅栏商业街区最早的"根"。

清代之后，实行"满汉分城之制"，原来居住内城的平民百姓，都"被移居"到外城。除朝廷特许人员之外汉族官员，也一律迁居外城。官员们大多聚居宣武门外，科考的举子们则主要旅居前门大街两厢的数百座会馆。正阳门下，熙熙攘攘，依然是"衣冠之海"。与此相应的是，各种商铺摊贩大多搬到前门外。加之有"内城逼近宫阙，禁止开设戏园、会馆、妓院"等例禁，戏园子等也开设在前门外，商业、餐饮业、服务业及文化娱乐业相辅相成，将前门一带的商业发展演绎得火爆、兴旺。《日下旧闻考》中特别说道："今正阳门前棚房栉比，百货云集，较前代尤盛。"

另外，前门又是国都前天下道路的始终点。清末，京奉（北京至沈阳）、京汉（北京至汉口）火车站都设在箭楼外侧，使前门成为当时中国最大的铁路交通枢纽。1924年12月，北京第一条有轨电车线路开通，从前门至西直门，全长九公里，俗称"铛铛车"，北京的城市公交事业由前门起步。铁路枢纽与城市公共交通枢纽功能叠加，使前门成了北京城人员流动的大旋涡。交通的便利，更让前门在商业发展上占尽了风头。

民国初，为解决交通拥堵，1915年至1916年间，拆除了前门瓮城，并在前门两侧城墙打开了城洞；为了便利东西两火车站的交通，又在箭楼南，沿原瓮城外侧，修建了与前门大街相交的马路。1928年，对前门大街做了道路展宽工作，从原来的十米拓宽到十五米。

新中国成立后，一直到20世纪70年代，前门—大栅栏与王府井、西单，并为北京的市级商业中心。

从鼓楼和前门大栅栏两个商业街区形成与发展的简单脉络可见，它们都有朝廷专门营建，且安置在中轴线要冲位置。一个"朝后市"，一个"国门前市"，从他们的"国"字头的"名分"，这是任何其他商业街区都无法比及的。至此，我们是否能得到这样的认识：北京传统商业街区在空间布局上有"中轴突出"的特点！

（二）北京传统商业街区在空间布局上有"两翼对称"的特点

看到北京传统商业街区有着"中轴突出"的特点，随即会想到"两翼对称"。

"两翼对称"即以中轴线为基准，有东四与西四对称，还有东单与西单的对称。隆福寺与护国寺两大庙市，尽管在空间上相对于中轴线并不对称，但早年间的北京人仍用"东庙""西庙"的称呼，表达心目中的一种对称认可。甚至，连外国人也有这样的"误解"。成书于 19 世纪末的《老北京那些事儿：三品顶戴洋教士看中国》，作者法国人樊国梁（1837—1905）在提及护国寺时写道："护国寺——这座寺庙位于满族人居住的内城西部，正对着隆福寺"①。

1. 东四和西四

"东四"与"西四"，是"东四牌楼"与"西四牌楼"的简称，源自其十字路口在东南西北各有一座牌楼。其匾额据《日下旧闻考》记载，东四牌楼为"东曰履仁，西曰行义"；西四牌楼则"东曰行义，西曰履仁"，南北的牌楼匾额，均为"大市街"②。也就是说，东四和西四，是明北京城专门规划建设的东大市和西大市。这让人想到唐长安城的东市和西市。就后来的有关记载看，北京城的这两个大市，分别有同样的马市、羊市、猪市乃至驴市等，也表明这两个市场对称于中轴线，并分别担任、照应东、西两个半城的供应。

2. 东单—王府井商业街区的生成与发展

从东四和西四再向南约两公里，与中轴线对称的是东单和西单，即东单牌楼、西单牌楼，因为各路口仅只有一座南北向的牌楼，俗称"单牌楼"。只有在强调具体地点时，人们才加上"东"或"西"的方位指示。

东单牌楼的匾额是"就日"，西单牌楼的是"瞻云"，典出成语"瞻云就日"。《汉语大词典》"瞻云就日"条称：《史记·五帝本纪》："帝尧者，放勋。其仁如天，其知如神。就之如日，望之如云。"后以"瞻云就日"形容臣下对君主的崇仰追随③。由此可见，东单、西单牌楼的"就日""瞻云"，是讲"臣下对君主的崇仰追随"或"对天子的崇仰或思慕"。从中也可看到，作为地标性建筑，东单、西单的街道坊牌指示的是其所在路口与皇城、紫禁城的位置关系，实质上也是在阐释臣民与君主的从属关系。这就不像"大市街"的匾额，仅仅是指示东四、西四两个市场的所在。

---

① ［法］樊国梁. 老北京那些事儿　三品顶戴洋教士看中国 ［M］. 北京：中央编译出版社，2010.04.22. 该书原名《北京：历史和描述》。樊国梁于清同治元年（1862）来中国，1899 年 4 月成为法国天主教驻京主教，并从清政府取得三品顶戴。义和团运动时期为北京西什库教堂（北堂）主教。1905 年病逝于北京。

② ［清］于敏中. 日下旧闻考：卷三 ［M］. 北京：北京古籍出版社，1980：707，788.

③ 汉语大词典编纂处编纂. 汉语大词典：第七卷 ［M］. 上海：汉语大词典出版社，1991：1265.

东单、西单，不能说是官方规划建设的商业街区。从商业街的角度，现在一说到东单，人们马上就会想到"银街"，这是对应王府井的"金街"之称。其实，早年间一说到王府井，前面不时地要加上"东单"二字，称"东单—王府井"，就像说到前门，总要说"前门—大栅栏"。在老北京人的语义中，这是在强调王府井是个商业街区，而不仅是一条街。其范围大体包括：东单牌楼（东单北大街）、东单二条胡同（东单至王府井的东长安街北侧）、金鱼胡同、东安门大街东段，王府井大街是这个街区的中心。《图说北京近代建筑史》一书也说：王府井"作为商业区，还包括东安门大街、金鱼胡同和灯市口一带"①。

东单—王府井商业街区最早可溯源到元大都的枢密院角市。据《北京历史地图集》"元大都城内主要商业区"一图中的注释称，其位置在今灯市口一带②。明代北京的灯市在东华门东，绵亘二里许，仿佛是在元代枢密院角市的基础上向东延展。明嘉靖年间，为了皇宫的安全等考虑，灯市移到南城正阳门外。内城由此没了年节灯市的热闹。今天的"灯市口大街"在地名上留存了明代灯市的痕迹。

灯市移走了，不等于原来街上的商铺也随之而去。在《北京历史地图集》"明北京城内主要商业区"一图中，可见王府街北面年节灯市的位置，还能看到明代灯市向东与今东单北大街连绵，已经呈现为一个"T"字形。

东单商业的发展，谁能想到，居然得了乡试（顺天府）和会试的助力。据清《天咫偶闻》卷三记载："每春秋二试之年，去棘闱（贡院）最近诸巷，西则观音寺、水磨胡同、福建寺营、顶银胡同，南则裱褙胡同，东则牌坊胡同，北则总捕胡同，家家出赁考寓，谓之'状元吉寓'，每房三五金或十金，辄遣妻子归宁以避。东单牌楼左近，百货麇集，其直则昂于平日十之三。负戴往来者，至夜不息。当此时，人数骤增至数万。市侩行商，欣欣喜色。或有终年冷落，借此数日补苴者。"③《天咫偶闻》的作者震钧（1857—1920）"世居京师十二世"，他一生经历了清咸丰、同治、光绪、宣统四朝。书中记述的"状元吉寓"，至少是清同治、光绪年间的事。由此推想，地近贡院考场的"状元吉寓"，其存在或可上溯到更早的时候。

到了清光绪二十九年（1903），东安市场问世，被认为是现代王府井商业街形成的标志，这也可说是东单—王府井商业街区形成的"收官之作"。

① 张复合. 图说北京近代建筑史［M］. 北京：清华大学出版社，2008：181.
② 侯仁之. 北京历史地图集　人文社会卷［M］. 北京：文津出版社，2013：48.
③ ［清］震钧. 天咫偶闻［M］. 北京：北京古籍出版社，1982：53.

3. 西单商业街区的生成与发展

西单商业街区形成于 20 世纪 30 年代，比东单王府井晚了大致三十年。但它和东单一样以商业驰名于京城，却是很有历史了。

元代的西单是大都城南垣的顺承门，东单为文明门。明代永乐初建北京城，向南移南城墙二里。明正统间，改顺承门为宣武门，改文明门为崇文门，西单、东单牌楼也在这时问世。

从旧刑部街、京畿道、太仆寺街、李阁老等胡同名，能想到西单一带的衙署及高官宅第多。明代，这里有刑部、大理寺、都察院、太仆寺、太常寺、銮仪卫等。仅刑部街就有刑部、大理寺、都察院及京畿道等衙门。明代史玄所撰《旧京遗事》中记载，"街前后有铁匠、手帕等胡同，皆诸曹邸寓"①。机关单位及官员家庭消费，给西单商业的生发与兴旺，无疑是增添了内容，提升了档次。而都城隍庙的庙市，又吸引了京城各处的人们，刑部街是往来庙市的必经之路。街上有久享盛名的"田家温面"，"庙市之日，合食者不下千人"。另外，这里一个太监家仆开的南方糖果店，买卖兴隆得竟然也能与田家温面并驾齐驱，"市利与田家等"，看来，西单一带的南方人还为数众多。西单东侧的双塔寺，有李家冠帽、赵家薏苡酒（土法酿造的中药药酒）闻名全市。从有关记载看，薏苡酒至少从明末到清乾隆间，行销一百五十余年。其存在或许时间更长。

清乾隆三年（1738），今天北京著名的天福号酱肉铺（早年称酱肘铺），在西单牌楼东北角处开办。清嘉庆十九年（1814），有竹枝词称"西单东四（东四牌楼、西单牌楼皆极热闹，故俗呼西单、东四）画棚全（腊月十五日搭画棚，至封印前后始可全），处处张罗写春联"。竹枝词中把西单和东四并列，也可见嘉庆时西单在商业上的名气。及至清光绪末年，西单与东单都是"京师百货所聚"的商业热点。

明清两代，西单的商业一直围绕着单牌楼左近做文章。直到入民国后，特别是到了 20 世纪 30 年代，才有了向街区的长足发展。

1930 年 5 月，厚德商场（后称第四商场）在堂子胡同北开业，次年，万福麟（国民党第五十三军军长）开办了福寿商场（第五商场）。此后至 1941 年，又有益德（第二商场）、惠德（第三商场）和福德商场（第一商场）相继问世。这五个商场，统称西单商场，综合了百货、布匹绸缎、服装鞋帽、图书、工艺美术、文化体育用品、理发照相、餐饮及文化娱乐（影院、曲艺社，如仙宫电影院即后来的红光电影院，以及启明茶社）等，在西单北大街路东，从北向南

---

① ［明］史玄. 旧京遗事 ［M］. 北京：北京古籍出版社，1986：26.

延续二百米，且连缀一体，绸缎庄、服装店、鞋帽店等专业店、专营店沿街开办，再加上从六部口到单牌楼，中央电影院、哈尔飞大戏院（西单剧场）、长安戏院、新新大戏院（首都影院）等先后问世，西单成为当年北京商业街的后起之秀。

巧合的是，仅就西单北大街的商业而言，其商业段落的长度与王府井商业街大致相当，都是八百米左右。另外，西单商场在西单商业街的位置，也与东安市场在王府井街的位置两相呼应，这很可能是西单商场最早的创始人黄树滉先生在选址时有意而为的，只是我们现在不得而知了。

4. 更大范围的两翼对称

如果说东四（东大市）与西四（西大市）、东单王府井与西单商业街区的对称，仅是两例，还不足以说明问题，那么《天咫偶闻》早在百余年前所说的就更多了。

《天咫偶闻》第十卷"琐记"中云："京师百货所聚，惟正阳门街、地安门街、东西安门外、东西四牌楼、东西单牌楼暨外城之菜市、花市。自正月灯市始，夏月瓜果，中秋节物，儿嬉之泥兔爷，中元之荷灯，十二月之印板画、烟火、花爆、紫鹿、黄羊、野猪、山鸡、冰鱼，俗名关东货，亦有果实、蔬菜，旁及日用百物，微及秋虫蟋蟀。苟及其时，则张棚列肆，堆若山积。卖之数日，而尽无馀者，足见京师用物之宏。"①

这段记载中说到的"京师百货所聚"之地，有国门前市的前门—大栅栏、朝后市的鼓楼，二者一南一北，与京城的中心相对称；而皇城的东安门、西安门外，东四、西四，还有东单、西单，再加上宣武门外的菜市口和崇文门外的花儿市，这八处四对，又都是与中轴线"两翼对称"。

从更大的范围看，"内九外七皇城四"，内城的东、西城门，东直门与西直门、朝阳门与阜成门，都是中轴对称的。城门外大多是商业旺地，虽然兴旺的程度有不同，但也沿中轴线成对称格局。

二、一个六边形里的文章

北京的老城区有鼓楼、东四、西四、东单—王府井、西单、前门—大栅栏等六个老商街。如果在地图上将这六个点连起来，恰成一个六边形。如果把东单—王府井商业街区的点圈画在东单，这个六边形几乎就是个很规整的六边形。如果圈画在王府井商业街的位置，它就是个不规则的六边形。但不管怎样，都

---

① ［清］震钧. 天咫偶闻［M］. 北京：北京古籍出版社，1982：216.

不妨碍这六边形表现的"中轴突出，两翼对称"的特点。

（一）基准六边形

20世纪80年代初，有人曾对北京的商业服务业空间布局进行过专门研究。依据研究成果，这个课题组的学者们绘制了"北京市商业服务业中心地模拟图"（参考图1）：

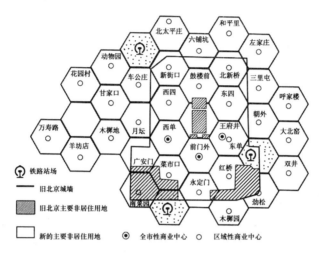

图1　北京市商业服务业中心地模拟图

来源：杨吾杨，张靖宜，崔家立，等．商业地理学：理论基础与中国商业地理［M］．兰州：甘肃人民出版社，1987：21.

从图1中可以看到，北京的商业空间格局，很像一个由若干个六边形组成的巨大的蜂窝。而在老城的凸字形格局里，鼓楼、西四、东四、东单—王府井、西单和前门—大栅栏组成的六边形，堪称整个图形的基准，其他的商业热点街区基本上是在这个"基准六边形"的基础上，随着北京城市发展，逐渐生长起来。而这个基准六边形又以中轴线为依据，且对称于中轴线。

课题研究得出的结论是："虽然历史和地理因素有一定干扰，北京市区的中心地结构还是十分典型的"，即北京市区的商业空间布局，切合德国城市地理学家克里斯塔勒1933年创立的"中心地理论"。①

（二）商圈不是圆的

"中心地理论"是德国城市地理学家沃尔特·克里斯塔勒创立的，20世纪50年代起流行于英语国家，之后传播到其他国家，被认为是20世纪人文地理学

---

① 杨吾杨，张靖宜，崔家立，等．商业地理学：理论基础与中国商业地理［M］．兰州：甘肃人民出版社，1987：21.

最重要的贡献之一。现在它已经成为城市地理学中一个重要的研究领域。通过对德国南部城镇的实地调查研究，克里斯塔勒于1933年发表了《德国南部的中心地》一书，系统阐释了中心地的数量、规模和分布模式，建立起中心地理论。"中心地"指的是向居住在周围地域的居民提供商品和服务的地方，诸如集镇、城镇、城市等。

下面的图形（参考图2）就是克里斯塔勒的中心地网络示意图，它与"北京市商业服务业中心地模拟图"如出一辙。

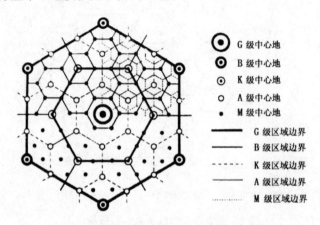

图2　克里斯塔勒的中心地网络示意图

来源：许学强，周一星，宁越敏. 城市地理学（第2版）[M]. 北京：高等教育出版社，2009. 03. 208.

克里斯塔勒的理论建立在如下的假设条件上：

（1）假设地表是一个理想的"均质"平原，人口均匀分布，居民的收入、需求和消费方式相同。且有统一的交通系统，交通便利程度一致。

（2）在任一中心地，相同的商品和服务，其价格和质量都相同。消费者购买商品和服务的实际价格，等于销售价格加上因交通产生的花费。消费者都选择距离最近的中心地，就近购买。

从以上条件出发，克里斯塔勒推导出了在理想地表上的中心地以正六边形为基本形态的分布模式。由于服务的半径不同，这种正六边形还呈现出不同的级别。高一级的中心地涵盖低一级中心地的商品和服务，并提供其没有的商品和服务。

平面几何老师在讲到圆周率时说，"π"就是靠着无限细分的正N边形计算出来的。一个平面中，如果用相同的圆形去覆盖，圆与圆之间，总会有空隙，而不能将平面全部填满。只有正三角形、正四边形、正六边形三种图形可以相对完全地填满平面。在这三种图形中，六边形具有"完全充填"和"最具效率"的双重优势，这就是空间填充原理。中心地网络恰恰就体现了这种"完全填充"。

"商圈"是人们熟悉的词。既然说是"圈"，那形态一定是圆的。从中心地网络示意图和北京市商业服务业中心地模拟图中，我们看到是正六边形连缀而成的蜂窝状的图像。如此说来，商圈还真不是圆的。

（三）七百年的生长

我们将鼓楼、西四、东四、东单—王府井、西单和前门—大栅栏组成的六边形，称为北京传统商业街区网络图形的基准，这个"基准六边形"的生长与形成，经历了七个世纪的漫长岁月。

元代，大都的商业中心有钟鼓楼的朝后市、西四羊角头和枢密院角市（今灯市口一带）。这三处勾勒出一个不规则三角。

明代，永乐初年建北京城，规划建设了钟鼓楼的朝后市及东四、西四两个大市街，使元代不规则三角形变为等腰三角形；又在前门外建四条廊房胡同，引发国门前市的形成，使等腰三角形变化为不尽规则的菱形。

明清两代，东单、西单跻身于京城商业热点区域。清末民初，东单—王府井商业街区形成，菱形变成了五边形。20 世纪 30 年代，随着西单商业街区的问世，五边形转化为六边形。这个六边形才真正表现为京城传统商业街区网络格局的基准六边形。

在这个六边形中，最为古老的是鼓楼商业街区。它可称之为基准六边形，乃至是北京整个传统商业街区网络的"定盘星"；而西单，则是六边形形成的收官之作。其间历时七百余年。

人们把西单商业街区形成的时间点认定在 1930 年。三年以后的 1933 年，克里斯塔勒的《德国南部中心地原理》问世。

（四）两点之间，以直线最短

数学老师说：两点之间，能做且只能做一条直线；两点之间以直线为最短。这是平面几何的公理。

物理老师说：在均匀介质中，光沿着尽可能短的路径行进。"自然界总是使作用量减到最小"，这就是最小作用量原理。

由此笔者想到：中轴对称，不就是最小作用量原理在城市中的应用。它让在中轴线两侧的人们，只要位置对等，就能以同样的距离、时间到达中轴线。

福建漳州南部漳浦县的南碇岛是一座椭球形的火山岛，离海岸约 6.5 公里。小岛由清一色的五边形或六边形石柱状玄武岩组成，数量达一百四十万根之多，是目前已知的世界上最巨大、密集的玄武岩石柱群。英国北爱尔兰安特里姆郡海岸边的"巨人岬"，也有一片均匀的玄武岩石柱，就是著名的"巨石堤"。其玄武岩石柱大约四万根。据专家介绍，这种岩柱的节理是玄武岩熔岩冷却收缩时形成的。炽热的玄武岩岩浆冷却、凝固成岩石的过程中，自然界用了神奇的六边形，使之路径最短、速度最快、作用量最小，从而"最具效率"地"完全充填"，然后形成了让我们不胜惊讶的天下奇观。

石柱是无机物，没有生命，要听任自然的摆布。蜜蜂是有生命的。它们的蜂巢随着"空间"的充填，最"节俭"地"被修造"成最为稳定的六边形结构。

北京"中心地"基准六边形的形成中，鼓楼、东四、西四和前门—大栅栏等四个传统商业街区是规划建设出来的，只有东单王府井和西单是城市经济、社会发展促成的。但这六个商业街区都仿佛按照某种规律，最后走出一个对称中轴的六边形格局，影响了其他商业街区的发展，生长出一个硕大的"蜂窝"。

人类不但是生命，而且还是最高级的生命，有思想能创造。我们从大自然中学到了，也借鉴了，还发展了很多很多。人类社会的生活，无论是物质的还是精神的，都因此而丰富多彩。

有一天，"俯瞰"北京地图，发现我们真的就生活在六边形布局的商业空间网络中。这老商街的空间格局就在中轴线的规制、引导之下生长、生成。这网络还是我们在不知不觉中一代代数百年延续中不断地营建，产生一种发自心底的震撼——原来"天人"就这样"合一"。

在某些地方的商业空间布局中，也会在或长或短一段时间内，出现"空洞"，就像北京城最初的三角形商业空间布局一样。而在后来的发展又恰恰说明，那些"空洞"逐渐地被"填充"，最后发展出商业布局上的"正"六边形。这或者也是北京商业空间布局发展历史带给今人的一种启发。

参考文献

[1]（明）沈榜. 宛署杂记 [M]. 北京：北京古籍出版社，1980.

[2]（清）于敏中. 日下旧闻考 [M]. 北京：北京古籍出版社，1985.

[3]（清）震钧. 天咫偶闻 10 卷 [M]. 北京：北京古籍出版社，1982.

[4]（明）史玄，（清）夏仁虎，（清）阙名. 旧京遗事 旧京琐记 燕京杂记 [M]. 北京：北京古籍出版社，1986.

[5] 杨吾杨，张靖宜，崔家立，安成谋，孙宝泉，王希来. 商业地理学理论基础与中国商业地理 [M]. 兰州：甘肃人民出版社，1987.

［6］汉语大词典编纂处编纂. 汉语大词典（第七卷）［M］. 上海：汉语大词典出版社，1991.

［7］金昌业.《燕行日记》［M］，林基中编《燕行录全集》，［韩国］东国大学校出版部，2001.

［8］张复合. 图说北京近代建筑史［M］. 北京：清华大学出版社，2008.

［9］许学强. 城市地理学［M］. 北京：高等教育出版社，1997.

［10］侯仁之. 北京历史地图集人文社会卷［M］. 北京：文津出版社，2013.

作者简介：袁家方，1945 年生，男，汉族，河北香河人，首都经贸大学退休员工，曾任该校首都经济研究所副所长等职，副教授，研究方向为北京商业文化。

先农坛神仓院建筑彩画调查

曹振伟　孟　楠　刘　恒　蔡新雨　曹志国

摘要： 先农坛神仓院建筑始建于明代，成型于乾隆十七年（1753），保留有不同时期的清代彩画遗迹。在实地勘察的基础上，本文探讨了神仓院雄黄玉旋子彩画的绘制年代、时代特征、工艺特点等方面。

先农坛是北京著名的九坛之一，是我国历史上皇家祭祀先农等神明的专用建筑群，在中国封建社会中占有相当重要的地位，明清两代每年的仲春吉亥日，皇帝会亲耕、祭祀先农神于此。神仓院是先农坛的重要组成部分，建筑上现存有大量的清代雄黄玉旋子彩画遗迹。雄黄玉彩画做法特殊，据传是以雄黄、雌黄为主要颜料绘制而成的，因其具有毒性，一定程度上起到防虫、防腐的作用。

一、营缮历史

（一）清早期

雍正四年（1726）十一月，《工部尚书李永绍等题销修理先农坛用过银两事》载："修理先农坛内神仓等项共实用银四百二十九两三钱造册……查册开神仓等处油饰彩画裱糊抹饰墙垣共用物料银二百十八两五钱"①。

雍正六年（1728）十二月，《工部尚书夸岱等题为核减修理京城先农坛神仓神库银两请旨事》载："臣等按册查对其房屋油饰并墙垣抹饰等项皆系每年修过处所，即有些微添补修饰，何至复用银四百九十余两。臣等详加核□，将物料等项内有不符之处共减去银一百四十五两五分零实应准销银三百四十八两八分

---

① 《工部尚书李永绍等题销修理先农坛用过银两事》，雍正朝工科史书，第一历史档案馆档案 136 号，中国第一历史档案馆藏。

零□命下之日该府尹将核减银两招数追还原工"①。

雍正十一年（1733）五月，《管理工部尚书事务和硕果亲王允礼等题请修理先农坛神仓事》载："管理工部尚书事物和硕果亲王臣允礼等谨题为申请事。该臣等查得刑部左侍郎暂属顺天府府尹仍兼内阁学士……称雍正十年三月初六日恭遇皇上行耕藉礼。所有修理先农坛内神仓等处需用银两。前据该两县申请咨明户部仍在各门……查雍正九年耕藉修理神仓等项准核销银四百九十六两八分五厘六毫。今雍正十年耕藉修理内有添补油饰，共实用银三百六十九两八钱八分五厘二毫造册。题核销等因前□。查雍正九年耕藉修理神仓等处共核销过工料银四百九十六两八分五厘六毫在案。今该府尹张照依户部时价减去价值银六两八钱七分九厘四毫三绦二，共应减去银二十七两三钱九分一厘二毫五绦。实准销银三百四十二两四钱九分三厘九毫五绦。其核减银两□命下之日行文。该府尹着落原监修官名下照数勒追还项"②。

据雍正朝修缮档案记载，其中并未记录神仓等处修缮的详细细节，工程性质为添补油饰类的保养性修缮。

（二）清中期

乾隆元年（1736）四月，《武英殿大学士迈柱为修理先农坛神仓事》载："查雍正十三年三月十七日……所有修理神仓等处需用银两……用银二百八十三两五钱四分七厘四毫"③。

乾隆十年（1745）四月，《工部尚书哈达哈为祭先农坛修整农具器皿并兴修神仓等事》载："乾隆九年二月二十七日乙亥……修理神仓等处照例粘补粉饰……粘补神仓等处共用银二百四十七两六钱五分零"④。

乾隆十八年，《先农坛彻去旗纛殿移建神仓事》载："又奉旨先农坛旧有旗纛殿可撤去，将神仓移建于此"⑤。

乾隆十八年十一月，《大学士傅恒等奉谕旨将先农坛修缮鼎新并多植松柏榆

---

① 《工部尚书夸岱等题为核减修理京城先农坛神仓神库银两请旨事》，雍正朝工科史书，第一历史档案馆档案 159 号，中国第一历史档案馆藏。
② 《管理工部尚书事务和硕果亲王允礼等题请修理先农坛神仓事》，雍正朝工科史书，第一历史档案馆档案 229 号，中国第一历史档案馆藏。
③ 《武英殿大学士迈柱为修理先农坛神仓事》，乾隆朝工科史书 258，中国第一历史档案馆藏。
④ 《工部尚书哈达哈为祭先农坛修整农具器皿并兴修神仓等事》，工科史书，中国第一历史档案馆藏。
⑤ 《先农坛撤去旗纛殿移建神仓事》，钦定大清会典则例，乾隆 12 年，文渊阁四库全书，台湾商务印书馆，1982 年 4 月，卷 126，故宫博物院图书馆藏。

槐事》载："先农坛年久未加崇饰不足称朕祇肃明礼之意。今西郊大功告成，应将先农坛宇修缮鼎新。"①

据档案修缮的总造价可知，乾隆元年及乾隆十年的修缮皆为例行的保养性维修。比较大的工程为乾隆十八年神仓建筑群移建。

（三）清晚期

咸丰四年（1855）二月，《内阁奉谕旨天坛地坛先农坛应修工程著派贾桢等承修》载："二十二日辛卯内阁奉谕旨基溥李钧奏查勘天坛、地坛、先农坛应修工程开单呈览。"②

咸丰四年三月，《咸丰帝谕天地先农坛等择要勘估核实需用事》载："十五日内阁奉上谕工部奏查明天坛、地坛、先农坛工程需用银两一折……认真敷减原估数目。"③

光绪十三年（1887）三月，《光绪帝谕著孙毓汶接办先农坛添修各工事》载："二十五日奉旨仍著孙毓汶接办钦此。工部奏先农坛添修各工请派员承修折。"④

咸丰四年、光绪十三年虽有修缮工程记录，但文字内容不详，无法判断修缮规模。

1900 年，八国联军侵入北京，美国第九营及第十四营抢先占据先农坛。神仓院成为美国侵略军的信号所与军需处。仓房、圆廪、方亭等建筑遭到严重破坏，皇帝的亲耕农具也被随意堆放在露天地里，有的甚至被付之一炬。老照片（参考图1）显示神仓在 20 世纪初期为雄黄玉旋子彩画，收谷亭为青绿旋子彩画。

---

① 《大学士傅恒等奉谕旨将先农坛修缮鼎新并多植松柏榆槐事》，乾隆起居注，一史馆编，广西师范大学出版社，第 12 册，故宫博物院图书馆藏。
② 《内阁奉谕旨天坛地坛先农坛应修工程著派贾桢等承修》，清代起居注册，咸丰朝 1~46 册。台湾联合报文化基金会过学文献馆，1983 年 11 月，第 18 册，"故宫博物院"图书馆藏。
③ 《咸丰帝谕天地先农坛等择要勘估核实需用事》，咸丰同治两朝上谕档，中国第一历史档案馆编，广西师大出版社 1998 年 8 月版。第 4 册，第 74 页，故宫博物院图书馆藏。
④ 《光绪帝谕著孙毓汶接办先农坛添修各工事》，光绪宣统两朝上谕档，中国第一历史档案馆，广西师大出版社，册 13，第 128 页，故宫博物院图书馆藏。

整体影像	细节放大
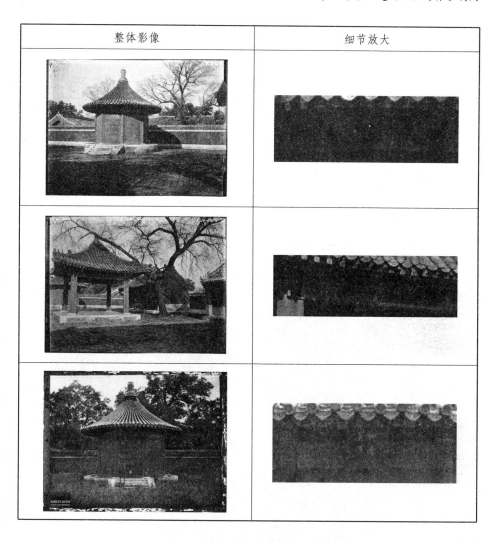	

图1　神仓老照片

来源：韩立恒提供

1915 年，内务部典礼司成立坛庙管理处，亦称管理坛庙事务所，办公地点设在神仓院落。1934 年，坛庙事务所对北平市各坛庙进行调查。1935 年坛庙事务所被划归北平市政府管辖。随后，该所参与了北平市秘书处主持的《旧都文物略》一书的编纂工作。该所一直到 1950 年才停止工作。

（四）近现代修缮

1994 年至 1995 年，相关人员完成了对神仓古建群的修缮复原工程。1997 年至 2022 年年初，神仓古建群作为北京市古代建筑研究所办公地使用。

二、现状调查

从现存遗迹看，历史上的神仓院建筑虽经过多次修缮，但绝大部分建筑内檐仍保留有清代雄黄玉彩画的遗迹，仅收谷亭为雅伍墨旋子彩画。无论建筑的位置与体量如何，内檐皆绘制了同等级别的雄黄玉旋子彩画，并且不贴金箔。

（一）形制调查

1. 单体形制

（1）神仓

内檐檩、枋大木绘制雄黄玉旋子彩画，颜色偏浅。以浅黄色打底，纹饰大线及旋花用青、绿、白三色绘制，且皆做退晕方式处理。轮廓线用白粉勾勒，其内依次设浅色、原色两种色彩。方心设黑一字，方心头退晕方向与旋花相反，白粉在最内侧，垫板刷红油饰（参考图2）。

图2 神仓内檐彩画

来源：作者拍摄

两端设黑老箍头，其内绘整箍头。各间檐部檩、枋大木的小找头旋花皆绘勾丝咬纹饰。明间东西两缝抱头梁的箍头设绿色。两端设盒子，内绘整四出旋花纹。花心绿色，旋瓣青色，盒子线与皮条线的设色皆外青内绿。小找头设一整两破旋花。南北跨空枋找头绘勾丝咬纹饰。柱头上端设青色整箍头，下端绿色整箍头，中间绘栀花。花瓣绿色，花心青色。金檩、金枋不设找头，中间为方心。金枋底面绘青绿色把子草，白粉勾边，纹饰不退晕。枉墩青边黑老。金瓜柱上端绘青色整箍头，下端绿色整箍头，中间设整旋花。青箍头正上方两檩间空地绘绿色如意云纹。太平梁找头绘勾丝咬纹饰。

（2）祭器库

祭器库的雄黄玉旋子彩画在打底色、绘制工艺等方面与神仓一致（参考图3）。

图3　祭器库内檐彩画

来源：作者拍摄

两端设黑老箍头，其内绘整箍头及整栀花盒子。脊枋、金枋底面绘长流水。金瓜柱上端绘青色副箍头，下端绿色整箍头，中间设栀花。

（3）西碾房

可见双层彩画，底层纹饰及范围模糊不清。表层绘制雄黄玉旋子彩画，颜色偏深。以深香色打底，纹饰大线及旋花用青、绿、白三色绘制，且皆做退晕。轮廓线用白粉勾勒，其内依次设浅色、原色两种色彩。方心设黑一字，方心头退晕方向与旋花相同。垫板刷深香色油饰（参考图4）。

两端副箍头刷香色，其内绘整箍头及整栀花盒子。金瓜柱上端绘青色副箍头，下端绿色整箍头，中间设栀花及整旋花。

彩画的显著特征有三点：①方心尺寸远小于找头尺寸。②一字方心的尺寸比例失调，其端头距方心头过近。③个别彩画的找头不设皮条线，疑似匠人绘制失误造成。

（4）东、西仓房

仓房的雄黄玉旋子彩画以浅香色打底，在绘制工艺等其余方面与神仓一致（参考图5）。

图 4　西碾房内檐彩画

来源：作者拍摄

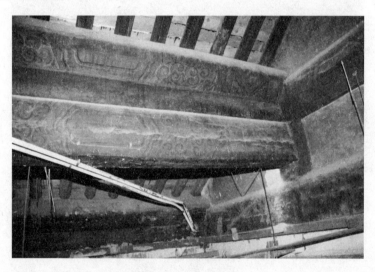

图 5　东仓房内檐彩画

来源：作者拍摄

　　两端设黑老箍头，其内绘整箍头及整栀花盒子。金瓜柱上端绘青色副箍头，下端绿色整箍头，中间设栀花。脊瓜柱上端绘青色副箍头，下端绿色整箍头，中间设两整旋花。

　　彩画的显著特征有三点：①打底色偏橘。②青色艳丽，似晚期进口颜料群青。③所有小找头皆为勾丝咬纹饰，且其外侧端头设置为如意头状。

（5）东、西值房

内檐檩、枋大木绘制雄黄玉旋子彩画，较碾房彩画颜色偏浅、偏红。纹饰大线及旋花用青、绿、白三色绘制，不做退晕。轮廓线用白粉勾勒，其内刷原色。方心设黑一字，方心头退晕方向与旋花相同。垫板刷红油饰（参考图6）。

图6　东值房内檐彩画

来源：作者拍摄

彩画的显著特征有四点：①青色艳丽，似晚期进口颜料群青。②青绿色线条粗壮。③彩画不做退晕。④设整、破两种栀花盒子。⑤端头不用黑老箍头。

金柱上端绘青色副箍头，下端绘绿色整箍头，中间设整旋花。金瓜柱上端绘青色整箍头，下端绿色整箍头，中间设整三旋花。脊枋、金枋底面绘制长流水。

2. 形制对比

从箍头设色、打底色、旋眼、二路瓣、方心头、方心黑老、晕色等角度分析（参见表1），在旋眼、方心头、方心黑老三方面呈现出不同的时代特征。神仓、祭器库的彩画旋眼呈花瓣状、方心头呈尖头花瓣状、方心黑老的端头形状随方心头造型绘制，以上特点是典型的清代中期旋子彩画特征。

表1 形制分析

建筑	神仓、祭器库	东、西碾房	东、西仓房	东、西值房
副箍头设色	黑色	深香色	黑色	橘红色
打底色	亮黄色	深香色	浅香色	深黄色
旋眼	蝉状、花瓣状	蝉状	蝉状	蝉状
二路瓣	狭长	略狭长	略圆	略狭长
方心头	花瓣状（尖头），白粉在内，晕色在外	海棠盒状，白粉在外，晕色在内	海棠盒状，白粉在内，晕色在外	海棠盒状，白粉在外，无晕色

续表

建筑	神仓、祭器库	东、西碾房	东、西仓房	东、西值房
方心黑一字	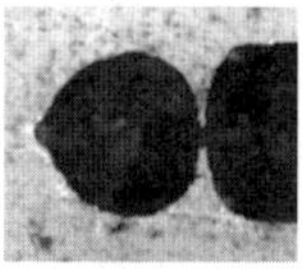	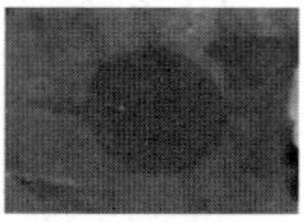	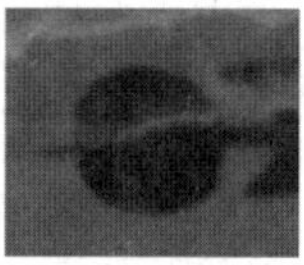	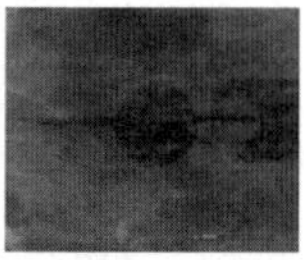
	端头形状随方心头造型	圆球状出头	圆球状出头	圆球状出头
晕色	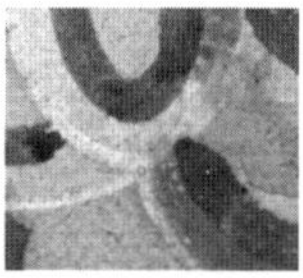	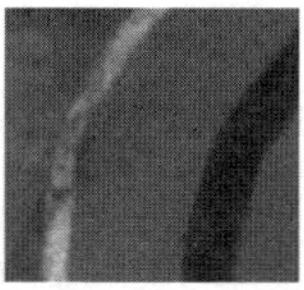	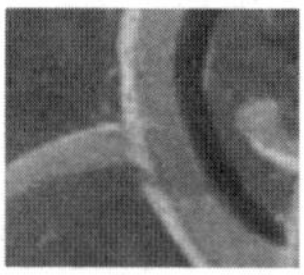	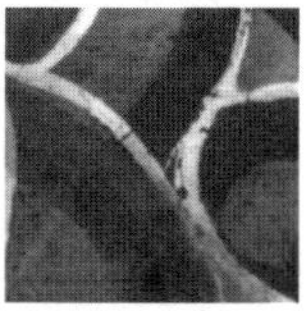
	深浅色同宽或深色略宽	深青色为浅色1/3 至 1/2 宽，绿色深浅色同宽	深青色为浅色1/3 或同宽，绿色深浅色同宽	无晕色

来源：作者拍摄、制作

（二）工艺调查

除东、西值房外，各建筑内檐的雄黄玉彩画皆属于较规矩的掭退活工艺做法（参见表2），先通刷浅色，再外侧勾白粉，内侧压原色。东、西值房彩画省略晕色工艺。

表 2　工艺分析

建筑	工艺做法（主流）	工艺做法（其他）
神仓、祭器库	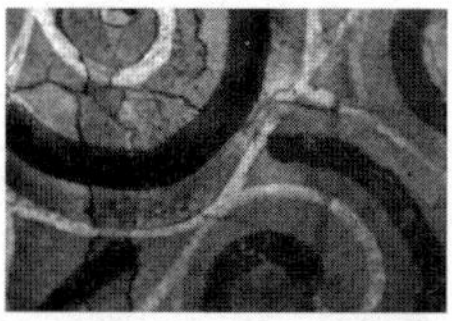	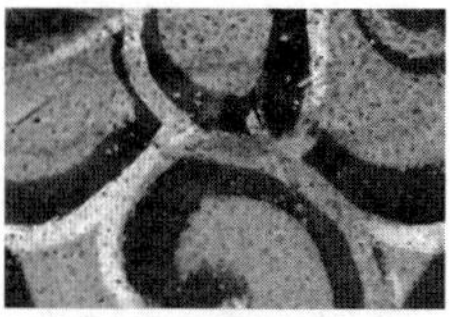
	刷浅色—勾白粉—压原色	不做退晕
东、西值房	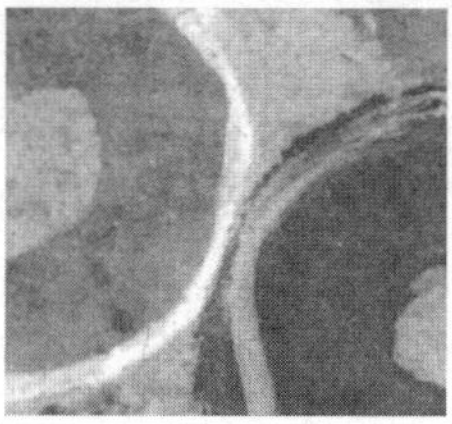	—
	刷原色—勾白粉	—

建筑	工艺做法（主流）	工艺做法（其他）
西碾房	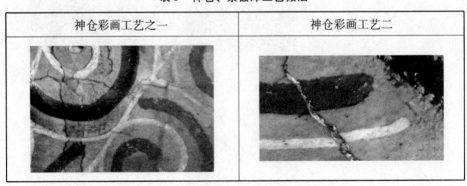	—
	刷浅色—勾白粉—压原色	—
东、西仓房		—
	刷浅色—勾白粉—压原色	—

来源：作者拍摄、制作

1. 神仓、祭器库

现存两种工艺（参见表3）。其一，青、绿两色做掭退，从外至内依次为白粉、浅色、深色。从现存遗迹叠压关系上看，工艺顺序为先刷青绿浅色，再外侧勾白粉、内侧压青绿深色。青色做法特殊，与浅青色存在叠压关系，先刷12mm宽浅青色打底，再刷8mm深青色。深青色压浅色4mm，露出8mm。绿深色与浅色宽度各平均为8mm，大线白粉宽3mm，箍头黑老宽5mm。

表3　神仓、祭器库工艺做法

神仓彩画工艺之一	神仓彩画工艺二

来源：作者拍摄、制作

其二，青绿两色不做退晕，不刷浅色。出现的部位位于各间脊部及后金部大木的北侧面，处于室内相对隐蔽的部位。此种工艺比第一种简单，常见于故宫及皇家寺庙中的隐蔽部位，如故宫慈宁花园咸若馆毗卢帽上、大佛堂梢间、崇文区南药王庙后金部、海淀区碧云寺悬塑遮挡处等，均属于匠人偷工减料的做法。

2. 东、西值房

内檐老彩画工艺相对简单，仅刷宽约7~10mm的原色，再用约2~3mm宽白粉勾轮廓线，不做晕色处理。

3. 西碾房

内檐老彩画采用捳退工艺，先刷浅色，再勾白粉、压原色。其特点是突出浅青色，深青色较窄，为浅色的1/3至1/2宽。绿色深浅色同宽，外侧勾白粉。

4. 东、西仓房

内檐老彩画采用捳退工艺，先刷浅色，再勾白粉、压原色。其特点是浅色与深色宽度的设置较为随意，匠人的手艺略显粗糙。深青色的尺寸范围是浅色的1/3至同宽，绿色深浅色同宽。

（三）颜料调查

2021年北京化工大学对区域内的部分彩画进行过材料分析，据《先农坛神仓院油饰彩画保护工程——油饰彩画材料实验分析》[①] 可知，本区域的外檐彩画皆使用现代化工颜料，内檐还保留着不同种类的颜料遗迹（参见表4）。大致可分为三个时期：第一，神仓、祭器库内檐，石绿、氯铜矿为主要颜料；第二，西值房内檐，巴黎绿、群青为主要颜料；第三，山门外檐，铬绿材料。由于区域内检测的彩画样本不全，目前仅能得到关于颜料的一部分信息。报告中较突出的发现是神仓、祭器库、西值房内檐的黄色颜料并非为雄黄与雌黄材质，而是使用黄铁矿、针铁矿、黄丹等颜料单独绘制或混合绘制而成的。

表4　各建筑颜材料使用情况

序号	建筑	部位	颜料	
1	山门	外檐冰盘檐	绿色	铬绿
2	收谷亭	内檐趴梁	青色	群青
3	神仓	内檐檐枋	黄色	赭石（黄铁矿）
			绿色	氯铜矿

---

① 《先农坛神仓院油饰彩画保护工程——油饰彩画材料实验分析》，内部资料，北京化工大学，2021年7月。

序号	建筑	部位	颜料	
4	西值房	内檐明间金枋	黄色	黄丹+赭石（黄铁矿）
			绿色	巴黎绿
			青色	群青
5	祭器库	内檐明间东缝双步梁	黄色	赭石（黄铁矿）
			绿色	氯铜矿
			青色	群青①
		内檐东梢间金檩	黄色	黄丹+针铁矿
			绿色	石绿（孔雀石）
			青色	群青

（四）多层彩画叠压情况

据现场观察，西碾房、西仓房、西值房具有两层彩画遗迹，但底层彩画显露出的信息量不足以提供更多的线索。从西碾房旋花的位置上看，底层彩画亦使用整箍头起始，并未见早于清代的做法，且盒子的使用量明显少于表层彩画。

三、年代分析

区域内未发现明代及清代早期彩画遗迹。最早的彩画位于神仓、祭器库内檐，为清中期绘制，初步判断为乾隆十八年的遗迹。之后又经过多次修缮（参考图7）。由于同治、咸丰朝以后，大量进口并使用西方化工颜料，此时彩画的形制已经程式化，因此很难从颜料、形制等方面进行区分。但从底色等细节上，可以判断出本区域内清代后期绘制的彩画呈现出不同批次绘制的特征，且单批次绘制的建筑具有位置对称性。东、西碾房彩画从颜料色相上看偏早，为第一批次绘制。东、西仓房使用进口化工颜料，为第二批次。东、西值房做工最为粗糙，为第三批次。最后，外檐彩画皆为现代所绘制而成。

---

① 材料分析报告中根据 EDS 及拉曼光谱分析初步判断蓝色颜料为群青，但因青金石与群青在元素等方面一致性较高，需要进一步验证是否为青金石颜料。

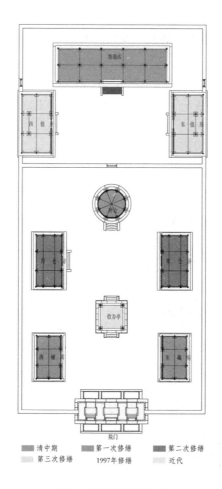

图7　彩画时代分布图

来源：作者绘制

四、结语

神仓院的雄黄玉彩画遗迹，包含众多的历史信息，为我们研究清代地方官式彩画提供了有力的物证，同时也为我们判断现存区域建筑的历史年代及修缮提供了重要的参考依据。清末绘制的彩画，纹饰粗糙、工艺简化，与清末动乱、国力衰退的历史息息相关，是当时历史背景的体现。

一直以来，专业文章及书籍中大多描述雄黄玉旋子彩画使用雄黄与雌黄材料，利用其毒性，起到杀菌、驱虫的作用。通过科学手段，对神仓院彩画的原材料进行分析研究，发现并非如上述记述一般，如祭器库使用黄丹、赭石等材料，对研究雄黄玉旋子彩画的演变及复原工作提供了一定的科学依据。雄黄玉黄色颜料检测结果中出现的与传统认知相异的情况，还需进一步深化研究。

作者简介

1. 曹振伟，1980 年出生，男，北京人，故宫博物院，研究馆员，研究方向明清建筑彩画。

2. 孟楠，1987 年出生，女，汉族，北京人，北京古代建筑博物馆，副研究馆员，研究方向文物建筑保护。

3. 刘恒，1982 年出生，男，天津人，北京市文物建筑保护设计所，设计师主任或工程师，研究方向文物建筑保护。

4. 蔡新雨，1987 年出生，男，河北蔚县人，北京市文物建筑保护设计所，设计四室主任，工程师，研究方向不可移动文物保护。

5. 曹志国，1977 年出生，男，北京人，北京北建大建筑设计研究院有限公司，所长，研究方向文物建筑保护。

论北京先农坛在中轴线申遗中的重要地位

王昊玥

摘要：北京中轴线申遗工作是北京老城区历史环境整体保护和提升的重要契机，北京先农坛作为中轴线 14 个遗产点中的关键节点，在总体格局、历史文化、建筑艺术等方面都具有重要的地位。本文阐释了先农坛在中轴线申遗中的重要地位和建筑遗产价值，并分析其现存的主要问题，提出相应的保护建议和活化利用构想，旨在为后续先农坛片区的整体环境保护及中轴线申遗提供一定的参考。

一、引言

北京中轴线南起永定门，北至钟鼓楼，贯穿北京老城南北两端长达 7.8 公里的城市轴线以及轴线两侧的历史建筑群。中轴线及其向心式格局为古都北京城市建设中最突出的成就，不仅是我国古代都城城市轴线唯一保存完整的实例，也是世界现存最长的城市中轴线，是中国古代城市营建理论经过数千年演变和发展逐渐走向成熟的典型范式。

2012 年北京中轴线正式入选世界文化遗产预备名单，中轴线申遗工作正式启动。随着对城市历史风貌保护认识的不断提高，近年来遗产保护的对象已经由建筑单体、建筑群逐渐扩展到整体历史环境的可持续保护。北京中轴线及其周边包含的众多历史建筑群和传统街区，是城市遗产整体环境保护的典型范例，其申遗目的不仅仅是为我国增添新的世界文化遗产，而且更重要的是以中轴线申遗为契机和引领，实施北京老城历史环境整体保护和提升。

北京先农坛是中轴线上南起永定门后的第一个遗产点，通过中轴线与天坛东西对称分布，是现存唯一一座明清帝王祭祀先农等神灵的皇家坛庙，作为祭祀先农文化的空间载体，无论在整体格局、历史环境、古建艺术还是现代社会价值等方面都是中轴线重要的遗产点之一，在申遗中起着重要的作用。

二、北京中轴线的历史沿革与申遗关键节点

轴线是古代城市格局的基础和核心所在。北京老城传统中轴线是明清时期为强调古代帝王的中心地位，巩固封建政权而规划的特色城市格局，连接着外城、内城、皇城和紫禁城四重城市关系，与古代城市制度有着鲜明的逻辑关系。中轴线造就了古代北京严整肃穆的城市秩序，梁思成先生将其特征简略概括为十六字，即"南北引伸、一贯到底、前后起伏、左右对称"。

北京中轴线的基本格局在明代形成。明成祖入京后，以元大都中轴线为基础，营城时将北面的中轴线向东移动，使宫城回到主轴且与皇城轴线合二为一，将中央官署置于紫禁城正前方，将原先诸神合祭的郊坛分置在中轴线的两侧，并将太庙和社稷坛安排在了皇城之内、紫禁城之前，由此构建了一套完整的祭祀礼仪设施，整条中轴线北起钟鼓楼，往南过地安门进入皇城，自南向北依次为景山、紫禁城、棋盘街及正阳门，南部过正阳门外大街以永定门作为整条中轴线南端的终点，形成了"中轴贯穿，左右对称"的城市主轴线。

自北京中轴线进入世界文化遗产预备目录以来，各相关文物保护部门已先后启动了多项促进申遗的环境整治及文物保护修缮工程。已确定的中轴线申遗核心区总面积约 470 公顷，建设控制与缓冲区面积约 4675 公顷，涵盖 60% 的北京老城面积。在遗产申报点的选择上，除元明清时期的既有历史建筑外，一批具有革命意义的近现代建筑也在申报范围之内，2018 年 7 月 4 日确定了包含先农坛在内的 14 处遗产点（参考图 1）。

三、北京先农坛的历史沿革

北京先农坛是我国现存的唯一一座明清皇家祭祀先农的遗迹，被誉为"神州先农第一坛"。先农坛始建于明永乐十八年，为明成祖朱棣依洪武九年建造的南京先农坛旧制而建，是明清两代帝王"亲耕享先农"之所，通过中轴线与天坛东西对称，历经明嘉靖年间的改制以及清乾隆时期大规模的改建和修缮，形成了现有的空间格局。

明永乐十八年，明成祖朱棣于正阳门南端西侧建山川坛合祀诸神，缭以垣墙，周回六里，中为殿宇，左为旗纛庙，西南为先农坛，东南为具服殿，南皆耤田，先农坛内坛格局基本形成（参考图 2）。明天顺二年，于山川坛东侧内外坛之间增建斋宫。明嘉靖年间，由于对祀典制度全面更定，众神分祀，京城新建日坛、月坛等多坛，先农坛内外坛墙之间也新增天神、地祇两坛，分祀诸神，

山川坛正殿专祀太岁；耤田北侧搭建木构观耕台，供皇帝观看文武百官演耕；嘉靖十一年于正殿东侧内坛东墙处建神仓。明万历四年，正式更名为先农坛。至此，各专祀殿宇以不同的规制和各具特点的建筑形式，奠定了北京先农坛建筑布局和建筑形制的基础（参考图3）。

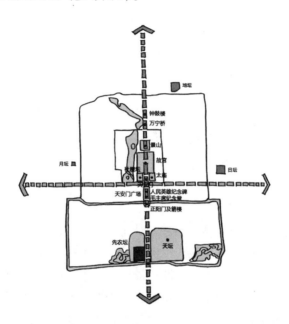

图1 2018年7月4日确定的北京中轴线申遗的14处遗产点

来源：作者绘

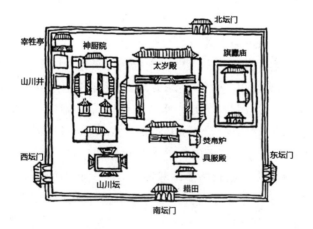

图2 明代山川坛总图

来源：作者根据参考文献1绘

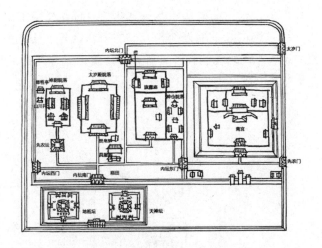

图3　《雍正会典》先农坛总图

来源：作者根据参考文献1绘

清乾隆年间，政局稳定国力昌盛，对先农坛内建筑进行了大规模修葺、改建和扩建。撤旗纛庙前院移建神仓，将临时性的木构观耕台改建为永久性的琉璃砖石结构，斋宫更名为庆成宫，供皇帝宴请群臣；修缮时除建筑本身外，还关注了建筑环境，乾隆年间于坛内植遍松柏榆槐、苍松佳木，形成与祭祀庄严肃穆氛围相衬的仪树阵列。至此，北京先农坛历史格局正式形成（参见图4），乾隆后的各时期仅对先农坛进行定期的修缮再未有大规模的修造①。

历经明清两代的营建、改制、扩建及修缮工作，展现在我们面前的是拥有600多年历史，集宫、坛、庙、台于一体的北京先农坛，不仅展示了悠久的农业文明，也见证了祭农礼制逐渐完备的过程。

鸦片战争后随着封建王朝的衰弱，先农坛与祭祀制度都日渐废弛，往后的各时期都受到了不同程度的破坏。先农坛于1907年停止亲祭礼，辛亥革命后民国政府设内务部礼俗司接管先农坛，将全北京坛庙祭器统一存放于太岁殿及两庑中，并成立了古物保存所；随后先后辟为先农坛公园和城南公园向公众开放，于1917年拆毁先农坛外墙，后因管理不善和经费不足，外坛逐渐被租卖和蚕食，1936年政府于外坛东南角修建体育场，至此，规模庞大的先农坛仅剩核心的少量明清殿宇。新中国成立后，北京育才学校迁入先农坛内坛并沿用至今，1987年太岁殿院落收归文物部门并进行抢救性修缮，1988年成立北京古代建筑

---

① 陈旭，李小涛. 北京先农坛研究与保护修缮［M］. 清华大学出版社. 2009. 10：4-10.

博物馆筹备处，1991年9月北京古代建筑博物馆（后文简称古建馆）正式对外开放①。在之后的十几年间，古建馆对坛内的主要建筑群和坛台等文物单体进行了不同程度的修缮，还将原处于外坛、被各单位占用和破坏的地祇坛石龛移至馆内，于太岁殿西南、先农坛东侧处安放，成为馆内的一处新景观（参考图5）。

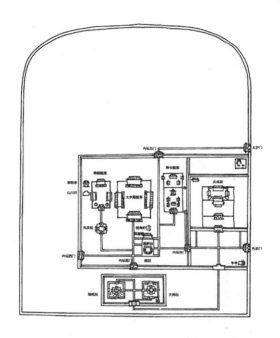

图4　《大清会典》先农坛总图

来源：作者根据参考文献1绘

四、先农坛在北京中轴线申遗中的重要价值分析

（一）历史环境价值

中轴线是我国古代城市规划建设的基础和核心。北京中轴线不是一根贯穿北京老城南北的"线"，也不是一条道路，而是北京的核心区域经过持久的设计和建造形成的空间序列和城市景观②。中轴线在空间的功能布局上，自北向南依次为进行时间管理的钟鼓楼、皇城、皇城以南的仪典空间、政务空间以及南端两侧的祭祀空间，先农坛即是中轴线上皇家祭祀空间的主要建筑群之一。当我

①　北京古代建筑博物馆编.北京先农坛志［M］.学苑出版社.2020.6；66-72.
②　吕舟.北京中轴线申遗研究与遗产价值认识［J］.北京联合大学学报（人文社会科学版）.2015（4）：11-16.

们对北京中轴线进行航拍时，多种角度都能看到先农坛的身影，中轴线布局体现的壮美秩序、规划思想和权力象征在先农坛整体环境中也能看到其缩影。

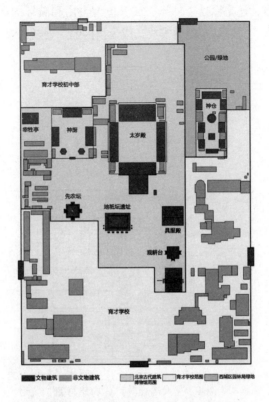

图5 先农坛内坛的建筑分布现状

来源：作者绘

北京中轴线在申遗时所符合的价值标准主要为杰出严整的都城规划，体现了传统文化和人类创造的精神财富，同时也作为大范围城市历史景观的空间载体。其中，历史环境的遗产价值是遗产认定中最重要的部分。先农坛作为中轴线整体历史环境中西南方向的关键遗产点，其历史环境及可持续保护在中轴线申遗中起着举足轻重的作用。清乾隆大修后，先农坛总面积130公顷，由内外两重围墙环绕，外坛墙呈北圆南方状，内坛墙为长方形。从整体历史环境来看，先农坛内外两坛层次分明、建筑规划严整、流线与功能相互协调。其后经历了20世纪20至30年代的租售、改造和建设，原本神圣空旷的外坛早已不复存在，除内坛坛墙部分尚存，外坛东、南角坛墙近代修复外，院墙基本无存，外坛东北角以及神祇坛格局消失，内坛与庆成宫、先农坛与中轴线之间连通的道路被阻隔，先农坛整体历史环境受到了极大的破坏。内坛历史院落的空间布局虽然基本得到了延续，但其原有空地被学校等单位占用，神圣空间的原真性和完整性受到了严重的破坏。

研究和恢复整体历史环境有利于更全面地保护和展示先农坛的历史文化，彰显皇家祭祀坛庙建筑庄严肃穆的文物氛围。先农坛历史环境的恢复，是从城市格局和宏观环境上保护历史文化名城的重要举措，也是恢复北京城传统中轴线景观、展现中轴线的历史环境遗产价值中必不可少的条件。

（二）历史文化价值

北京中轴线反映了传统文化对"礼"和秩序的追求，是中国优秀传统文化的集中体现，展现了不同时期历史文化的传承和发展，整体的线形布局和关键遗产点的点状分布是延绵不绝的京城记忆和重大历史事件的载体。先农坛是北京城南地区重要的历史文化物质遗存和文化资源，其蕴含的历史文化价值，主要包含了我国源远流长的农耕文化以及皇家祭祀先农的礼制文化。我国自古即为农业大国，历朝历代皆重农固本，具有丰厚的农耕文化积淀，历朝帝王也以祭农神来表达对丰收和国泰民安的祈愿。先农坛是明清帝王用于合礼先农、太岁、五岳等诸自然神的坛庙，是明清祭祀文化最重要的载体之一。祭祀先农神既是中国古代祭农文化的精髓，也是世界农神文化的重要组成部分①。

历代帝王自古即有祭祀先农之说，自黄帝祭祀炎帝始，历经西周、春秋、秦汉、魏晋南北朝、隋唐的更替和演进，祭祀先农逐步礼制化，而明清时期建制的北京先农坛则把这种神圣的传统文化发展到了顶峰，祭祀的礼制和仪式渐趋于具体和丰富化。祭祀先农是历代帝王的重要礼制，有记载的皇帝亲耕始于西汉文帝，亲耕活动称为"亲耕礼"或"耕耤礼"，亲耕场所通常为单独圈出的"演耕地"，帝王于每年的仲春亥日于演耕地亲自示范扶犁耕田，除文武百官外，亲耕时还挑选百姓围观，旨在以帝王之模范教化百姓，劝民农桑，鼓励农业发展。清雍正时期大力推崇祭农文化，颁旨全国各省府州县厅设先农坛行耕藉礼，雍正帝也于北京先农坛亲耕亲祭。近年来先农坛多次举办雅俗共赏的"祭先农识五谷""先农文化节"等文化活动，都是对农业文化和祭祀文化的继承和发扬。

先农坛除了其自身经历600多年风霜展现的祭农文化外，它作为北京古代建筑博物馆的现代功能还赋予了其新的文化价值。古代建筑博物馆依托这样一座明代早期官式建筑，其蕴含的中国古建文化是独特且丰富的，除文物本体的

建筑艺术价值外，馆内展陈了中国古代建筑的发展历程、古代建筑的营造技艺、古代建筑的类型欣赏以及古代城市建设等多方面，复原和制作了大量中国古代建筑的大木构件和古建模型，著名的隆福寺藻井也收藏在其中，是我国古建文化的壮丽瑰宝。

（三）建筑艺术价值

北京中轴线作为兼具秩序与美学的城市规划范例，拥有着中轴对称、均衡的空间格局，在整座城市中发挥着统领作用，北京中轴线及其周边不同规制、不同时期、不同民族、不同宗教信仰的建筑，既体现了城市文化的多样性和包容性，也体现了中华传统建筑的丰富性和融合性。不同的建筑形式承载着不同的历史信息，代表着不同的文化内涵，主从相依、和谐共存，充分展现了我国不同时期各具特色的建筑艺术特征，这点在先农坛古建筑群中也有很好的体现。

坛是我国古代建筑中相比于殿、庙、塔等建筑形式而言，较为少见、凤毛麟角的存在。先农坛是京内明代早期官式建筑最为集中的场所之一，尤其是作为古都北京皇家祭祀先农的建筑，在功能上也是独一无二的，拥有着极高的建筑艺术价值。先农坛的整体建筑格局一反中轴线对称布局的规制，其内部建筑既分散又集中。整体布局分为内坛和外坛两部分，主要包含五组建筑群和四座坛台（参考图6），内坛建筑格局保留至今，外坛已基本无存。内坛为主要祭祀空间，包含太岁殿院落、神厨院落、神仓院落、先农坛、观耕台、具服殿、宰牲亭、焚帛炉等多组建筑群和各具功能的建筑单体。外坛区域包含庆成宫院落和神祇坛，神祇坛内设天神、地祇二坛，现仅剩零星构件。

先农坛坛内各建筑群拥有多变的建筑风格，有体量犹如宫殿的大型院落，也有小如四合院的小体量院落，整体布局呈现"大分散，小集中"的特点，不存在轴线和对称分布，单院落中轴明显、两翼对称，建筑群自成体系，功能布局上自西向东依次按祭祀顺序和礼仪布置。

内坛中规格最高的建筑群为太岁殿院落，其太岁殿和拜殿均面阔七间，进深三间，黑琉璃瓦绿剪边单檐歇山顶，其梁柱、屋架、斗拱等结构均为明代官式建筑手法，内檐为墨线大点金旋子彩画，外檐金龙和玺彩画，东西配殿均为悬山黑琉璃瓦屋面，大木构架为明代早期特色，拜殿东南另有仿木结构的砖砌无梁建筑焚帛炉一座；先农神坛为先农坛的核心功能建筑，是一座砖石结构坐北朝南的正方形坛台，坛出四陛，各八级台阶，地面砌金砖没有任何装饰；观耕台为现存的另一座坛台建筑，砖石砌筑，饰谷穗图案琉璃砖，其上加汉白玉石澜，台阶饰莲花浮雕，其北侧具服殿为皇帝祭农后亲行耕藉礼更换服装的场所，也为单檐歇山顶明代官式建筑；神厨院为制作祭祀供品及存放祭祀礼器的场所，院内东西北殿均为削割瓦悬山顶，东南西南两角各一座六角井亭，院外西北方设宰牲亭，采用重檐悬山，此屋顶形制为北京皇家坛庙宰牲亭类建筑中的孤例；太岁殿东侧神仓院用于储存耤田所获五谷，内设山门、收谷亭、圆廪神仓、祭器库、碾房和仓房，前后两进院落，在先农坛建筑群中是一处体量较小的院落；庆成宫，原明代山川坛斋宫，是祭礼后皇帝宴请群臣及休憩的场所，三进院落，其大殿及后殿均为最高规格的庑殿顶，是外坛最为重要的建筑群之一；神祇坛分建天神坛、地祇坛，用于祭祀山岳海渎等自然神祇，现坛已无存，仅地祇坛石龛易地保护于古建馆内①。

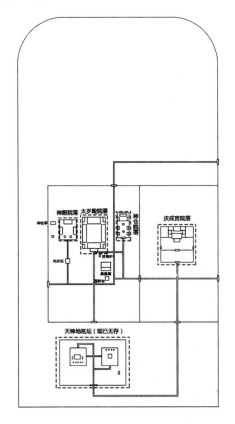

图6　先农坛内的建筑格局（清乾隆后）

来源：作者绘

① 张小古．北京先农坛遗产价值研究与保护模式探索［J］．北京规划建设，2012（2）：94-98；陈旭，李小涛．北京先农坛研究与保护修缮［M］．清华大学出版社，2009：4-10；吕舟．北京中轴线申遗研究与遗产价值认识［J］．北京联合大学学报（人文社会科学版），2015（4）：11-16.

先农坛建筑群拥有典型的明代早期特色，多座建筑结构采用减柱做法，梁背上的瓜柱采用骑栿做法，斗栱多为溜金斗栱，采用挑金做法，作为明代早期官式建筑最为集中的场所，具有很高的科学研究价值和艺术美学价值。

（四）现代社会价值

先农坛历经 600 年的风雨沧桑，现今由不同的单位管理和使用，其中内坛的古建筑主体以及外坛的庆成宫，目前皆为文物保护单位，是北京古代建筑博物馆的管辖范围。北京古代建筑博物馆于 1991 年正式开放以来，已接待游客数百万人次。作为展现祭农文化和古建文化的物质载体，集收藏、研究、教育、欣赏于一体，馆内的基本展陈包含《中国古代建筑展》和《北京先农坛历史文化展》，前者展示了中国古代建筑的历史、类型和精湛的营造技艺，后者展现了先农坛 600 年来历史的沧桑变化，传播了精妙的古建文化、农业和祭祀历史。

先农坛的现代使用价值主要体现在文物收藏价值和社会教育价值方面。文物收藏主要为传统建筑构件的征集、保管以及北京先农坛历史文化的研究工作。近年来，古建馆多次举办各类特色文化活动和互动科教项目，如"祭先农、植五谷、播撒文明在西城"的先农文化节；"敬农文化展演""一亩三分地耤田礼"等文化类观赏活动；"木艺坊""走进中华古建""奇妙的古代建筑"等古建教育活动；以及贴合当下防疫大环境的多种线上直播活动，集赏、玩、学于一身，寓教于乐，增强乐趣和游客观感的同时又可以更好地宣传悠久的先农祭祀文化和古建文化，是先农坛地区乃至西城区核心的公共文化教育和服务场所。

五、先农坛的现状问题与保护建议

北京先农坛历经 600 年的沧桑历史，其历史积淀、时代发展与现代使用等方面都赋予了它不同的价值，作为中轴线申遗的关键遗产点，在历史遗留及使用和保护方面还存在着一定的问题。

（一）先农坛保护与利用问题

第一，历史遗留的文物破坏问题。近现代以来，先农坛在不同时期经历了不同程度的破坏，1900 年八国联军占先农坛为军事训练场所，清末将内坛北部辟为鹿囿，民国时期外坛的售卖和拆除，东南角建先农坛体育场，"文革"时期拆天神地祇坛等，不同时期不同程度的破坏，使先农坛整体格局受到了严重的影响，导致一些文物建筑零散地分布在现代钢筋水泥楼之间，既加大了文物保护的难度，更影响整体的景观价值，大大降低了文物价值，也不符合当前先进的文物保护理念。

第二，整体环境的风貌破坏问题。受到城市发展的影响，不仅是先农坛，中轴线许多靠近历史建筑的地段都加建了一些体量高大的现代建筑，对古都历史风貌的协调统一造成了一定的破坏。先农坛尤其是其外坛部分现被大大小小的单位、学校、居民区、体育场甚至是一些违章建筑包围和占用，其通向中轴线道路、内外坛连接道路、关键祭祀道路等部分都已无存，连通性、真实性和完整性都受到了不同程度的严重破坏。内坛中也存在着大量后期加建的仿古建筑、育才学校教学楼等现代建筑，对先农坛内坛古建筑群的格局和风貌都存在着一定程度的影响。

第三，保护管理的混乱冗杂问题。不同使用功能、不同单位的占用问题是先农坛遗产保护和活化利用的突出问题和关键问题，其涉及单位和部门较多，区域范围广，尤其是外坛的使用单位和大量居民区很难实现腾退。目前先农坛内坛墙北门以西、神仓院落和庆成宫院落为北京市古代建筑博物馆使用，负责对先农坛实施保护、修缮与日常维护管理。尽管在中轴线申遗的推动下，先农坛区域的腾退工作逐步启动并实施，但目前的管理范围仅限于古建馆的使用范围，难以实现整体的规划、管理与保护，在与各使用单位接洽过程中也存在着较大的沟通与管理问题。

第四，考古研究的内容庞杂问题。在中轴线申遗的大背景下，先农坛目前的考古资料略少，这也是由先农坛广阔的范围、大量的占用等现状问题决定的，应通过考古探勘等方式深入挖掘先农坛的历史文化，尤其是庆成宫、天神地祇坛区域和关键祭祀道路的考古，为中轴线申遗工作提供扎实的基础资料和申遗文本。

第五，地理位置与宣传力度问题。先农坛现对外开放的大门为北内坛门，主入口虽有三拱门歇山砖仿木拱券门，但由于入口位于城市支路的下一级支路，且周围由居民区和各种多层的现代建筑环绕，很难被过往的路人发现，很多北京人对先农坛的印象也是熟知育才学校而不知古建馆；同时，先农坛作为明清时期皇家祭祀农神的坛庙建筑，大众对这部分历史文化不甚了解，再加上宣传力度较小，因此难以像天坛等类似建筑群一样被大众熟知。

（二）先农坛保护建议

针对先农坛在北京中轴线申遗中的关键地位以及现存的突出问题，通过分析近年来国内外较为成功的遗产保护案例，并结合不同文物保护单位的优秀经验，提出以下几点保护建议。

第一，尽快启动先农坛总体规划。先农坛建筑群作为一个整体，每个建筑组群之间与周围环境都有着密不可分的联系，中轴线申遗是整体城市风貌和城市环境的范畴，应在此大背景下尽快将先农坛总体规划提上日程，以为后续各项工作以及各部门衔接提供依据。

第二，恢复先农坛整体历史风貌。整体保护是旧城建筑保护及其历史环境保护的重要原则，应在充分考虑现状情况和可行性的前提下，依据规划和计划分期分步有序进行，尽量还原先农坛历史风貌。首要任务是先农坛内坛环境整治，优先将关键祭祀道路（观耕台至内坛东门祭祀道路、拜殿至内坛南门祭祀道路）展示给大众，拆除风貌不协调的新建建筑。目前，古建馆已陆续拆除一些后续加建的仿古建筑，育才学校的腾退和搬迁也在按部就班地进行。

第三，开展先农坛内坛的考古勘探工作。考古勘探工作可以对遗址遗留的物体或遗址的结构、特点、面积等方面进行大概的了解，为后期的保护工作提供更多的依据和支持①，对内坛和关键祭祀道路开展考古勘探，深入挖掘历史资料，为内坛环境整治和后续的保护利用提供依据。

第四，管理和使用部门的协调和整合。目前先农坛的使用和管理单位多且杂，内坛也涉及了古建馆、古研所、育才学校和园林局等多个单位，在古建修缮、遗产保护、日常使用等方面都有诸多不便，先农坛主体部分尤其是内坛应由关键单位统一管理，减少由于管理纷杂带来的历史建筑破坏，以及由于多部门协调不畅产生的古建保护修缮拖延等问题。

第五，古代建筑博物馆的馆务提升。作为先农坛主体建筑的管理部门和使用部门，博物馆应从多方提升馆务，首先最基础也是最重要的是做好遗产的保护和修缮工作，日常的防火减灾措施应严谨到位；其次是博物馆的功能与内容方面，丰富公共空间的多重功能，以传播历史文化的博物馆为主体，兼具公园等休闲娱乐功能，宣扬历史和传播文化的同时加强社区联系；丰富展览和活动内容，基本陈列展览、临时展览、外出展览和特色活动相结合。目前古建馆日常已策划多种多样的特色活动，调动游客积极性，也在逐渐学习和设计互动展览、沉浸式体验、数字化博物馆等新兴策展形式；最后，在对外合作与宣传方面，在现有基础上继续加强与行业内其他博物馆以及各类院校的合作，利用微博、公众号、抖音等年轻人常用的新媒体提升宣传广度和力度，筹划线上展览等，让更多的人了解、认识先农坛和古建馆。

六、结语

近年来，历史文化遗产保护的主体已经逐渐从建筑单体、建筑群的保护向

---

① 李素静. 浅论考古勘探工作与大遗址保护［J］. 中国民族博览. 2017（10）：230-231.

整体历史环境的保护相转变，我国的文物保护意识逐渐增强，保护概念和保护技术也日益成熟和先进，北京中轴线申遗就是北京老城区整体环境保护和可持续发展的范例。先农坛不仅是北京中轴线的一处关键建筑遗产，也是明清皇家坛庙建筑的典范，应在中轴线申遗的大背景下，深入挖掘其考古信息，研究其历史文化价值，实现整体保护、科学保护和可持续保护，让这座承载着先农祭祀文化的明清坛庙建筑受到人民、国家乃至世界的了解和重视。

参考文献

［1］陈旭，李小涛．北京先农坛研究与保护修缮［M］．清华大学出版社，2009：10.

［2］北京古代建筑博物馆编．北京先农坛志［M］．学苑出版社，2020：6.

作者简介：王昊玥，1995 年出生，女，汉族，山东威海人，北京古代建筑博物馆文物保护与发展部干部，北京建筑大学建筑遗产保护专业硕士研究生，工学硕士，研究方向为建筑遗产保护。

北京老城四合院住宅院落大门再研究

赵长海

摘要：本文通过对 1975 个大门案例数据的统计，以及对历史资料中北京传统四合院住宅院门的分析，对北京老城四合院住宅院门的形成、发展、演进和分布规律进行了探索，并结合北京老城保护和城市更新实践过程中的经验与教训，对北京中轴线申遗和老城整体保护背景下的老城保护和城市更新，然后提出了一些看法和建议。在新背景下，北京中轴线申遗和老城整体保护需要更加完善的理论体系和更加成熟的实践经验，这正是本文研究的出发点和落脚点。

大门是北京四合院中最重要的构成部分，正所谓"千金门楼四两院"。以前的院落大门是四合院营造过程中重点权衡的部位，现在的院落大门则是城市更新过程中影响胡同风貌的重点部位，对其进行全面、系统和深入的研究，不仅是对历史留给我们的这些宝贵遗产的尊重，也是北京老城保护更新工作能够顺利开展的基础。

一、引言

（一）研究背景

1. 中轴线申遗和老城整体保护

在中轴线申遗和老城整体保护的背景下，对北京老城保护和城市更新提出了新的、更高的要求，其中一项重点工作是对北京老城历史文化保护区和拆迁遗留项目内的院落进行保护性修缮和恢复性修建。相对而言，被纳入文物保护范围内的院落，具备比较好的保护理念、系统的研究体系和完善的保护措施，但文物保护范围之外的普通院落，也需要建立与其价值和特征相匹配的维护体系。

2. 民居四合院的再研究亟待开展

北京四合院可以细分为官式四合院和民居四合院两类，二者的区别概括来说是，官式四合院受居住制度影响痕迹明显，院落占地面积大，平面布局疏朗严整，建筑单体尺度大，要素配置齐全，营造技艺细致精湛。官式四合院常用的大门形式为广亮大门、金柱大门和蛮子门。民居四合院深受宅主个人需求的影响，院落占地面积小，平面布局紧凑灵活，建筑单体尺度小，要素配置自由，营造技艺参差较大，民居四合院常用的大门形式为如意门、"窄大门"、小门楼。

官式四合院大门形式的相关研究较为系统和深入，理论与实践方面的学术著作不胜枚举，但普通民居四合院大门形式的研究尚未形成系统的研究体系和研究成果。北京南城数量最多、型制最为成熟的普通民居四合院大门，应该正式命名，不能仅以"窄大门"的称呼示人。对四合院大门的形式系统、全面的研究是构建北京四合院理论体系不可缺少的一部分。

3. 北京老城传统四合院建筑文化传播的迫切需求

北京老城传统平房四合院是北京传统文化的重要载体，老城传统建筑风貌的延续是北京文化中心建设的一部分。2020年发布的核心区控规中的10条文化探访线，几乎涵盖了现存的北京老城的所有传统风貌区，基于这10条文化探访线，北京老城的文化游正在逐渐成为北京老城新的旅游发展方向，与之相对应的胡同公共空间的环境提升正在有序展开。胡同里的一座座院落大门是提升过程中的重点和难点，对这些大门进行系统、全面的研究是北京老城传统四合院建筑文化传播的基础。

（二）研究的方法

1. 数据统计法

数据统计是本次研究中最基本的研究方法，通过将2007年以来拍摄、收集的1975个大门实例进行分类统计，再对这些数据进行量化分析，从中找出北京老城传统四合院大门的形态特征和分布规律，并以此为基础，进行进一步的系统分析和深入研究。

2. 文献研究法

收集、鉴别、整理、分析与北京老城四合院住宅门的相关历史资料是本次研究的另一个重要研究方法。随着时代的发展，越来越多的明清档案和史料被整理出版，查阅历史档案和历史资料越来越便利，对北京民居建筑的研究有支撑作用的历史资料越来越多，本次研究主要涉及的历史资料有：典章制度、绘画资料、风水术书、文人笔记、历史小说等。

二、北京四合院住宅门实例统计分析

（一）北京老城四合院大门数据统计及分析

1. 广亮大门数据统计汇总及分析

广亮大门的主要分布区域为北京老城的内城，在统计的70个实例中，有59个分布在内城东和内城西，占比为84.29%（参见表1）。这一点在清中期的乾隆《南巡图》中也可以得到反证，在《南巡图》从正阳门到广安门之间的这段乾隆出京路线中，没有一个广亮大门的形象，说明广亮大门主要分布于内城区域。

表1　广亮大门、金柱大门数据统计汇总表

广亮大门数据分析统计汇总表					金柱大门数据分析统计汇总表				
序号	统计科目	类型	数量	占比	序号	统计科目	类型	数量	占比
1	大门类型	广亮大门	70		1	大门类型	金柱大门	138	100%
2	大门位置	内城东	29	41.43%	2	大门位置	内城东	40	28.99%
		内城西	30	42.86%			内城西	47	34.06%
		外城东	2	2.86%			外城东	18	13.04%
		外城西	9	12.86%			外城西	33	23.91%
3	大门尺度	16檩	7	10.00%	3	大门尺度	10檩	3	2.17%
		18檩	17	24.29%			12檩	11	7.97%
		20檩	25	35.71%			14檩	13	9.42%
		其他	20	28.57%			16檩	15	10.87%
4	腿子形式	狗子咬	20	28.57%			18檩	19	13.77%
		三破中	16	22.86%			20檩	13	9.42%
		其他	34	48.57%			其他	62	44.93%
5	大门油饰	红色油饰	15	21.43%	4	腿子形式	担子沟	16	11.59%
		其他	55	78.57%			狗子咬	57	41.30%
6	门墩形式	抱鼓型带狮子门墩	6	8.57%			三破中	7	5.07%
		抱鼓型带兽吻头门墩	19	27.14%			其他	58	42.03%
		抱鼓型有雕饰门墩	11	15.71%	5	大门油饰	黑红净	17	12.32%
		箱子型有雕饰门墩	8	11.43%			黑色油饰	4	2.90%
		门枕石	3	4.29%			红色油饰	36	26.09%
		其他	23	32.86%			其他	81	58.70%
7	门联	其他	70	100.00%	6	门墩形式	抱鼓型带狮子门墩	10	7.25%
8	其他	门簪2个	2	2.86%			抱鼓型带兽吻头门墩	37	26.81%
		门簪4个	10	14.29%			抱鼓型有雕饰门墩	10	7.25%
		门簪2个；雀替	2	2.86%			箱子型带狮子门墩	18	13.04%
		门簪4个；雀替	22	31.43%			箱子型有雕饰门墩	4	2.90%
		其他	34	48.57%			箱子型无雕饰门墩	11	7.97%
							门枕石	9	6.52%
							其他	39	28.26%
					7	门联	有	3	2.17%
							其他	70	50.72%
					8	其他	门簪2个	10	7.25%
							门簪4个	23	16.67%
							门簪2个；雀替	15	10.87%
							门簪4个；雀替	36	26.09%
							其他	54	39.13%

来源：作者制

广亮大门的尺度一般都比较大，最小的是16檩8垄，最大的是26檩14垄，实例中占比最大的是20垄12檩，占统计总量的24.3%。

统计实例中，广亮大门可辨识的腿子形式，主要是狗子咬和三破中两种形式,其中狗子咬占 28.57%、三破中占 22.86%。通过这一统计结合其他大门腿子形式的统计数据,可以初步推断出,大门腿子的形式与大门等级的高低关系并不是十分密切的,在营造过程中,大门腿子形式的选择,应该是根据大门的比例和尺度综合确定的。

广亮大门的色彩、装饰受到居住制度比较严格的限制,一般不施华丽的彩画,仅做适当的点缀。没有如意门那样精美的砖雕,也没有常见于"窄大门"的门联。

2. 金柱大门数据统计汇总及分析

金柱大门较广亮大门的分布更加广泛,主要分布在北京老城的内城,在外城西的分布占比也比较高,说明在大门形式的选择上,金柱大门的使用范围比广亮大门大。

金柱大门的尺度跨度比较大,最小的是 10 椽 6 垄,最大的是 22 椽 12 垄,比例最大的是 18 垄 12 椽。

统计实例中,金柱大门可辨识的腿子形式,主要是担子沟、狗子咬和三破中三种,其中担子沟占 11.59%、狗子咬占 41.30%、三破中占 5.07%,狗子咬的比例最高。

金柱大门采用黑红净和红色油饰的比例最高,分别是 12.32% 和 26.09%。大门有做门联的情况但是实例较少,门墩形式也更加丰富,门簪数量 2 个和 4 个的案例都非常多,金柱大门较广亮大门而言,尺度更加灵活、形象更加多样、装饰更加丰富。

3. 蛮子门数据统计汇总及分析

蛮子门在内城和外城的分布比例基本相同,没有量级的差异,说明蛮子门是传统四合院原来普遍采用的大门形式,外城西的数量相对占比较大,应与该区域传统的会馆分布较广、保留数量较多有关(参见表2)。

蛮子门的尺度跨度比较大,最小的是 8 椽 6 垄,最大的是 22 椽 10 垄,比例最大的是 12 垄 6 椽,总体来讲蛮子门的尺度比广亮大门、金柱大门小很多。

统计实例中,蛮子门可辨识的腿子形式,主要是担子沟、狗子咬和三破中三种,其中担子沟占 21.69%、狗子咬占 34.93%、三破中占 1.84%,狗子咬的比例最高,小尺度的腿子形式占比在增加。

蛮子门采用黑红净和红色油饰的比例最高,分别是 22.79% 和 14.34%,黑红净的占比最高。大门做门联的实例数量更多,门墩形式也更加丰富,门簪数量 2 个和 4 个的比例基本相同,有的大门还留有匾托。蛮子门的门簪数量似乎与门的宽窄没有直接关系,同样是尺度比较大的门,有的门簪有 4 个,有的有 2

个，有的则没有，门簪之间并没有固定的距离要求。

表2 蛮子门、如意数据统计汇总表

蛮子门数据分析统计汇总表

序号	统计科目	类型	数量	占比
1	大门类型	蛮子门	272	100%
2	大门位置	内城东	49	18.01%
		内城西	79	29.04%
		外城东	47	17.28%
		外城西	94	34.56%
3	大门尺度	8椽	4	1.47%
		10椽	21	7.72%
		12椽	35	12.87%
		14椽	16	5.88%
		16椽	23	8.46%
		18椽	22	8.09%
		20椽	19	6.99%
		其他	62	22.79%
4	腿子形式	担子沟	59	21.69%
		狗子咬	95	34.93%
		三破中	5	1.84%
		其他	117	43.01%
5	大门油饰	黑红净	62	22.79%
		黑色油饰	39	14.34%
		红色油饰	15	5.51%
		其他	156	57.35%
6	门墩形式	抱鼓型带狮子门墩	8	2.94%
		抱鼓型带兽吻头门墩	41	15.07%
		抱鼓型有雕饰门墩	19	6.99%
		箱子型带狮子门墩	31	11.40%
		箱子型有雕饰门墩	39	14.34%
		箱子型无雕饰门墩	21	7.72%
		门枕石	32	11.76%
		门枕木	10	3.68%
		其他	71	26.10%
7	门联	有	5	1.84%
		其他	267	98.16%
8	其他	门簪2个	62	22.79%
		门簪4个	69	25.37%
		匾托	3	1.10%
		其他	141	51.84%

如意门数据分析统计汇总表

序号	统计科目	类型	数量	占比
1	大门类型	檐柱如意门	14	3.23%
		金柱如意门	418	96.31%
2	大门位置	内城东	102	23.50%
		内城西	119	27.42%
		外城东	88	20.28%
		外城西	122	28.11%
3	大门尺度	8椽	4	0.92%
		10椽	9	2.07%
		12椽	26	5.99%
		14椽	37	8.53%
		16椽	59	13.59%
		18椽	77	17.74%
		20椽	46	10.60%
		22椽	6	1.38%
		其他	62	14.29%
4	腿子形式	担子沟	105	24.19%
		狗子咬	196	45.16%
		三破中	13	3.00%
		其他	120	27.65%
5	大门油饰	黑红净	32	7.37%
		黑色油饰	115	26.50%
		红色油饰	8	1.84%
		其他	279	64.29%
6	门墩形式	抱鼓型带狮子门墩	18	4.15%
		抱鼓型带兽吻头门墩	69	15.90%
		抱鼓型有雕饰门墩	15	3.46%
		箱子型带狮子门墩	82	18.89%
		箱子型有雕饰门墩	93	21.43%
		箱子型无雕饰门墩	34	7.83%
		门枕石	18	4.15%
		门枕木	5	1.15%
		其他	100	23.04%
7	门联	有	17	3.92%
		其他	417	96.08%
8	其他	门簪2个	200	46.08%
		门簪2个;砖雕	55	12.67%
		砖雕	59	13.59%
		其他	120	27.65%

来源：作者制

4. 如意门数据统计汇总及分析

如意门在内城和外城的分布比例基本相同，如意门是北京四合院住宅使用最多、最普及的大门形式。

如意门的尺度跨度比较大，最小的是8椽6垄，最大的是22椽12垄，比例最大的是16垄10椽，总体来讲，如意门的尺度比广亮大门、金柱大门小，比蛮子门大。

统计实例中，如意门可辨识的腿子形式，主要是担子沟、狗子咬和三破中

三种形式，其中担子沟占 24.19%，狗子咬占 45.16%，三破中占 3.00%，狗子咬的比例最高。

如意门采用黑红净和红色油饰的比例最高，分别是 7.37% 和 26.50%，红色油饰的占比最高。大门配置门联的实例数量比金柱大门和蛮子门多，门墩形式也更加丰富，门簪有的没有，有的有 2 个。

1958 年王其明、王绍周在《北京四合院住宅》一书中写道："这种门称为如意门有两种说法。一种是说它开启灵活、安全方便、称心如意。另一种是从构造上说的，是指支撑门过梁的构件——由墙上挑出的两个腿子的头部，做成'如意'的形式，故而得名。在调查中见到不少由广亮大门改建成的如意门，不仅看到山柱上留有原来装门的槽口痕迹，甚至还见到过原来的门仍保持在原位没有拆除，又在外檐下再加建一道如意门的。"在大门的案例数据统计过程中也印证了王先生的调查，在统计的 434 个如意门的案例中有 17 个大门实例，其大门及两侧的墙体封在金柱位置，而不是封在常见的檐柱位置，在构造上说，大门两侧的墙体是与两侧大墙相互独立的，而不是构造更加稳固合理的转角搭接，这都印证了如意门是一种后来形成的、形式灵活的一种大门类型。

5. "窄大门"数据统计汇总及分析

"窄大门"是本次研究实例最多的大门形式，占研究总量的 33.62%（参见表 3），"窄大门"主要分布区域为北京老城的外城，这一点在清中期的乾隆《南巡图》中得到印证，画面中展示的是从正阳门到广安门之间的这段乾隆出京路线，在这段路线中屋宇式大门的形式主要是以"窄大门"的形象出现的，这与这片区域现存的大门形式的情况基本相符。

"窄大门"的尺度非常小，最小的是 6 椽 4 垄，最大的是 12 椽 8 垄，比例最大的是 10 垄 6 椽，占统计总量的 34.48%，"窄大门"在进行设计时，门洞的宽度应该有严谨的考量，这从大门的门框宽度可进行推断，适当的调整门框宽度，使门洞在某个合适的尺寸范围内。"窄大门"的宽度一般有 8 椽 6 垄、10 椽 6 垄两种主要尺度。

统计实例中，"窄大门"可辨识的腿子形式，主要是担子沟和狗子咬两种，其中担子沟占 44.23%，狗子咬占 16.64%。

"窄大门"主要的油饰形式是黑色油饰，其次是黑红净，分别占比 35.53% 和 7.20%。"窄大门"的油饰一般没有油灰地仗，仅有一个简单的油皮。

"窄大门"是与民居四合院匹配的大门形式，形式丰富多样，有的门框位于中柱位置的广亮"窄大门"，统计案例 6 个；门框位于金柱的金柱"窄大门"，统计案例 14 个；门框位于檐柱的普通"窄大门"，统计案例 641 个；大门横梁之上的做法与如意门形象相同，但是没有大门左右两侧砖墙的如意"窄大门"，统计案例5个。

"窄大门"走马板上一般有吉祥的文字，出现最多的是"福"字。

"窄大门"门墩形式非常丰富，统计中，占比最多的是箱子型，有雕饰门墩和门枕石，占比分别为：18.74%和15.44%。

"窄大门"入口系统，相较于其他几种大门形式，是组成元素最丰富的一种，门联、门簪、入口影壁、门枕石等都非常有特色。

"窄大门"是非常重要的一种大门形式，要有正式的名称。

表3　"窄大门"、小门楼数据统计汇总表

"窄大门"数据分析统计汇总表					小门楼数据分析统计汇总表				
序号	统计科目	类型	数量	占比	序号	统计科目	类型	数量	占比
1	大门类型	广亮福德门	6	0.90%	1	大门类型	清水脊小门楼	17	11.72%
		金柱福德门	14	2.10%			过垄脊小门楼	58	40.00%
		如意福德门	5	0.75%	2	大门位置	内城东	22	15.17%
		普通福德门	641	96.10%			内城西	34	23.45%
2	大门位置	内城东	36	5.40%			外城东	52	35.86%
		内城西	60	9.00%			外城西	34	23.45%
		外城东	332	49.78%	3	大门尺度	16椽	22	15.17%
		外城西	237	35.53%			18椽	37	25.52%
3	大门尺度	6椽	2	0.30%			20椽	20	13.79%
		8椽	199	29.84%			22椽	9	6.21%
		10椽	230	34.48%			其他	57	39.31%
		12椽	5	0.75%	4	腿子形式	担子沟	9	6.21%
		其他	231	34.63%			狗子咬	77	53.10%
4	腿子形式	担子沟	295	44.23%			三破中	21	14.48%
		狗子咬	111	16.64%			四缝	3	2.07%
		其他	261	39.13%			其他	13	8.97%
5	大门油饰	黑红净	48	7.20%	5	大门油饰	黑红净	14	9.66%
		黑色油饰	237	35.53%			黑色油饰	55	37.93%
		红色油饰	1	0.15%			其他	76	52.41%
		其他	381	57.12%	6	门墩形式	抱鼓型带兽吻头门墩	5	3.45%
6	门墩形式	抱鼓型带狮子门墩	35	5.25%			抱鼓型有雕饰门墩	5	3.45%
		抱鼓型带兽吻头门墩	3	0.45%			箱子型带狮子门墩	18	12.41%
		抱鼓型有雕饰门墩	22	3.30%			箱子型有雕饰门墩	25	17.24%
		箱子型带狮子门墩	91	13.64%			箱子型无雕饰门墩	11	7.59%
		箱子型有雕饰门墩	125	18.74%			门枕石	38	26.21%
		箱子型无雕饰门墩	65	9.75%			门枕木	6	4.14%
		门枕石	103	15.44%			其他	37	25.52%
		门枕木	27	4.05%	7	门联	有	9	6.21%
		其他	196	29.39%			其他	236	162.76%
7	门联	有	36	5.40%	8	其他	门簪2个	23	15.86%
		其他	631	94.60%					
8	其他	门簪2个	25	3.75%					
		走马板"福"字	8	1.20%					
		其他	634	95.05%					

来源：作者制

6. 小门楼数据汇总及分析

小门楼在内城和外城的分布比例基本相同，没有量级的差异，说明小门楼是传统四合院原来普遍采用的大门形式，在清代画作和民国时期的影像资料中比较常见。

小门楼有清水脊小门楼和过垄脊小门楼，门楼尺度最小的是14椽（砖椽），最大的是28椽，比例最大的是18椽，花轱辘钱门和旗营门也是小门楼常见的形式。

统计实例中，小门楼的腿子形式主要有担子沟、狗子咬、三破中、四缝四种，其中担子沟占6.21%、狗子咬占53.10%、三破中占14.48%、四缝占2.07%，狗子咬的比例最高，腿子的形式丰富灵活。

小门楼采用黑红净和黑色油饰的比例最高，分别是9.66%和37.93%，黑色油饰的占比最高，并且大门有做门联的案例出现，门簪数量2个。

7. 西洋门数据统计汇总及分析

西洋门分为屋宇式和墙垣式两种形式，西洋门在内城和外城的分布比例基本相同，没有量级的差异，是清末以来传统四合院中比较普遍采用的大门形式，在民国时期的影像资料中比较常见。

统计实例中，西洋门的腿子形式主要是担子沟、狗子咬、三破中三种，其中担子沟占7.59%，狗子咬占27.59%，三破中占2.07%，狗子咬的比例最高（参见表4）。

表4　西洋门数据统计汇总表及数据统计汇总表

西洋门数据分析统计汇总表

序号	统计科目	类型	数量	占比
1	大门类型	屋宇式西洋门	25	17.24%
		墙垣式西洋门	56	38.62%
2	大门位置	内城东	37	25.52%
		内城西	35	24.14%
		外城东	20	13.79%
		外城西	45	31.03%
3	大门尺度	—	—	—
		—	—	—
		—	—	—
		—	—	—
4	腿子形式	担子沟	11	7.59%
		狗子咬	40	27.59%
		三破中	3	2.07%
		其他	83	57.24%
5	大门油饰	黑红净	6	4.14%
		黑色油饰	11	7.59%
		其他	120	82.76%
6		抱鼓型带兽吻头门墩	2	1.38%
		箱子型带狮子门墩	2	1.38%
		箱子型有雕饰门墩	4	2.76%
		箱子型无雕饰门墩	2	1.38%
		门枕石	14	9.66%
		门枕木	1	0.69%
		其他	112	77.24%
7	门联	有	1	0.69%
		其他	137	94.48%
8	其他	雕饰	26	17.93%

北京老城四合院大门数据分析统计汇总表

编号	大门类型	大门数量	占比	区位	数量	占比	胡同数量
1	广亮大门	70	3.54%	内城东	29	41.43%	53
				内城西	30	42.86%	
				外城东	2	2.86%	
				外城西	9	12.86%	
2	金柱大门	138	6.99%	内城西	40	28.99%	96
				内城东	47	34.06%	
				外城东	18	13.04%	
				外城西	33	23.91%	
3	蛮子门	272	13.77%	内城东	49	18.01%	171
				内城西	79	29.04%	
				外城东	47	17.28%	
				外城西	94	34.56%	
4	如意门	434	21.97%	内城东	102	23.50%	236
				内城西	119	27.42%	
				外城东	88	20.28%	
				外城西	122	28.11%	
5	福德门	667	33.77%	内城东	36	5.40%	179
				内城西	60	9.00%	
				外城东	332	49.78%	
				外城西	237	35.53%	
6	小门楼	145	7.34%	内城东	32	22.07%	96
				内城西	34	23.45%	
				外城东	52	35.86%	
				外城西	34	23.45%	
7	西洋门	137	6.94%	内城东	37	27.01%	100
				内城西	35	25.55%	
				外城东	20	14.60%	
				外城西	45	32.85%	
8	其他门	112	5.67%	内城东	—	—	—
				内城西	—	—	
				外城西	—	—	
				外城东	—	—	
	合计	1975	100.00%				

来源：作者制

（二）北京老城四合院大门数据统计分析

1. 统计数据分析

据王鲁民的统计，《乾隆京城全图》中可以完整辨别出的等级在王府以下的住宅院落有46104个（因破损影响到建筑辨识的面积占图幅总面积的12.92%），内城完整可辨识的院落25094个（孔中华统计），外城21010个。统计的1975个大门实例与清中期院落数量相比只占4.3%，这一数量的实例统计数据，不足以得出对北京老城四合院住宅门的形成、发展、演进、分布情况的全面、准确判断。

本次研究是在大门实例数据的统计基础上得出的假设性论断，并通过长期的大实例收集和数据统计分析，逐渐完善和修正这些论断，最终形成经得起推敲的结论。这将是一个长期的研究过程。

（1）广亮大门、金柱大门、蛮子门和如意门

广亮大门、金柱大门和蛮子门是非常成熟的大门形式，这三种门的构造体系非常相似，当前的理论研究和营造实践非常成熟，这三种大门实例在现阶段一共收集到480个，占总案例数量的24.30%，从案例数量、分布区域、构造形式、大门尺度等方面的数据分析来看，这三种门是四合院住宅等级比较高的大门形式，主要应用于官式四合院和具有一定公共属性的会馆。调查中收集的如意门数量有434个，占总案例数量的21.97%，从案例数量、分布区域、构造形式、大门尺度等方面的数据分析来看，如意门是北京四合院住宅使用最多、最普及的大门形式。

（2）"窄大门"

调查中一共收集了"窄大门"数量达667个，占总案例数量的33.77%，从案例数量、分布区域、构造形式、大门尺度等方面的数据分析来看，"窄大门"是北京老城的外城四合院住宅使用最多、最普及的大门形式，是北京最常见的民居四合院住宅大门的形式。现实中"窄大门"的位置根据院落的坐落情况布置相对灵活。理想的大门位于四合院的东南巽位，占据倒座房最东端半间位置。通过大门腿子的设置使大门略突出于倒座房。"窄大门"门庑的木构架，有的独立于倒座房，有的与倒座房结合设置。大门的门扉大部分设在门庑檐柱之间（也有少数实例设置于金柱或中柱之间），由抱框、走马板、抱鼓石（或门枕石）、板门等组成，最主要的特征是板门直接固定于檐柱之间的（或中柱、金柱）抱框上。

"窄大门"的尺度由屋顶的瓦垄数和檐椽的数量大概可以度量，10垄6椽和8垄6椽是富贵门常见的尺度。"窄大门"突出于倒座房后檐墙两个腿子的主

要形式是担子沟，其次是勾丝咬。"窄大门"的装饰也很讲究，门扉山墙墀头（有的只有单边墀头）的上端，有向外层挑出的砖檐，称为"盘头"。盘头通常由四层砖料组成，砍磨加工成半混、炉口、枭的形式叠涩挑出，构成优美的曲线。盘头之上的两层砖料，称作"拔檐"，再上是向外斜出的方砖，称为"戗脊"。墀头部分的戗脊砖一般做得朴素无华，也可以做出精美的雕刻。门墩是"窄大门"着意装饰的部位，比较讲究的有抱鼓型狮子门墩、抱鼓型兽吻头门墩、箱子型狮子门墩、箱子型雕饰门墩、箱子型无雕饰门墩五种类型，门墩是安装在大门槛下面的构件。其门槛以内部分呈方形，上面装有铸铁海窝，做承接门扇之用，称为门枕石，门枕石的外侧打凿成圆鼓或箱子的形状，其上镌刻卧狮兽面和其他吉祥图案。简单的门墩有门枕石和门枕木两种。"窄大门"的油饰一般为通体黑色油饰或黑红净。

笔者认为，直接用宽窄称这种门为"窄大门"是失之偏颇的。在收集的实例中，有的广亮大门、金柱大门、蛮子门和如意门并不是占一间房，为10椽8檩或12椽8檩的尺度，应该通过历史的研究和大门特点的总结归纳，为其命名，并形成自己独立的研究体系，我认为命名为"福德门"比较妥帖，原因主要是两方面：其一是门的尺寸符合福德门的吉利尺寸；其二是这种门的走马板上一般有吉祥的文字，出现最多的是"福"字。

（3）四合院大门保护建议

在现有的理论研究基础上，应进行细分研究，查漏补缺，构建完整的、系统的四合院理论研究体系，研究体系的构建要兼顾政、产、学、研、用。政策的制定、营造实践、教育教学和理论研究，都需要建立在大量案例调研和数据分析统计的基础上。比如，统计发现，特定大门是在一些胡同中集中出现的现象，如魏家胡同、东利市营的金柱大门，草厂七条、粉房琉璃街、后细瓦厂胡同等的蛮子门，甘井胡同、南大吉巷、潘家胡同的如意门，北大吉巷、草厂四条、草厂五条、大江胡同等的"窄大门"。

院落大门在历次胡同风貌改造过程中，已经整体出现不可逆转的改变。在恢复性修建过程中，应该建立统一的数据留存制度，系统留存这些逐渐消失的大门影像资料。建立政府主导的、开放的数据平台，系统收集整理北京老城四合院的影像和照片资料。

平台的数据来自两部分，一部分是强制性的，城市更新项目在进行公共空间项目提升和恢复性修建时，需要系统地收集范围内四合院的影像和照片资料，并为这些资料建立系统的档案，这些档案作为项目审批的前置资料并上传数据平台；一部分是自发性的，北京老城的爱好者将收集的影像和照片资料上传平台。城市更新方案评审时，需要根据平台上片区影像和照片资料的数据进行分析，然后定量地评定。

三、历史资料中北京老城四合院住宅大门的分析与研究

"洪武二十六年定制，不过三间，五架，不许用斗栱，饰彩色。三十五年复申禁饬，不许造九五间数，房屋虽至一二十所，随基物力，但不许过三间。正统十二年令稍变通之，庶民房屋架多而间少者，不在禁限。"

"（顺治九年）又题准，公侯以下官民，房屋台阶高一尺，梁栋许绘五彩杂花，柱用素油，门用黑饰，官员住屋中梁贴金，二品以上官，正房得立望兽，馀不得擅用。"

以上这些文献资料来自《大明会典》和《钦定大清会典则例》，明清时期的典章制度，是研究北京老城四合院住宅门重要的历史文献，这些文献对民居住宅记载较少，明清时期写实画作、风水术书、文人笔记及民国以后的照片影像资料等历史资料中，关于大门的文字描述和视觉形象，是重要资料补充。

（一）历史画作中的北京民居四合院住宅门

1. 屋宇式大门

屋宇式大门与房屋毗连，建筑基本形式、构造做法与房屋相同，是一座完全独立的单体建筑，只是将沿街的墙面改为木质门扇，供启闭出入，主要形式有：王府大门、广亮大门、金柱大门、蛮子门、如意门。有关屋宇式大门，需要重点说明的是，北京老城外城范围内现在有大量的门楼没有详加分类和命名，1958年出版的《北京四合院住宅》中注意到了这一点，并提出这类窄门在南城普遍存在。屋宇式大门在乾隆《京城全图》的院落仅有一种表现形式，在乾隆《南巡图》上最多的屋宇式大门形式是南城的这种"窄大门"（参考图1）。

2. 墙垣式大门

墙垣式大门指的是大门与围墙毗连或就是围墙的一部分，建筑形式、构造做法简单，主要形式有：（1）有顶，进深大于围墙的小门楼；（2）无顶，仅在围墙上开一洞口，进深与围墙相同或略大于围墙的随墙门。墙垣式大门在乾隆《京城全图》的院落仅有一种表现形式，但是在乾隆《南巡图》上的样式有多种。

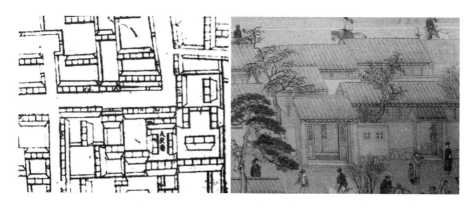

图 1　乾隆《京城全图》和《南巡图》中屋宇式大门

来源：维基百科。

乾隆《京城全图》中墙垣式大门的表达方法，只有一种形式，是在院落沿街围墙的某个位置用一个倒"U"形符号来表示大门。在同一时期成图的乾隆《南巡图》中，墙垣式大门不下20处，形式有清水脊小门楼、过垄脊小门楼、一般随墙门三种，其中有一种小门楼屋顶为两坡没有覆瓦，是数量最多的（参考图2）。

图 2　乾隆《京城全图》和《南巡图》中墙垣式大门

来源：维基百科

（二）风水术书中的北京民居四合院住宅门

在传统四合院的营造过程中，风水的考量是一个不可或缺的流程，四合院大门位置的确定、大门形式的权衡、修造时间的选择是这个考量过程中主要的步骤。为了突出门的重要性，传统建筑的营造活动中还专门为大门的修造设置一套度量系统——门光尺，并基于门光尺有一整套系统的用尺原则。

刘敦桢先生于1957年出版的《中国住宅概说》中说："大门不位于中轴线

上的（四合院住宅）住宅，是受以往以河北正定为中心的北派风水学说的影响而形成的。这派人认为住宅与宫殿、庙宇不同，不能在南面中央开门，应依先天八卦（笔者认为应该是后天八卦）以西北为乾、东南为坤，乾、坤都是最吉利的方向，因而用以作为决定住宅大门位置的理论根据。因此路北的住宅，大门辟于东南角上；路南的住宅，大门位于西北角上。东北是次好的方向，多在其处掘井或做厨房，必要时也可开门。唯独西南是凶方只能建杂屋、厕所之类。这类迷信思想不仅支配了以往北京住宅的平面布局，而且在不同程度上影响了山西、山东、河南、陕西等省的住宅。"风水学说的广泛流传和深远影响，对四合院大门位置的确定、大门形式的权衡、修造时间的选择具有直接的影响。最符合这一风水理论的四合院布局形式称为"坎宅巽门"，有"大门在东南，造房实不难"的说法。《阳宅十书》中关于坐北朝南巽门宅，详细地绘制出了大门的位置（参考图3）。《阳宅三要》和《黄帝宅经》等比较流行的风水理论著作中，对大门位置的确定、大门形式的权衡、修造时间的选择都有详细的论述。

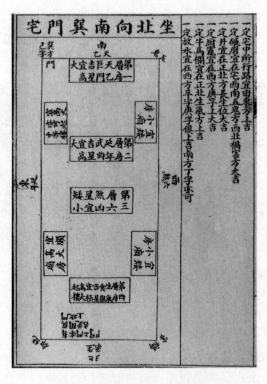

图3 《阳宅十书》中的插图

来源：维基百科

风水文化思想在中国的传统建筑营造过程中影响最广泛、最深远，它蕴含着传统建筑的规划、设计和建造的具体方法，这一思想对北京四合院住宅门的影响是潜移默化和长期的。趋利避害是人类的本能，哪怕这种"利""害"看不见摸不着。风水思想是传统文化的一部分，在研究四合院的发展演化规律时，风水思想的影响是不可缺少的重要组成部分。

（三）历史小说及文人笔记中的北京民居四合院住宅门

关于北京民居四合院住宅和大门的一些记载，在正式的历史文献中记载较少，我们可以从能直接反映当时社会生活的小说及文人笔记中找到一些侧面研究的文字记载。

清代小说《儿女英雄传》《三侠五义》《小五义》中，都有关于"广梁大门"的文字描写，如《小五义》中写道："二人往里一走，进了广梁大门，往西一拐，四扇屏风。"根据以上的描述，再结合王启明先生在 2002 年《建筑创作》上发表的《北京胡同中的大门》一文中指出："广亮的'亮'字可能是'梁'字的讹音。因为当年我调查北京四合院时，是单士元先生给我讲解的，我记录下了各单体建筑的名称，没有认真问一下是哪个字，后来看《儿女英雄传》时，见书上写的是广梁大门，现在想想，可能应该是梁字。因为这种大门的梁的长度较金柱大门的梁的长度要长得多，不过已然约定俗成，就权且仍叫广亮大门吧。"根据以上信息我们可以确定，广亮大门应该叫广梁大门，这对研究四合院的住宅门的发展演进和命名原则来说，是非常重要的信息。

清代的各种文献资料中描写和提及比较多的是"广梁大门"和"小门楼"这两种大门形式，其他大门的记载至今尚未查到。1958 年出版的《北京四合院住宅》一书，在介绍完王府大门、广亮大门、金柱大门、蛮子门、如意门后，将其他屋宇式大门进行了概括的介绍："首先要提到的是一种窄大门，宽度只占半开间或多半开间，但做法与金柱大门等区别不大，不过比较不显眼，有时屋顶与旁边房屋完全一样高，只用筒瓦略示分间而已"。2019 年发布的《北京历史文化街区风貌保护与更新设计导则》将这类大门称为窄大门："亦可称为小开间门，是一种传统上未被明确归类的屋宇式街门。"

（四）清末民国时期影像资料中的北京民居四合院住宅门

清末开始，摄影技术进入中国以后，北京四合院的影像资料才得以流传下来，这些传世的影像资料是研究清末民国时期北京四合院最具说服力的历史资料。下面用几组照片案例，来说明这些资料的总要价值。

1. 1917 年前门地区的小门楼和"窄大门"

这是 1917 年西德尼·戴维·甘博在北京前门大栅栏地区拍摄的两张具有大门信息的照片（参考图 4），通过这两张照片，可以得到这个地区大门的一些信息，包括大门形式、大门尺度、腿子形式、砌筑方法、门墩形式、大门油饰等方面，特别是小门楼大门横框上的走马板和"窄大门"的大门油饰，对还原大门的传统形式是非常具有价值的。

图 4　南城的大门　西德尼·戴维·甘博（1917）

来源：西德尼·戴维·甘博拍摄

2. 不同大门形式改成的如意门

如意门的一个来源是由广亮大门、金柱大门改造而成，一种改造形式是在檐柱位置按照如意门的形式建造新的大门，原来的大门继续保留。从一些拍摄于 20 世纪初叶的老照片中，我们可以非常清晰看出，广亮大门改成如意门，原来的广亮大门还保留着，照片中可以清楚地看到广亮大门的门簪；一种改造形式是在原来金柱大门余塞板的位置，直接砌筑如意墙垛，原来的金柱大门还保留着，照片还可以清楚看到金柱大门檐柱上的雀替，这些照片证明了王其明先生 1958 年在《北京四合院住宅》中关于如意门来源的论述。

大门形式的多样性不能被忽视，现在恢复性修建过程中，出现的标准化、程式化问题应高度重视，并加以正确引导，以恢复四合院大门的多样性和在地性。

3. 大门的区域特征

1945 年海达·莫理循在北京钟鼓楼上拍摄的一组鸟瞰照片极具价值（参考图 5），这组照片的特点是：作为特定区域的鸟瞰照片，照片清晰度高，拍摄地点明确，拍摄时间较早，在照片中可以清晰地分辨出多个院落大门的形式以及多个院落的格局，为研究这一时期鼓楼区域的大门形态，提供了非常有价值的资料。

图5　鼓楼附近的大门　海达·莫理循（1945）

来源：海达·莫理循摄

经统计，在这组照片中屋宇式大门有5个，可以分辨出的大门形式有蛮子门、如意门和西洋门。统计发现，照片中数量最多的门，是以墙垣式门的形象出现的，有清水脊小门楼、过垄脊小门楼、花轱辘钱门、西洋门等，其中数量最多的是花轱辘钱门。花轱辘钱门在乾隆《南巡图》中尚未见到，照片中花轱辘钱门是二合院普遍采用的大门形式。

据此推断：（1）花轱辘钱门出现的时期是清代末期，大量使用是在民国时期；（2）花轱辘钱门是这一时期二合院常用的大门形式；（3）花轱辘钱门的产生与大型四合院拆卖为小型的二合院、三合院有关。

四、北京四合院住宅大门在恢复性修建中存在的问题与建议

（一）改变原有大门形式

在恢复性过程中，由于原有的院落大门已经拆除或者是原有大门形式已经无法直接辨认，在制定恢复性修建方案时，在没有梳理清楚院落的历史沿革情况下，设计单位或实施主体根据经验对院落大门进行了重新设计，设计过程中遵循现有的设计标准，衍生出了许多与传统大门形式形似却经不起推敲的大门形式，大门形式标准并且统一、高配的问题也比较突出。

建议明确恢复性修建的定义和原则，制定恢复性修建的流程和制度，恢复性修建最重要的过程是建立院落档案，梳理清楚院落的历史脉络，为恢复性修建方案的制定提供基础条件。

（二）改变大门尺度

四合院院落大门尺度由大门的宽度、大门的高度、腿子的形式、冰盘檐层数共同决定了，它是在中国传统文化氛围中经过长期的营造实践逐渐形成的，符合中国传统的审美标准。大门尺度的形成深受当时的生活习惯和社会文化的影响，比如，大门入口的净宽度，受当时婚嫁时轿子进出宽度、丧葬时棺材出入宽度等当时重要的社会生活影响，还受门光尺与宅主的社会理想影响。

在进行恢复性修建时，院落大门入口的净宽度，受到现行防火规范等法规的影响，将宽度大幅增加，但是大门的高度等其他部分的尺度，并没有相对地进行适应性调整，使大门传统尺度发生了变化。

建议在恢复性修建过程中，尽量遵循传统的大门尺度，针对老城传统平房四合院的风貌延续，制定专门规范，在进行恢复性修建方案设计时，要遵循传统的设计理念和设计方法。

（三）大门组成元素错配

在恢复性修建过程中，大门上元素的错配也是常见的问题之一，门簪数量、门墩形式、门钹样式、腿子形式、墀头构造、椽子数量、瓦垄数量、屋脊草砖、蝎子尾等都是经常错配的元素，给人的感觉，有的是照葫芦画瓢经不住推敲，有的是不伦不类。

例如，南官房胡同 16 号的大门在修缮过程中，有关两个门簪还是四个门簪的争论，还上了《北京日报》。类似的这些问题本可以通过本文前面讨论的方法来解决。一是实际案例统计分析法，南官房胡同 16 号大门为蛮子门，在统计的272 个大门实例中可分辨出门簪的案例中，2 个门簪和 4 个门簪的比例基本相同，这说明蛮子门做 2 个或 4 个门簪都可以；二是从历史文献中查找依据，清《工部营造做法则例·卷四十一·各项装修做法》规定："凡门簪以门口之高十分之一定长。如门口高八尺六寸，出头八寸六分，外加上槛厚四寸，连槛之宽二寸九分四厘，再出榫照连槛之宽一分，共长一尺八寸四分八厘。以上槛之高十分之八定径寸。如上槛六寸四分，得径五寸一分二厘。每间系四个。"规定的门簪数量是每间 4 个，在确定了数量使用的基本情况之后，再根据大门尺度，确定门簪数量。在北京老城历史文化精华区中，最直接的确定方法之一是根据大门留有的痕迹；之二是根据留住居民的口述。

（四）传统风貌与现代生活设备生硬碰撞

在调研过程中发现，现代生活设备是对胡同沿街立面影响最大的。大门空间是院落的公共空间，一些服务于院落的设备，如配电箱、配电柜等，这些设备都是现代生活的产物，是应用于现代建筑的一些设备设施，传统院落没有这些设备，现在成为现代生活的必备设施，由于没有长时间地与传统建筑深度融合，与传统风貌产生了非常生硬的碰撞（参考图6）。

图6　胡同—四合院中传统风貌与现代生活设备生硬碰撞

来源：作者拍摄

建议现阶段可以考虑对这些机电进行隐藏处理，远期需要研发适合传统建筑风貌的机电产品。

五、余论

中轴线申遗和老城整体保护涉及最多的建筑形式，就是铺陈了北京老城"底色"的普通民居四合院，对于普通民居四合院尤其是老北京外城民居四合院需要进行再研究，形成与官式四合院一样系统、深入的理论研究体系，再以此为理论基础，制定完善的技术标准来指导老城保护更新的实践。

在中轴线申遗和老城整体保护的背景下北京老城保护更新，进入了新的阶段。相信通过参与各方的不懈努力，北京老城保护和城市更新，将摸索出成熟的城市更新模式，使北京老城重新焕发活力。

参考资料

[1]《古建园林技术》编辑部编.古建园林技术总1~9期及《工程做法则例》合订本[M].《古建园林技术》编辑部，1983：12.

[2]（清）徐扬，朱敏作.中国清代盛世皇家纪实长卷[M].北京：中国青年出版社，2020.04.

[3]王其明，王绍周.北京四合院住宅[M].北京：科学情报编译出版室.1958.09.

[4]王其明.北京四合院[M].北京：中国书店，1999.03.

[5]王其明.北京四合院[M].北京：中国建筑工业出版社，2016.12.

作者简介：赵长海，1983年生，男，汉族，山东人，北京市金恒丰城市更新资产运营管理有限公司设计主管、高级工程师、一级注册建筑师，研究方向建筑历史与理论（北京四合院）。

守中轴文化根本，保中轴整体文脉

——"北京中轴线建筑文化价值阐释与保护传承"学术研讨会综述

秦红岭　周坤朋　陈荟洁

摘要：作为世界上现存最长、最完整的古代城市轴线，北京中轴线代表了中国古代都城建设的最高水平，蕴含着中华民族深厚的文化底蕴。在国家文物局确定推荐"北京中轴线"作为中国2024年申遗项目的背景下，为助力北京中轴线成功申遗，进一步挖掘中轴线历史建筑的文化内涵，更好地保护传承中轴线价值，北京建筑大学文化发展研究院在北京市文物局等单位的指导下，于2022年8月27日召开了"北京中轴线建筑文化价值阐释与保护传承"学术研讨会，通过邀请相关专家学者进行主题分享和圆桌讨论等交流方式，为北京中轴线学术研究和申遗保护工作提供新视角和新思路。

北京中轴线文化遗产是指北端为北京鼓楼、钟楼，南端为永定门，纵贯北京老城，全长7.8公里，由古代皇家建筑、城市管理设施和居中历史道路、现代公共建筑和公共空间共同构成的城市历史建筑群。① 北京中轴线不仅代表了中国古代都城建设的最高水平，而且也蕴含着中华民族深厚的文化底蕴，是北京老城的灵魂和脊梁。北京中轴线申遗保护有利于进一步提升北京城市文化底蕴、增强国际影响力，促进北京老城整体保护和历史文脉传承。2022年5月，北京市十五届人大常委会第三十九次会议表决通过了《北京中轴线文化遗产保护条例》，同时国家文物局已确定推荐"北京中轴线"作为我国2024年世界文化遗产申报项目，北京中轴线申遗工作进入关键冲刺阶段。

为助力北京中轴线成功申遗，进一步挖掘中轴线历史建筑所具有的文化内涵，更好地保护传承中轴线建筑文化，2022年8月27日由北京市文物局、北京

---

① 北京市第十五届人民代表大会常务委员会.北京中轴线文化遗产保护条例第二条 [Z].
2022-05-25.

市人民政府参事室（北京市文史研究馆）、中国民主同盟北京市委员会、民盟北京建筑大学智库指导，北京建筑大学文化发展研究院主办的"北京中轴线建筑文化价值阐释与保护传承学术研讨会"在北京紫玉饭店成功举办（参考图1、图2）。研讨会围绕中轴线建筑遗产价值阐释与展示、中轴线历史建筑复原与保护等议题展开。北京市文物局副局长凌明、北京市人民政府参事室（北京市文史研究馆）副主任（副馆长）陶水龙、民盟北京市委专职副主委张振军、北京建筑大学副校长李俊奇参会并致辞。北京地理学会教授朱祖希、中国建筑学会副理事长李先逵、北京市社会科学研究院研究员沈望舒、故宫博物院研究馆员王军、北京联合大学北京学研究所教授张勃、北京建筑大学文化发展研究院特聘研究员陆翔等12位专家发表主题报告。北京市哲学社会科学规划办公室原副主任李建平研究员、北京联合大学应用文理学院院长张宝秀教授、北京师范大学地理学部周尚意教授等知名专家学者围绕研讨会主题进行了深入的探讨和交流，北京建筑大学文化发展研究院兼人文学院院长秦红岭教授做总结发言。

图1　2022年"北京中轴线建筑文化价值阐释与保护传承学术研讨会"合影

图2　2022年"北京中轴线建筑文化价值阐释与保护传承学术研讨会"现场

一、中轴线溯源探索

（一）匠心独具的长度设计

中轴线是一条物理轴，也是一条精神轴和文化轴，是中国古建筑营城文化的集中体现，深刻反映中华文明传统内在的文化理念和哲理观念。李先逵认为，古代以"里"作为计量单位，北京中轴线长度大约为15里。"15"数字象征含义丰富，在《易经》中为天机之数，意为不可泄露，只能意会，不可言传。除了天机之数之外还有河图洛书里的九宫格，九个数字填进去，它的横向、竖向、斜向所有数字无论哪个方向加起来都是15，所以"15里"蕴含很深的文化含义。道家学说主张"一生二，二生三，三生万物"，15又蕴含象征万物的意思。此外，河图洛书中还有很多关于生数、成数、天机之数的数字，都跟3和5有关系，包括64卦、"三才"之象。这种数理象征主义宇宙观是中华文化所独有的，故而中轴线的长度绝非单纯的数字而已，它更反映了中国的数理宇宙观和天人合一观。

（二）独特的朝向方位含义

中国古代很早就发明了指南针，发现了磁偏角。北极星是地理北极，称为天极，指南针对应方向称为地极。北极星是昊天上帝住的地方，叫紫微垣或紫微宫，天人合一、天人感应观念下，作为"天子"的帝王之居所就是"紫禁城"。紫禁城南北朝向不能占北极星即天极的方向，而要用磁偏角即地极的走向。中轴线按罗盘中的地盘测算，罗盘上有三盘三针，按天极有"天盘天针"，按磁极有"地盘地针"，二者之间为"人盘人针"。中轴线采用地针而非天针确定方向，即相对子午向的壬丙向（南偏东7.5°），并以此作为实操子午线使用，但在罗盘上的标注实际与天极子午只相差约2°左右。

　　上述这种朝向设计蕴含着深厚的文化含义。其一，体现了中华文化的忠孝伦理观。李先逵认为，采用磁偏角的走向，而不采用正宗的天极，从而表示了作为天子对天帝之位的敬重，不能有任何僭越之举，反映了天子的孝道文化。同时中轴线上还有很多体现孝道文化的地方，比如，位于景山后侧的寿皇殿，放着天地君亲师的牌位，这是华夏文化最崇高的五个基本要素。除寿皇殿之外，中轴线的"左祖右社"分别代表着家与国，寓意忠和孝，这些都反映了孝道文化。其二，体现了中国古代阴阳五行和方位哲学。王军认为，中轴线偏离子午线2°多，逆时针微旋形成子午兼壬丙之向，元代"独树将军"① 执其南端，略居丙午之位。丙位在午位之东属阳，午位在正南属阳；在十天干中，丙排第三位，序位为奇数属阳。丙与午皆为阳，丙午之位即阳中之阳，这与"独树将军"的火龙形象及其出现时间的阴阳意义完全吻合。今北京工匠沿用传统说法，仍形象地称南偏东的丙午朝向为"抢阳"。同时，古代朝向有四正之忌。古人造一个平面，忌讳正南北和正东西。如北京城东直门、西直门，东西向的门不是正的，要偏一点。正南北是犯太岁了，太岁就是上帝，居于北极，大家必然要向北极礼让。同时，王军还认为，北京元明清城市中轴线与正子午线不相重合，逆时针微旋2°多，是先人在具备了精确测量能力的情况下做出的选择，与明堂制度、敬天信仰、顺山因势的择地观念有着深刻联系，包含了丰富的环境思想。

　　（三）时空统一的钟鼓楼设计

　　李先逵认为，北京钟楼鼓楼位置独特，两座建筑摆在一条直线上呈南北走向，是全国唯一的一例。这是因为定都城时首先要定中心点，而钟楼是最高起点，晨钟是天下号令发出的起点，是阳的开始。同时，钟鼓楼也蕴含着时空统一的设计观。这种观念在天坛平面图里也有所体现，如祈年殿是时间建筑，用

---

① 据《析津志》记述，元代"世祖建都之时，问于刘太保秉忠，定大内方向。秉忠以今丽正门外第三桥南一树为向以对。上制可，遂封为独树将军，赐以金牌"（参见熊梦祥：《析津志辑佚》，北京古籍出版社，1983，第213页）。这个历史记载说明，以丽正门外"第三桥"桥头南面的一棵大树为元大都的空间基本点，向北延伸作为大内的中心线，该树被元世祖封为"独树将军"，成为北京城中轴线的起源标记。

阴性数字设计。圜丘坛是空间建筑，用阳性数字设计，把时空反映在一条轴线上面，是时空合一的杰出案例。此外，钟楼后面没有明显中轴线，但也暗含阴阳关系。其中前面是实轴，属阳；后面是虚轴，属阴。虚轴后面属于太虚幻境，指向北极星，元代时候这条轴线一直延伸到元上都。

（四）名称的演变与意义

张勃提出，北京中轴线概念是 20 世纪三四十年代，以梁思成为代表的学者们"取实予名"且不断发展的结果。其概念的提出使南北向轴线摆脱了有实无名、隐而不显的形态，从而成为具有形态、功能和价值，且可独立辨识的文化事项，并对北京城市规划、名城保护和文化中心建设产生了重要的作用。在观念层面，北京中轴线的概念强化了人们对于北京历史文化名城整体保护的意识，使得轴线上单体遗产被有机地联系在一起，并与古代择中立国的都城文化、价值观念、思想哲学联系起来，从而成为中华文明历久弥新、多元一体的伟大见证。在实践领域，中轴线日益变成了一个文化遗产项目的专名，成为由一系列"古代皇家建筑、城市管理设施和历史道路、现代公共建筑和公共空间等，共同构成的城市历史建筑群"，促使了北京中轴线的申遗保护，成为推动老城整体保护和复兴的抓手，深刻影响着北京历史文化名城的整体保护和北京城市形态、城市文化的传承。

二、中轴线文化内涵的认知与挖掘

（一）向世人宣示"天人协和理万邦"的文化理念

朱祖希认为，北京城的重要特征是以中轴线作为基准线进行规划建设。封建帝都必备的建筑群，如天坛、先农坛、太庙、社稷坛等都是按照中轴线对称布置。其他城门、道路，如左安门、右安门、广渠门、广安门、东便门、西便门、东单、西单都是以这条中轴线为基准进行规划建设。整个平面布局以中轴线为基准，东西左右两侧对称，中轴突出，两翼对称。中轴和两翼一体两面无法分割，有了中轴，两翼的对称才有依据，两翼的对称又更加突出了中轴线。同时，北京城最大特色就是以紫禁城为中心，以回字形城墙围成一个平面布局，中间是太和殿、紫禁城，外边是皇城，再外边是内城、外城。总之，北京"中轴突出，两翼对称"和"回"字形层层拱卫的平面布局，深刻体现了向世人宣示"天人协和理万邦"的文化理念。

（二）北极星崇拜和中国古代观象授时时空体系的重要体现

朱祖希认为，北京中轴线从永定门到钟鼓楼，贯越整个皇城，集中了全城最权威、体量最大、等级最高的建筑，如高 26 米的永定门、高 42 米的正阳门、高 35 米的天安门、高 42 米的午门、高 43 米的太和殿、高 63 米的景山、高 47 米的鼓楼、高 48 米的钟楼等，其中，太和殿屋顶是最高的，是皇权至上的所在地，钟鼓楼也属全国之最，也是皇权至上的象征。同时，北京都城的设计基本上是模仿天上的格局来设计的，如天帝居紫微垣，天子居紫禁城。从文化层面上讲，中轴线对应北极星，与北极星的子午线一样，是供百官来朝贡、万民仰拜的路线。王军则通过对北京中轴线朝向的考证，发现中国古代城市与建筑的轴线制度，既是观象授时时空体系之投影，又是阴阳哲学、敬天信仰、环境地理、宇宙观念、礼仪规范之塑造。

（三）多元要素的叠加价值

中轴线代表着一种建筑空间序列，也是城墙、宫殿、河流、桥梁、街道等诸多要素在时间长河中的层层"叠加"，特别是中轴线的建筑、水系、古桥、道路蕴藏着丰富的文化内涵。轴线贯穿城市南北，形成了北京两翼对称、庄严肃穆的城市格局，突出体现了中国"择中立都，天下之中"的核心营城理念和传统的中正、秩序、安定、和谐的理想追求。其中重要的节点建筑，如钟鼓楼、永定门、天坛、先农坛等，充分体现了阴阳、礼制、三朝五门、左祖右社、法天象地等传统文化理念。赵长海认为，除了重要的节点建筑外，中轴线的价值还来自青砖灰瓦的四合院铺陈底色的衬托，因而对胡同四合院的合理保护也是中轴线文化遗产保护不可分割的部分。王崇臣认为，水文化是中轴线文化的重要方面。元明清三朝的城市建设者利用各种水利工程，巧妙地将"天然水系"与"人工水系"相融合，在中轴线上设计和创造出了令人震撼的河湖水系，构建出了北京完美的城市水利格局——"六海映日月，八水绕京城"，使中轴线庄严却不失灵动，充满了人与自然和谐统一的魅力，同时也彰显出了治水、理水、用水方面朴素的环保思想与高超的工匠技艺。王锐英提出，桥梁文化是中轴线文化的重要方面。中轴线桥梁法天象地，影响着中轴线形成与演变，其中正阳桥、万宁桥、金水桥、天桥等，不仅蕴含着丰富的伦理哲学、风水易理，而且还在中轴线的起点、规划、延展等方面起着至关重要的作用。此外，道路交通也是中轴线文化的重要组成部分，特别是近代交通的变迁，直接带来了中轴线的拆改。如天桥的改建与消失，什刹海、前门、天桥等三个商业区的形成演变，都与交通道路密切相关。

（四）中外城市比较视野下独一无二的文化之轴

北京中轴线历史悠久、文明连续，拥有着深刻的文化内涵，与世界其他城市轴线相比，具有显著的文化特色。胡燕认为，从城市文化上看，中轴线是一条文化的轴线，其朝向、建筑、空间等都按照中国传统的礼制思想构建。相比之下，国外城市轴线更多是一种几何空间意义的轴线，按照城市的功能需求规划设计。从方位上，北京中轴线方位朝向南北，国外城市很多轴线都是朝向东西，朝向教堂。在建筑和景观元素上，北京中轴线基本元素是"建筑+庭院"，建筑和庭院成为一体，国外城市轴线主要是教堂、宫殿，包括前面的广场、花园，轴线的形式主要是带形，然后往两侧发散，还有十字形。

（五）北京中轴线所体现的城市商业文化之维

自元大都以来，"中轴突出，两翼对称"的城市中轴线，构成了北京的商业空间布局，引导着商业街区的生长、发展，带来了首都城市生活的活跃、灵动和丰富多彩，引导、熔铸、陶冶出了北京的特色城市文化。袁家方认为，北京的城市商业空间布局，围绕中轴线，整体呈现为由若干个六边形组成的巨大的蜂窝状结构，鼓楼、西四、东四、东单—王府井、西单和前门—大栅栏组成一个六边形，构成北京传统商业街区网络图形的基准，其他的商业热点街区，则围绕这个"基准六边形"随北京城市发展逐渐生长起来。这一特征充分展示出北京城市商业空间布局的延续性和成长性，反映出北京商业文化空间的丰富性和多元性。

三、中轴线建筑保护与文化传承建议

（一）中轴线申遗保护需做到"五个结合"

北京建筑大学文化发展研究院中轴线课题组近年来对中轴线进行了深入调研。课题负责人陆翔和滕磊提出：北京中轴线申遗和保护工作需要与以下五方面相结合：一是空间方面，要统筹点、线、面的规划和轴、城、景的景观；二是文化方面，"天人合一"的传统思想要与新中国成立后的伟大成就相结合；三是目标方面，申遗保护要与东西方文明互鉴、提高中国文化软实力及落实北京市"新总规"相结合；四是时间方面，要考虑申遗前、申遗中、申遗后的工作衔接与节奏；五是任务方面，要与保护生态、传承文化、改善民生相结合。

（二）借鉴"历史性城镇景观"和"景观传记"方法保护中轴线文化遗产

秦红岭提出，北京中轴线是一种特殊形态的文化遗产和城市景观，对其保护和历史文化价值的阐释和评估可借鉴"历史性城镇景观"（Historic Urban Landscape）和"景观传记"（Landscape biography）两种方法，全面梳理中轴线文化特征。"历史性城镇景观"方法将北京中轴线申遗保护带入了一个新的愿景，即以动态的历史层积性、文化关联性以及平衡保护与发展的视角，将北京的过去、现在与未来通过这条"文化之脊"有机联系起来。"景观传记"提供了一种富有成效的遗产保护视角，它重视景观遗产的动态变化、叙事史料的多元采集以及文化历史和价值特征的跨学科梳理，这种以传记路径阐释景观文化史及其在遗产管理与空间规划中的应用，是遗产保护研究视野和方法上的有益尝试，对北京中轴线申遗保护与文化阐释有重要的借鉴价值。

（三）注重中轴线建筑彩画调查与保护

曹振伟等学者指出，中轴线上有全国最好、等级最高的建筑彩画，如恢宏壮丽的紫禁城和独树一帜的先农坛彩画；等等。例如，神仓院是先农坛的重要组成部分。从现存遗迹看，历史上神仓院的建筑虽经过多次修缮，但绝大部分建筑内檐仍保留有清代雄黄玉彩画的遗迹，仅收谷亭为雅伍墨旋子彩画。神仓院的雄黄玉彩画遗迹，蕴含众多的历史信息，为我们研究清代地方官式彩画提供了有力的物证，同时也为我们判断现存区域建筑的历史年代及修缮提供了重要的参考依据。

（四）用发展眼光看待中轴线价值，借中轴线文化彰显文明新形态

沈望舒强调，应当用变化与发展的眼光看待中轴线的古今及未来价值，契合世界遗产的价值表述。2017 年版的世界遗产操作指南，使人们了解到遗产的历史作用、对今天的意义及未来的功能。其中原始特征系遗产原本的标志性，后继特征则是整个历史过程中被不断添加赋予的基本特点。"指南"强调真实性不局限于原始的形态和结构，也包括了在时间延续中体现遗产艺术或历史价值的持续改变和添加。它包括古代之源、现当代及未来之流的全生命过程，旨在通过抢救、发掘、整理、研究，全面保护遗产文化，并通过科学利用、守正创新、多媒介传播来延续遗产价值，从而更好地服务于文明进步。从这个角度而言，中轴的变迁很重要，要摒弃多说古而少论今、重静态而轻动态、片面淡化后继特征的做法，紧扣时代脉搏、顺应人民要求、反映社会现实和中轴文化应然必然，再改善其时然，用时代精华永葆世界遗产之树的常青。

北京中轴线文化的后继性少不了近现代的演变与传承，特别是中国争取民族复兴的历史。其一，记录时代，北京中轴线见证国家近现当代风云。如永定门目睹了横行的八国联军，天安门见证了五四运动，情系国与都的忧患。其后，新中国奋起于废墟，北京中轴线更是浓缩新中国革命建设和首都变革的峥嵘岁月。众多文化标志性、风尚指向性的事件都发生在北京中轴线上。其二，书写辉煌，北京中轴线造就当代神州腾飞镜像，如国家博物馆、中国共产党历史展览馆、大兴机场、非物质文化遗产馆、中国国家版本馆。同时中轴线蕴藉着里

程碑式的节点内容，如和平解放、开国大典、北京奥运会、建国 70 周年庆典、中国共产党 100 周年纪念活动、北京冬奥会。这些后继特征有助于增加中轴线的世界认同和更广泛共识。因此，北京中轴线申遗不应局限于古代，止步于建筑，当以内容为要，按节点讲文脉为重，着力叙述其当代职能。

（五）守中轴文化根本，赋传播多彩能量

北京中轴线申遗需补短板，需要解决缺少魅力形象和表述能力的问题。沈望舒提出，要以中轴线为案例，创建首都与中国的当代文化叙事体系。先要认知到位，没有思想共识便无从谈起，然后要人物到位，没有优势团队的统领，良好风物与经典事物难以奔涌。重点一，以显形化，努力凸显中轴神魂文脉。重点二，入情寓境，以沉浸式项目塑造中轴文明魅力。中轴线不只是城市的物化脊梁，更是国家文化和民族的精神脊梁，故而要坚持守正创新，要全面反映其代表的中华文明和人类文明新形态。强调其纲领历史、标志当代、指点未来的中国道路意义。要申遗与弘扬结合，传播与教化共存，使北京中轴线古今辉煌的叙事体系成为文化强都、文化强国的利器。总之，申遗是事关历史叙事正确与否的人事，涉及首都文化导向的美善大局，因而有无形神兼备、道器合一的学术话语体系实为关键。

（六）深入中轴文化研究，补足保护传承体系之短板

于平等学者提出，中轴线历史悠久，文化博大精深，当下虽已进入申遗阶段，但仍需深入中轴文化研究，补足体系之短板。第一，对于中轴线中心点的研究。李泽坤和顾军指出，关于元大都中心点的主要观点分为三类，分别是鼓楼、中心台和中心阁。造成观点不同的原因主要有两个。一是研究方法的不同。学者们大多通过阅读文献和实地考察的方法进行研究，但文献的记载并不统一，仅通过文献研究大家很难达成共识，需要开展系统的考古研究。二是对元大都中心点的研究视角不同。对于元大都中心点，学界的观点既达到了部分的共识，也变得更为多元，未来还需进一步深入地梳理研究，才能确定元大都中心点确切位置。第二，对于中轴线起止演变的研究。对于中轴线的研究虽然较多，但尚未研究透彻中轴线从元大都到现在的整个演变过程，这需要与北京规划、《考工记》等古代营城思想文化充分结合，梳理清楚中轴线起止、长度、朝向、风水阐释、子午线等问题。第三，对于中轴线叙述标准的研究。目前对于中轴线文化的解读较多，视角也丰富多样，但都难以展现中轴线整体的文化脉络，需要从更全面系统的视角将中轴线文化串成一条线进行有效展现。同时，解读的叙述话语要有国家标准和规范，如中轴线的建筑、专有名词、术语，都要尽量趋于标准化。第四，对于中轴线气象的研究。陈正洪指出，当下对于中轴线申

遗已经取得了共识，但关于中轴线气象气候的研究尚属空白。而古代在都城规划时，必定会考虑风水、堪舆、气象等因素，因此气候环境也是中轴线文化的要素之一。同时，中轴线文化受地域气候影响，具有鲜明的地域特色，二十四节气与中轴线的建筑物也有一定的关联，对于中轴线气候气象的研究十分必要。

（七）注重多维度、跨学科交阐释研究

中轴线是一个地域综合体，也是中国历史文化中的宇宙图景，文化内涵极为丰富，在历史、现代、生态、人文、技术等多维度均有所表现。周尚意、张宝秀等学者认为，需要用多学科、多视角、多层面方法，以及宏观、中观、微观多层次视角，才能把它研究得更为透彻，把中轴线的故事向民众和世界人民讲得更通透、圆满。戴时焱认为，北京中轴线具有自身的演变逻辑和独特的发展轨道，具有"首都"建筑与"中轴线"建筑叠加的特殊功能，应立足于中轴线建筑文化价值构成的丰富性、表现形态的多样性，着眼中轴线建筑文化价值的生成性、功能性与展示性，坚持纵横交错、虚实结合、供需对接原则，以跨界意识拓展中轴线建筑文化价值的应用空间，注重"说什么"，更讲究"怎么说"，更加系统、更加精彩地呈现这条举世无双的中轴线。

后　记

　　呈现在读者手中的这本《城脊：北京中轴线建筑文化研究》，是北京建筑大学文化发展研究院的年度研究论丛，是有关领域专家学者及北京建筑大学文化发展研究院研究团队的成员，在北京中轴线建筑文化研究方面的成果总结与展示。

　　本书的主要目的在于从多角度、多层次探讨并揭示北京中轴线的文化内涵和文化价值。一方面，我们希望获得相应的学术影响，让更多学者和公众关注北京中轴线文化遗产；另一方面，我们希望能够为助力北京中轴线申遗保护，进一步挖掘中轴线历史建筑的文化内涵，更好地为保护传承中轴线文化遗产尽绵薄之力。

　　诚挚感谢参加《2022 北京中轴线建筑文化价值阐释与保护传承》学术研讨会并撰写论文的各位专家学者！

　　全书由秦红岭教授统稿，由陈荟洁博士和周坤朋博士负责稿件初审，由陈荟洁博士和李伟老师负责相关出版协调事宜。感谢光明日报出版社编辑为本书出版所做的努力！

　　本书可能存在诸多不足，敬请读者批评指正。

编者

2022 年冬于北京